矿产资源破坏价值鉴定技术

主　编　南怀方
副主编　邱胜强　刘　超

黄河水利出版社
·郑州·

内 容 提 要

本书采用由概到分、由浅及深的讲解办法,首先介绍矿产资源破坏价值技术鉴定基本概念及工作程序,然后分步详述技术鉴定研究内容、工作原理及方法,最后介绍了新技术、新方法在矿产资源破坏价值鉴定工作中的应用。在各子项技术研究中,先讲解应用基本原理,再详述具体工作方法与作业步骤,对初学者来说入门和提高变得更为容易,能够快速理解和掌握这门专业技术。

本书语言精练、内容丰富、图文并茂、专业性强,并附有大量的插图,十分方便本行业技术鉴定机构工作人员阅读参考,也可作为高等院校相关专业师生的教学参考资料。

图书在版编目(CIP)数据

矿产资源破坏价值鉴定技术/南怀方主编. ---郑州:黄河水利出版社,2018.5
ISBN 978 - 7 - 5509 - 2043 - 9

Ⅰ.①矿⋯　Ⅱ.①南⋯　Ⅲ.①矿产资源 - 资源评价
Ⅳ.①P624.6

中国版本图书馆 CIP 数据核字(2018)第 110042 号

组稿编辑:贾会珍　　电话:0371 - 66028027　　E-mail:110885539@ qq.com

出　版　社:黄河水利出版社
　　　　地址:河南省郑州市顺河路黄委会综合楼 14 层　　邮政编码:450003
发行单位:黄河水利出版社
　　　　发行部电话:0371 - 66026940、66020550、66028024、66022620(传真)
　　　　E-mail:hhslcbs@ 126.com
承印单位:河南新华印刷集团有限公司
开本:787 mm×1092 mm　1/16
印张:16
字数:370 千字　　　　　　　　　　　　　　印数:1—1 000
版次:2018 年 5 月第 1 版　　　　　　　　　印次:2018 年 5 月第 1 次印刷

定价:56.00 元

作者简介

南怀方,男,1970年生,河南陕县人,地质高级工程师,1996年7月毕业于东北大学黄金学院,本科学历。主要从事地质调查、矿产勘查、矿山开发、矿产规划与矿产资源破坏价值鉴定等研究工作,现任河南省地矿局测绘地理信息院矿产价值鉴定中心主任,曾主持国家地勘基金项目、河南省两权价款项目7个、河南省科技攻关项目2个,主编专业著作3部、主持或参编重要学术报告8部,发表核心期刊学术论文13篇,获得各级各类成果奖11项,起草地方标准2项,成功申报地质发明专利2项。

前　言

　　矿产资源是自然资源中的一种对人类有重要作用的资源,是进行社会生产发展的重要物质基础,现代社会人们的生产和生活都离不开矿产资源。矿产资源属于非可再生资源,其储量是有限的。人类在利用或者开发时要注意合理利用和节约使用,树立可持续发展观念。

　　中国位于亚洲东部,太平洋的西岸,疆域辽阔,广袤无垠的大地和复杂多样的地质地貌为储存丰富多彩的矿产资源提供了广阔的空间。中国大陆处在几大板块的接壤地区,并受几种不同大地构造单元的影响,为形成多样性的矿产创造了良好的地质构造条件。正是由于以上诸因素,才使得中国成为一个矿产资源大国。

　　中国虽是资源大国,但由于人口众多,人均资源占有量低;地质找矿难度越来越大;某些矿产供给短缺成为制约经济发展的"瓶颈";我国能源结构不理想,石油、天然气后备资源严重不足;矿产开发的资源接替也存在不少问题,相当一部分大中型矿山进入中晚期,可采储量与产量锐减,新增储量青黄不接,对经济发展和社会稳定造成很大压力。此外,由于利益的驱使,有的企业和个人以牺牲资源环境、财产生命为代价,进行非法采矿、破坏性开采活动,从而造成矿产资源破坏、生态环境恶化、国家财产和人民生命安全损失的严重后果。

　　为了进一步制止、惩处非法采矿、破坏性采矿造成矿产资源严重破坏的违法犯罪行为,维护矿产资源管理秩序,促进依法行政,根据《最高人民法院关于审理非法采矿、破坏性采矿刑事案件具体应用法律若干问题的解释》(法释〔2003〕9 号),国土资源部于 2005 年 8 月 31 日印发了《关于非法采矿、破坏性采矿造成矿产资源破坏价值鉴定程序的规定》(国土资发〔2005〕175 号);为规范国土资源主管部门向人民检察院和公安机关移送涉嫌国土资源犯罪案件,国土资源部又在 2008 年 9 月 8 日与最高人民检察院、公安部联合发出《关于国土资源主管部门移送涉嫌国土资源犯罪案件的若干意见》(国土资发〔2008〕203 号),最高人民法院与最高人民检察院根据当前社会经济发展水平,于 2016 年 11 月 28 日联合发出《关于办理非法采矿、破坏性采矿刑事案件适用法律若干问题的解释》(法释〔2016〕25 号),对办理非法采矿、破坏性采矿造成矿产资源破坏刑事案件适用法律的有关问题进行了最新解释。

本书从现行矿产资源管理法律、政策出发，按照国土资源部175号文的要求，对矿产资源破坏价值鉴定工作进行技术研究，确定研究内容、把握技术要点、理清工作技术路线、攻关新技术和新方法，在科研成果基础上对河南省域内的非法采矿、破坏性采矿活动造成矿产资源破坏价值开展了鉴定工作。本书在总结鉴定技术实践应用基础上，深入浅出地介绍矿产资源破坏价值鉴定工作理论与方法，为开展此项工作的地质矿产类鉴定人员提供资料参考。

本书由南怀方任主编，由邱胜强、刘超任副主编。参加编写人员分工如下：河南省地矿局测绘地理信息院南怀方编写第1章、第10章，并负责全书统稿，邱胜强编写第12章，刘超编写第13章，葛俊涛编写第5章，黄毅编写第4章、第11章，曹涛编写第2章，徐庆勋编写第8章，陈小乐编写第3章，杨世权编写第6章，马忠胜编写第7章、第9章。

本书在河南省各市、县（区）国土资源主管部门大力支持下如期完成。在本书编写过程中也得到河南省国土资源厅领导的技术指导与支持，在此深表感谢。

本书研究成果主要依据国家法律、法规与国土资源政策，以地质、测绘、信息技术专业为主的我们，在政策研究与司法实践方面存在不足，难免在认识、理解、分析上有不当甚至错误之处，欢迎各位领导、专家、学者、同事给予批评和指正。

编　者

2018 年 2 月

目 录

第 1 章　概　论

1.1　背　景

矿产资源作为一种非再生性自然资源,是人类社会赖以生存和发展的不可缺少的重要物质基础,是国家安全与经济发展的重要保证。随着国民经济的飞速发展,矿产资源在国家工业体系中的地位愈显重要,矿产资源拥有量及其开发利用水平,已成为象征综合国力并影响其发展的重要因素。

我国是人口众多、资源相对不足的国家,在现代化建设中,我国矿业经济要做到有序有偿、供需平衡、结构优化、集约高效,才能最大限度地发挥矿产资源的经济效益、社会效益和环境效益。通过对乱采滥挖造成矿产资源的损失、浪费现象进行行政处罚、司法惩处,保护矿区地质环境,将矿产资源开发环节的资源环境代价减小到最低限度,以实现矿业经济与环境保护协调发展。

为了加强保护矿产资源,我国已逐步建立和完善了有关矿产资源保护的法律法规体系建设。1986 年颁布了《矿产资源法》,1996 年进行了修改,规定非法采矿行为和破坏性采矿行为构成犯罪的,依据 1979 年《刑法》第一百五十六条规定的故意毁坏公私财物罪追究直接责任人员的刑事责任。1997 年修订《刑法》时,将《矿产资源法》第三十九条规定的刑事罚则部分纳入刑法,设置了非法采矿罪和破坏性采矿罪。2011 年 2 月 25 日修改《刑法》第三百四十三条,删去"经责令停止开采后拒不停止开采"的规定,降低了非法采矿罪入罪门槛。

2003 年 5 月 29 日,最高人民法院颁布了《关于审理非法采矿、破坏性采矿刑事案件具体应用法律若干问题的解释》,对非法采矿罪和破坏性采矿罪的构成条件、犯罪定罪量刑的数额标准,以及价值数额、鉴定机构等问题作了明确规定。根据当前社会经济发展水平,最高人民法院与最高人民检察院于 2016 年 11 月 28 日联合发出《关于办理非法采矿、破坏性采矿刑事案件适用法律若干问题的解释》(法释〔2016〕25 号),对办理非法采矿、破坏性采矿矿产资源刑事案件适用法律的有关问题进行了最新解释。

为了规范非法采矿、破坏性采矿造成矿产资源破坏价值的鉴定工作,依法惩处矿产资源犯罪行为,国土资源部于 2005 年 8 月 31 日印发了《关于非法采矿、破坏性采矿造成矿产资源破坏价值鉴定程序的规定》(国土资发〔2005〕175 号);为规范国土资源主管部门向人民检察院、公安机关移送涉嫌国土资源犯罪案件,国土资源部在 2008 年 9 月 8 日与最高人民检察院、公安部联合发出《关于国土资源主管部门移送涉嫌国土资源犯罪案件的若干意见》(国土资发〔2008〕203 号);为加强国土资源主管部门与人民法院、人民检察院、公安机关之间的沟通联系,建立相应工作机制,及时制止和有效查处矿产资源违法犯罪行为,国土资源部又在 2008 年 9 月 28 日与最高人民法院、最高人民检察院、公安部联合发出《关于在查处矿产资源违法犯罪工作中加强协作配合的若干意见》(国土资发

〔2008〕204号）。

为了进一步规范非法采矿、破坏性采矿造成矿产资源破坏价值鉴定工作,有效地依法惩处非法采矿、破坏性采矿犯罪活动,奠定矿产资源合理合法开发局面,避免和减少矿产资源开采中资源破坏和浪费,依据相关法律、法规、要求,正确利用地质、测绘、采矿、选矿等专业理论知识,科学评估矿产资源破坏价值,保证非法采矿、破坏性采矿违法案件造成矿产资源破坏价值评估程序科学、规范,保障技术鉴定结论合理、客观、严谨。根据国土资源部的统一部署,受省、市、县国土资源主管部门委托,我们开展了矿产资源破坏价值鉴定技术研究工作。

1.2 基本概念

1.2.1 矿产资源

矿产资源(mineral resource)指经过地质成矿作用,使埋藏于地下或出露于地表并具有开发利用价值的矿物或有用元素的含量达到具有工业利用价值的集合体。矿产资源是重要的自然资源,是社会生产发展的重要物质基础,现代社会人们的生产和生活都离不开矿产资源。矿产资源属于非可再生资源,其储量是有限的。目前世界已知的矿产有160多种,其中80多种应用较广泛。

地质学观点认为:矿产资源是指赋存地下或地表的,在地质运动过程中形成的呈固态、液态或气态的具有现实或潜在经济价值的各种矿物质的总称(或有用元素的含量达到具有工业利用价值的矿物集合体),其中包括各种金属、非金属矿产、燃料矿产和地下热能等。据《矿产资源法实施细则》第二条定义,"所谓矿产资源是指由地质作用形成的,具有利用价值的,呈固态、液态、气态的自然资源"。这两个定义是一致的,其内涵为:矿产资源是地球演化过程中经过地质作用形成的,是天然产出于地表或地壳中的原生富集物;产出形式有固态、液态和气态;既包括已经发现的对其数量、质量和空间位置等特征已取得一定认识的矿产,也包括经预测或推断可能存在的矿物质;既包括当前开发并具有经济价值的矿产,也包括将来可能开发并具有经济价值的资源。

1.2.2 矿产资源管理

矿产资源管理(mineral resource management)是国家政府机关以矿产资源所有者和国家行政管理者身份依法对矿产资源的勘查、开采、积累、储备、使用、配置的全过程进行管理,以保障取得最佳经济效益、社会效益和环境效益,实现矿产资源的可持续利用。

矿产资源管理是指国土资源主管部门对矿产资源在积累、储备、消耗过程中,所实施的监督和管理。它包括矿业权管理、矿产资源勘查和开发的监督管理、矿产资源形势分析和资源政策研究、矿产资源规划管理、矿产资源储量管理以及地质资料管理等。

矿产资源管理目标:

(1)实现和维护国家对矿产资源的所有权。通过对矿产资源的统一规划,实现国家对矿产资源的处分权;以法律形式规定探矿权人、采矿权人必须依法履行登记储量、汇交地质资料义务等,体现国家作为矿产资源所有权人的意志。

(2)确保矿产资源可持续利用。通过矿产资源的规划管理实现矿产资源宏观配置;通过矿产资源政策研究、制定与实施,对矿产资源勘查、开发活动进行宏观调控;通过矿产资源勘查、矿山生产过程中储量报告的审查批准来摸清矿产资源家底,为国民经济和社会发展计划规划的制定提供决策依据,保证国民经济和社会的可持续发展对矿产资源的需求。

根据《矿产资源法》及其配套法规和有关规定,矿产资源管理的基本内容可概括为如下 4 个方面:

(1)矿产资源的储量管理与价值核算。其中包括矿产储量审批管理、地质勘探规范的组织制定、矿床工业指标的审批下达与管理、矿产资源的价值核算和矿产储量的登记统计等项工作。

(2)矿产资源综合分析与政策研究制定。其中包括矿产资源的形势分析和矿产资源政策的研究制定。

(3)矿产资源规划管理。其中包括全国矿产资源规划的编制和矿产资源经济区划工作。

(4)地质资料汇交管理。其中包括统一管理地质资料汇交工作;负责汇交地质资料的整理与开发,提供社会使用;依法保护地质资料汇交义务人的合法权益。

1.2.3 采矿权

根据《矿产资源法》及其实施细则,采矿权(mining rights)是指在依法取得的采矿许可证规定的范围内,开采矿产资源和获得矿产品的权利。取得采矿许可证的单位或者个人称为采矿权人。这是矿产资源的国家所有权和采矿权相分离的一种法律形式。

采矿权是指具有相应资质条件的法人、公民或其他组织在法律允许的范围内,对国家所有的矿产资源享有的占有、开采和收益的一种特别法上的物权,在物权法概括性规定基础上由《矿产资源法》予以具体明确化。采矿权客体应包括矿产资源和矿区,具有复合性,并且矿区及其所蕴涵的矿藏种类规模不同对采矿权的取得及行使有着重要影响。采矿权可有限制地转让,法律应明确并完善采矿权的抵押、出租和承包等流转形式。

1.2.4 非法采矿

非法采矿(illegal mining)是指违反矿产资源法律、法规,未取得采矿许可擅自开采矿产资源的行为。这既包括无证进入采矿权设置空白区和他人采矿区范围的采矿行为,也包括虽有采矿许可证但采矿权人没有按照采矿许可的空间范围、备案矿体、矿种(共生、伴生矿种除外)类型的采矿行为,以及采矿许可证被撤销、吊销、注销后进行的采矿行为。

1.2.5 破坏性采矿

破坏性采矿(destructive mining)是指采矿权人违反矿产资源法律、法规,采取破坏性开采方法采矿,造成矿产资源破坏的行为。"采取破坏性开采方法"具体是指在矿产资源开采过程中,没有按照国土资源主管部门审批的矿产资源开发利用方案或者矿山开采设计,采取不合理的采矿方法、开采顺序的,没有对具有工业价值的共生和伴生矿产采取统一规划,综合开采的,没有对暂时不能综合开采或利用的矿产采取有效的保护措施的,造成矿产资源严重破坏的采矿行为。

1.2.6 矿产资源破坏

矿产资源破坏(destruction of mineral resource)是指违反国家矿产资源有关法律、法规,在采矿过程中造成矿产资源存储性破坏或损失增加性破坏的违法行为。矿产资源破坏行为包括未经行政许可擅自开采矿产资源的非法采矿行为和没有按照已审批的开发利用方案开采矿产资源的破坏性采矿行为。

1.2.7 矿产品

矿产品(mineral)是指矿产资源经过开采后,或经开采、选冶、加工处理后,脱离矿产资源自然赋存状态形成的岩矿实物产品。

1.2.8 价格认定

价格认定(price determination)是指经有关国家机关提出,价格认定机构对纪检监察、司法、行政工作中所涉及的,价格不明或者价格有争议的,实行市场调节价的有形产品、无形资产和各类有偿服务进行价格确认的行为。

1.3 矿产资源破坏价值鉴定

1.3.1 矿产资源破坏价值

矿产资源破坏价值指违反国家矿产资源有关法律、法规,在非法采矿、破坏性采矿违法活动中造成矿产资源存储性破坏或不合理损失的价值。具体来讲,非法采矿破坏的矿产资源价值,包括采出的矿产品价值和按照科学合理的开采方法应该采出但因矿床破坏已难以采出的矿产资源折算的价值;破坏性采矿造成矿产资源严重破坏的价值,指由于没有按照国土资源主管部门审查认可的矿产资源开发利用方案采矿,导致应该采出但因矿床破坏已难以采出的矿产资源折算的价值。

这里所指的矿产资源不仅包括矿床开采活动中的主矿种矿产资源,还包括与主矿种呈共(伴)生关系的矿产资源。

1.3.2 矿产资源破坏价值鉴定

矿产资源破坏价值鉴定指省级以上国土资源主管部门对矿产资源违法案件的破坏程度组织技术鉴定和行政确认,并出具鉴定结论,作为依法办理矿产资源破坏违法案件证据材料的行政行为。

国土资源、水行政、海洋等主管部门在查处矿产资源违法案件中,对非法采矿、破坏性采矿涉嫌犯罪需要向公安、司法机关进行案件移送时,或者根据公安、司法机关的请求,对非法采矿、破坏性采矿涉嫌犯罪需要提起公诉或司法审判时,由县级以上人民政府国土资源、水行政、海洋等主管部门或公安、司法机关提出书面申请,经省级以上人民政府国土资源主管部门批准后,由申请单位自己进行(具备相应资质要求)或委托专业技术机构对非法采矿、破坏性采矿造成矿产资源破坏进行储量估算、价值评估,最后由省级以上人民政府国土资源主管部门组织的鉴定委员会对鉴定成果报告进行专业审查并出具鉴定成果认定意见,作为依法办理矿产资源破坏违法犯罪行为的证据材料。

1.3.3 可采储量

可采储量指矿体可供开采动用资源储量中能够经矿山开采形成矿产品的经济资源/储量。可采储量由开采动用资源储量减去采矿损失量后的储量,可采储量也可根据矿体开采动用的资源/储量类别可信系数折算,再结合核定的采矿回采率指标求得。

可采储量＝矿山开采利用资源储量－设计损失量－采矿损失量＝(矿山开采利用资

源储量 - 设计损失量)×采矿回采率。其中露天开采设计损失量一般为最终边帮占用储量,地下开采设计损失量一般包括:由地质条件和水文地质条件(如断层和防水保护矿柱、技术和经济条件限制难以开采的边缘或零星矿体或孤立矿块等)产生的储量损失;由留永久矿柱(如边界保护矿柱、永久建筑物下需留设的永久矿柱以及因法律、社会、环境保护等因素影响不能开采的保护矿柱等)造成的储量损失。

1.3.4　矿产资源破坏价值鉴定结论

矿产资源破坏价值鉴定结论指省级以上国土资源行政主管部门为了解决非法采矿、破坏性采矿案件造成矿产资源破坏价值评估专门性问题,按照有关程序产生、委派具有地质矿产、测绘、采矿等方面权威性专业技术机构及人员,进行技术鉴定、技术审查后作出的科学结论。矿产资源破坏价值鉴定结论法律上属于公文书证,包括技术鉴定成果报告、鉴定成果行政认定意见。

第2章 鉴定工作现状及技术研究方向

2.1 鉴定工作现状

矿产资源破坏价值鉴定工作不是一个孤立的技术行为,而是非法采矿、破坏性采矿造成矿产资源破坏案件查处过程中一个重要的环节,矿产资源破坏价值鉴定工作的开展必然受到国家形势、司法建设、国民意识、技术条件等方面的影响。为了更好地开展矿产资源破坏价值鉴定技术研究,需要先期开展矿产资源破坏案件查处的现状研究,发现并总结鉴定工作中存在的方方面面问题,以此确定鉴定技术的研究方向、研究内容等,才能取得有的放矢、事半功倍的效果。

2.1.1 鉴定现状

1. 国家及相关部门加大了矿产资源法律、法规建设力度

为了加强矿产资源合理开发和有效保护,我国于1986年颁布了《矿产资源法》,并在1996年《矿产资源法》修正案中对非法采矿和破坏性采矿行为构成犯罪的作出了规定。我国《刑法》在1997年的修正案中,专门设置了非法采矿罪和破坏性采矿罪。2003年5月29日,最高人民法院颁布了《关于审理非法采矿、破坏性采矿刑事案件具体应用法律若干问题的解释》(法释〔2003〕9号);2016年11月28日,最高人民法院与最高人民检察院联合发出《关于办理非法采矿、破坏性采矿刑事案件适用法律若干问题的解释》(法释〔2016〕25号),对非法采矿罪和破坏性采矿罪的构成条件、量刑标准等问题作了具体规定。

为了规范非法采矿、破坏性采矿造成矿产资源破坏价值的鉴定工作,依法惩处矿产资源犯罪行为,国土资源部先后印发了《关于非法采矿、破坏性采矿造成矿产资源破坏价值鉴定程序的规定》(国土资发〔2005〕175号)、《关于国土资源主管部门移送涉嫌国土资源犯罪案件的若干意见》(国土资发〔2008〕203号)、《关于在查处矿产资源违法犯罪工作中加强协作配合的若干意见》(国土资发〔2008〕204号)、《国土资源违法行为查处工作规程》(国土资发〔2014〕117号),为有效惩处非法采矿、破坏性采矿犯罪活动奠定了法规政策依据。

2. 矿产资源破坏案件处理由行政处罚到行政与司法惩处相结合

在20世纪80~90年代,我国矿产资源的开发主体以国有大中型企业为主,处于计划经济体制下的矿山企业矿产资源开发经过充分论证与正规设计,并能够自觉尊守矿产开发管理制度及指标要求,发生破坏性采矿的违法行为较少;而个体及私营企业、集体企业进行矿产资源开发尚处"三小"发展阶段,再加上我国法律、法规体系建设的严重滞后,国家治理体制改革不到位,矿产资源破坏案件的处理主要是依靠行政处罚手段。

进入21世纪,随着国民经济的飞速发展,矿产品需求程度的急剧增长,私营企业、股份企业大规模地进军矿产资源开发领域,砂石、黏土等简单开采技术条件要求的矿产资源无证开采现象增多,非法采矿、破坏性采矿违法行为严重干扰了矿产资源正常开发秩序,同时也造成矿产资源浪费、土地资源破坏、矿山地质环境恶化。为此国家加大了矿产资源法律、法规建设力度,为矿产资源违法行为的查处工作提供了法律依据,矿产资源破坏案件的处理由单纯的行政处罚转变到行政处罚与司法惩处相结合的轨道上。

3. 第三方力量对矿产资源破坏案件的查办起到了积极的推动作用

随着国家治理体制的逐步完善和科学技术水平的不断提高,非法采矿、破坏性采矿的违法活动越来越难隐瞒,矿产资源破坏行为需要付出的代价越来越高昂。

十八大后党和国家加大了反腐倡廉与监察体制的建设,并提出青山绿水就是金山银山的科学论断,各级党委与政府深刻认识到环境与发展的辩证关系,对乱采滥挖、破坏矿山地质环境的违法犯罪采取零容忍态度,深挖矿产资源破坏涉案人员背后的保护伞,对打击非法采矿、破坏性采矿的违法犯罪活动起到了关键性作用。

为了提高国土资源执法监察效能,国土资源部于 2010 年 1 月部署了利用高精度的卫星遥感技术手段开展矿产卫片执法检查工作,对发现的违法勘查开采矿产资源行为分析并探究违法成因。通过采用现代高科技执法检查手段,克服了以往矿产资源日常巡查覆盖不到位等困难,使露天采坑开挖及地下采矿排渣非法行为能够彻底暴露在卫星监测影像资料上,使矿产资源破坏违法活动没有藏身之地。

随着网络技术的普及与新媒体的出现,我国逐渐建立起的国家监督体系中的群众监督和舆论监督作用越来越显著。损害人民群众生存环境、生命财产安全等切身利益的非法采矿活动让矿区群众感到深恶痛绝,甚至发生群体性事件。为了保护自己的生存家园,当地群众通过集体上访、媒体曝光、网络平台举报等形式维护自己的合法权益,这都将有利于推动地方国土资源主管部门对矿产资源破坏案件的查办,杜绝非法采矿利益共同体对涉矿案件线索的隐匿。

4. 地方国土资源主管部门对矿产资源破坏案值鉴定的主动性提高了

由于有天上遥感卫星监测、地上人民群众社会监督,以及各级领导对资源环境的重视,特别在十八大后党员干部反腐倡廉以及党风廉政建设大环境下,涉及矿产资源的地方行政主管部门改变工作作风,加大对矿产资源违法案件的打击力度,积极开展涉矿案件的查处与案值鉴定工作。

特别是近年来,通过矿产资源破坏案值鉴定,对于非法采矿违法活动持续时间长久、案值特别巨大的案件,司法机关不仅依法惩处了涉案犯罪人员,而且对矿产资源负直接监管职责的行政执法人员追究相应法律责任。在当今党员干部严肃治理的新形势下,行政执法监察工作人员能够依法履职,严格执行矿产资源的监管职责,发现案情后能够及时上报、制止、立案、调查,对于案情重大涉及犯罪的主动向省级以上国土资源主管部门申请鉴定。

5. 矿产资源破坏价值鉴定案件主要表现为简单矿种短期内的露天开采

随着国家法制建设的顺利推进、国家治理体系的逐步完善,矿产资源管理方面的规章、制度日趋严实,特别是全国范围内矿山企业开展矿产资源储量动态检测工作取得显著的监管成效,对颁发采矿权的矿业权人进行矿山开采的开采范围、开发方案、三率指标监控发挥了重要作用。近年来,全国范围内破坏性采矿案件发生甚少,在矿产资源破坏案值鉴定实践中也很少接到关于此类案件的技术鉴定工作。

因此,当前矿产资源破坏案件主要表现为非法采矿违法活动,主要形式有金属、非金属矿产有证矿山的超层越界开采,新发现矿体(脉)资源储量无备案无开发利用方案开采,以及砂石黏土矿的无证开采等,其中以赋存于地表不用爆破,适合使用机械开挖进行露天开采的砂石黏土矿非法采矿违法案件案值鉴定为主。

由于国家基础设施的建设大力推进、房地产行业的兴旺发展,带动了当地砂石黏土矿产品价格的飞涨,在高额利润的诱惑下,部分村民不惜以身试法、铤而走险,昼伏夜出,借助夜色利用挖掘机械,采取露天开采方式进行此类简单矿种的疯狂盗采活动,这种现象已经成为当前矿产资源破坏案件的主要形式。由于此类简单矿种矿床在当地普遍存在,不法人员采取"游击战术",造成一个嫌疑人非法开采多处小型采坑或多个嫌疑人在不同时期非法开采形成一处大型采坑,这给案件办理机关的执法人员带来了指坑不全、界线不清的困境,也给矿产资源破坏价值鉴定工作带来案值无法厘清的难题。

6. 通过案值鉴定与司法惩处,矿产资源破坏违法犯罪活动得到了有效遏制

随着国家法制建设的顺利推进、国家治理体系的逐步完善,借助不断发展的现代科学技术,在遥感卫星监测下、人民群众监督下、行政主管部门的日常巡查下,非法采矿、破坏性采矿造成矿产资源破坏案件通过案值鉴定、行政处罚、司法惩处,涉案违法犯罪人员受到应有的惩处,相关涉矿的非法活动得到了有效遏制。

通过近年来的矿产资源破坏价值技术鉴定与案件司法移送工作的强力推进,确实对非法采矿、破坏性采矿违法犯罪活动起到了威慑作用,这可以从案件发案率的逐年下降得到证明。

2.1.2 存在的问题及分析

1. 技术鉴定从业人员缺少必要的行业法律、法规知识

现阶段非法采矿、破坏性采矿造成矿产资源破坏价值鉴定机构主要为地质矿产勘查单位,从业人员主要由地质矿产、工程测绘、计算机制图等专业技术人员组成。由于专业知识限制,矿产资源破坏价值鉴定从业人员大多只掌握最高人民法院、最高人民检察院发布的《关于办理非法采矿、破坏性采矿刑事案件适用法律若干问题的解释》(法释〔2016〕25 号)和国土资源部发布的《非法采矿、破坏性采矿造成矿产资源破坏价值鉴定程序的规定》(国土资发〔2005〕175 号),没有接受过涉及矿产资源破坏相关法律、法规知识教育,不能系统掌握技术鉴定过程中涉及的行业法律基础知识和司法常识。

2. 技术鉴定部分从业人员对工作性质认识不清楚、工作态度不够严谨

矿产资源破坏价值鉴定工作既是通过技术鉴定与行政确认进行的"行政行为",也是对非法采矿、破坏性采矿违法犯罪活动进行事实确认的"证据行为",这就要求矿产资源破坏价值鉴定从业人员对鉴定工作性质必须有足够认识,工作作风必须秉持严谨态度。

缺少必要的法律、法规知识培训的技术鉴定从业人员往往对鉴定工作性质认识不清楚、不到位,无法全面理解矿产资源破坏价值鉴定的法律地位与作用,在技术鉴定工作开展过程中存在态度不够严谨,不能很好地把握技术鉴定工作环节上的关键点。

3. 鉴定机构对技术鉴定野外调查小组人员专业技术力量配备不到位

矿产资源破坏价值鉴定机构主要为地质勘查单位,地质勘查单位职工主要由矿产地质、工程测量专业技术人员组成。由于矿产资源破坏价值技术鉴定对象不是待勘查的矿体,而是矿体已经开采形成的采空区或矿产品,其中的矿产品也可能已经销售和后期选、冶、炼加工处理。这就要求从事矿产资源破坏价值技术鉴定的地勘单位在组建野外调查

小组时不仅需要配备矿产地质、工程测量专业技术人员,还要配备采矿、选冶专业技术人员,而这方面人员往往是地勘单位当前不具备的。

4. 涉及矿产资源管理的基层行政部门人员业务素质还待提高

非法采矿、破坏性采矿案件先期是由涉及矿产资源管理的基层行政部门立案调查,在案件基本情况查清基础上才能提出矿产资源破坏价值鉴定申请及委托。而矿产资源破坏价值鉴定工作实践中,由于基层行政部门人员对矿产资源违法案件办理程序不熟,文字组织能力欠缺,存在一些对尚未行政立案的违法行为进行矿产资源破坏价值鉴定申请,案情调查报告出现书写不规范、关键要素没落实、非法责任对象错误等现象。在技术鉴定的野外调查中,行政执法人员对鉴定现场指界工作不理解、不配合,影响矿产资源破坏价值鉴定野外勘测工作正常的开展。

5. 鉴定技术难度较大的流体矿产尚未纳入案值鉴定范畴

由于流体矿产资源形态的不固定性,开采方式、贮存销售的特殊性,涉及流体矿产的非法采矿案件破坏价值的鉴定工作无法采用常规的采空区调查法、矿产品调查法进行科学估算。

目前,河南省矿产资源破坏价值鉴定的矿种还没有将石油、天然气、煤层气、地热(水)、地下水、天然矿泉水、硫化氢气、二氧化碳、氦气、氢气、地下卤水等流体矿产纳入鉴定范畴。流体矿产资源破坏价值鉴定还需要通过开展专门性技术研究,探索出针对性的技术鉴测方法,充分利用案件线索材料,以非法采矿、破坏性采矿违法案件事实为基础,科学、严密、公正评估矿产资源破坏案件案值。

6. 矿产资源破坏价值技术鉴定工作还没有建立统一的技术标准

当前全国矿产资源破坏价值鉴定工作程序主要依据 2005 年 8 月 31 日国土资源部发布的《非法采矿、破坏性采矿造成矿产资源破坏价值鉴定程序的规定》(国土资发〔2005〕175 号),此规定仅对矿产资源破坏价值鉴定的程序作出了具体规定。全国矿产资源破坏价值鉴定工作适用法律依据 2016 年 12 月 28 日最高人民检察院、最高人民法院联合发布的《关于办理非法采矿、破坏性采矿刑事案件适用法律若干问题的解释》(法释〔2016〕25 号),该解释只是对非法开采案件矿产品价值难以确定、案件是否属于破坏性开采方法时需要省级以上人民政府国土资源部门出具专门性报告对案件作出结论性认定。

而对于技术鉴定原则方法、研究程度、工作手段、成果形式、质量要求等方面还没有统一的标准化规定,各鉴定机构鉴定技术水平参差不齐,提交成果报告千差万别,给案件办理单位和司法机关造成不必要的麻烦。这需要在省级以上国土资源主管部门引导下加大鉴定技术科技攻关,先期编制省级固体矿产资源破坏价值鉴定技术规程,条件成熟后再组织编制固、液、气态矿产破坏价值鉴定全国性技术规范。

7. 现代科学技术在矿产资源破坏价值技术鉴定方面的应用研究程度不高

随着 3S(RS、GPS、GIS)技术的不断发展,可实现各种空间信息和资源环境信息的快速、机动、准确、可靠的收集、处理与更新;同时,高新技术在测绘仪器上的应用,这都为非法采矿、破坏性采矿造成矿产资源破坏价值鉴定提供了崭新的技术手段与工作方法。这就需要通过对这些新技术、新方法开展应用研究,结合矿产资源破坏价值鉴定实际情况,利用现代科学技术对矿产资源的破坏量进行科学调查与严密评估。

然而,由于矿产资源深埋地下、种类繁多、形态多样、界定困难,现代科学技术背景下的新技术、新方法在地质矿产学方面的应用研究困难重重,造成矿产资源破坏价值技术鉴定新技术、新方法应用研究缺乏基础,影响矿产资源破坏价值鉴定技术的进一步发展。

2.2　技术研究方向

通过对当前非法采矿、破坏性采矿造成矿产资源破坏价值鉴定工作开展现状及存在问题的分析,为进一步提高矿产资源破坏价值鉴定工作的质量水平,促进鉴定工作合法、合规、有序、高效地展开,及时、有效地打击和威慑涉及矿产资源开采的违法犯罪活动,保障矿产资源开发正常秩序的建立,受河南省市、县国土资源主管部门及公安、司法机关的委托,河南省地质矿产勘查开发局测绘地理信息院对矿产资源破坏价值鉴定进行了法律政策、功能定位、组织程序等基础性研究,同时进行矿床开采方案、地质工作方法、破坏量估算方案及新技术、新方法采用等多方面的技术研究,以保证技术鉴定结论的科学性、可靠性和公正性。

2.2.1　法律政策研究

为了发展矿业,加强矿产资源的勘查、开发利用和保护工作,依法惩处非法采矿、破坏性采矿犯罪活动,国家立法机关、国务院、司法机关制定了相关法律、法规、司法解释,国土资源部发布了规程、规范和技术标准文件,对合理开发和综合利用矿产资源,构建矿产资源勘查开采与生态环境保护协调发展的良好局面,维护矿产资源管理秩序,促进矿业经济持续稳定发展起到了关键作用。

通过对矿产资源管理法律政策的研究,充分认识到矿产资源管理在矿业经济发展中的重要作用,了解和掌握国家和行政主管部门在矿业经济上的路线、方针、政策,严格执行国家矿产资源管理政策,将矿产资源破坏价值鉴定与矿产资源管理结合起来,高度重视矿产资源破坏价值鉴定工作,严格执行矿产资源管理相关国家法律、法规及相关规程、规范、标准,保证矿产资源破坏价值鉴定结论合理、合法,依法制止和打击非法采矿、破坏性采矿等违法犯罪行为。

2.2.2　功能定位研究

矿产资源破坏价值鉴定是由国土资源部或省级人民政府国土资源主管部门通过对申请单位提交的鉴定成果报告审查,依法对非法采矿、破坏性采矿案件造成矿产资源破坏价值鉴定成果出具认定结论。

矿产资源破坏价值鉴定由县级以上人民政府国土资源主管部门自己进行或者委托专业技术机构进行,或者根据公安、司法机关的请求进行,矿产资源破坏价值鉴定属于行政鉴定。矿产资源破坏价值鉴定是通过项目委托、现场勘测、科学评估与法定确认的行政行为,矿产资源破坏价值鉴定结论作为矿产资源涉嫌犯罪证据材料,具有法律效力。

通过对矿产资源破坏价值鉴定功能的研究,更好地理解矿产资源破坏价值鉴定工作的重要性、严肃性,保证鉴定成果结论的科学性、公正性。

2.2.3　组织程序研究

矿产资源破坏价值鉴定由最高人民法院、最高人民检察院、国土资源部根据相关法律、法规统一部署。

最高人民法院、最高人民检察院依据相关法律,结合非法采矿、破坏性采矿案件办理情况,以及国民经济发展状况,适时对相关法律作出司法解释,指导国土资源主管部门及公安、司法机关对案件的侦办。国土资源部结合本行业实际情况,制定行业管理的规定、规程等规范性文件,指导各省国土资源部门、司法机关组织开展非法采矿、破坏性采矿案件查处、鉴定工作。

通过对矿产资源破坏价值鉴定组织架构、程序规划层面的研究,确保矿产资源破坏案件依法办理、组织合规、科学严谨、公开公正。

2.2.4　矿床开采方案研究

非法采矿、破坏性采矿的违法过程离不开矿床开采方案的选取,矿产资源破坏价值鉴定工作必须对矿山采取的矿床的开采方式、采矿方法开展对比研究。通过对矿床开采活动中实际开采方案进行调查、研究、判断、确认,并与批准的合理、合规、节约、保护性矿床开采方案进行对比研究,以确定非法采矿案件发生过程中破坏矿产资源范围、程度,还可以确定取得有效证件的采矿权人在法定权限范围内进行矿产资源开采活动中是否存在破坏性采矿行为。

2.2.5　地质工作方法研究

矿产资源破坏价值技术鉴定工作必须开展地质技术手段、工作方法的研究,采用合理的技术手段与工作方法进行资料收集、野外勘测、数据处理、图件编绘工作,以取得的地质勘测成果资料为基础,为矿产资源破坏量的估算提供可靠的地质依据。

通过收集的以往地质成果资料、案件情况资料,开展野外踏勘,制定野外鉴定工作方案、确定鉴定技术手段、样品布置部位、指界方式等,以确保矿产资源破坏价值鉴定中资源破坏量估算结果规范性、合理性。

2.2.6　破坏量估算方法研究

矿产资源破坏价值技术鉴定中的关键环节就是对矿产资源破坏量估算方案的确定,由于非法采矿、破坏性采矿违法案件情况复杂,开采活动时间期限、现场状况,矿石矿渣堆放、矿产品贮销情况,矿业权设置、演化等千差万别,这给矿产资源破坏量的估算带来很多困难。

开展矿产资源破坏量估算方案研究,就是从案情实际出发,制定切实可行的破坏量估算方案,采用正确估算方法、确定合理的估算参数、选取恰当的计算公式进行估算工作,以确保非法采矿、破坏性采矿违法案件中矿产资源破坏价值评估准确性、可靠性。

2.2.7　新技术、新方法研究

矿产资源破坏价值鉴定工作重点在于矿产资源破坏量的测绘与估算,因此需根据科学技术发展水平,采用新技术、新方法对非法采矿、破坏性采矿造成矿产资源的破坏量进行科学估算。

全球定位系统(GPS)、地理信息系统(GIS)、遥感(RS)技术飞速发展,以及高新技术在测绘仪器上的应用,为矿产资源破坏量的估算提供了新的技术手段与方法。通过对这些新技术、新方法的研究,结合矿产资源破坏价值鉴定实际情况,研制出矿产资源破坏量更为精准的测算方法,确保矿产资源破坏价值鉴定成果资料的科学性、权威性。

2.2.8　流体矿产非法采矿案值鉴定方法研究

由于流体矿产资源形态的不固定性,开采方式、贮存销售的特殊性,涉及流体矿产的非法采矿案件破坏价值的鉴定工作无法采用常规的采空区地质调查法、矿产品地质调查法进行技术评估。为此,通过对流体矿产特性研究、非法采矿案情分析,国土资源等主管部门与公安、工商、税务、电力、人力资源等部门通过联合行动,开展间接证据的固定工作,鉴定机构采用涉案矿产品的销售价值调查法、涉案责任方的设备产能调查法进行流体矿产资源破坏价值技术鉴定,以解决流体矿产由于采空区隐蔽性、矿产品贮销特殊性无法进行案件案值鉴定的技术难题。

2.3　鉴定原则及工作技术路线

2.3.1　鉴定原则

矿产资源破坏价值鉴定,应遵循下列原则:

1. 遵循合法原则

矿产资源破坏价值鉴定属于行政行为,目的在于维护国家利益,保护公民、法人和其他组织的合法权益,鉴定工作程序必须符合现行法律、法规和规章的要求。

2. 遵循客观、公正原则

矿产资源破坏价值鉴定必须始终贯彻客观、公正的原则,不允许有任何偏私,鉴定结论应对各利益关系方均是公平合理的。

3. 遵循时间点原则

鉴定价值应为在根据鉴定案件确定的某一特定时间结点上的价值。

4. 遵循最佳利用原则

鉴定价值应为在鉴定矿产资源最佳利用状况下的价值。

5. 遵循谨慎原则

鉴定价值应为充分考虑导致鉴定矿产资源价值偏低的因素,慎重确定导致鉴定矿产资源价值偏高的参数指标。

6. 遵循保密原则

矿产资源破坏价值鉴定往往涉及商业秘密和个人隐私,尽管其程序上要求公开、公正,但必须坚决贯彻保守秘密的原则,鉴定结论不得随意用于行政、司法行为以外的信息提供。

非法采矿、破坏性采矿造成矿产资源破坏价值鉴定工作应严格执行上述原则,保障矿产资源国家所有权益的实现,同时要防止矿产资源冤、假、错案的发生。

2.3.2　鉴定工作技术路线

1. 立案调查与鉴定申请

县级以上人民政府国土资源、水行政、海洋等主管部门或公安、司法机关根据群众举报、巡查、卫片执法、媒体反映及上级交办等途径提供的矿产资源违法线索,通过对其中的非法采矿、破坏性采矿造成矿产资源破坏违法线索核查,以决定对非法采矿、破坏性采矿违法行为立案调查。

经后期案件调查发现违法行为涉嫌犯罪,国土资源、水行政、海洋等主管部门需将案件向有关机关移送时,或公安、司法机关为了案件侦办、提起公诉时,须向省级以上人民政府国土资源主管部门提出矿产资源破坏的价值鉴定书面申请,同时附带上对该违法行为的调查报告及有关证据材料。

2. 受理与鉴定机构落实

省级以上人民政府国土资源主管部门接到省级以下国土资源、水行政、海洋等主管部门或公安、司法机关请求鉴定的书面申请后,即行开展审查工作并决定是否受理矿产资源破坏价值鉴定请求。经审查不同意受理的案件,将有关材料退回;需要补充案件情况或者材料的,应向鉴定申请部门或机关及时提出修改或补充要求。

省级以上人民政府国土资源主管部门同意受理矿产资源破坏案件价值鉴定后,对于案情简单,鉴定申请部门或机关有自行鉴定技术条件的,鉴定申请部门或机关需委派承办人员进行鉴定;对于案情复杂,鉴定申请部门或机关不具备自行鉴定条件的,需委托专业技术机构进行鉴定。委托方应积极协助、配合受托进行鉴定的专业技术机构开展矿产资源破坏价值鉴定工作。

3. 鉴定准备工作

矿产资源破坏价值鉴定项目开展前,鉴定机构须调集地质、测绘、制图等专业技术人员组建项目部。项目部专业技术人员通过前期的资料收集、野外实地踏勘,在前期地质、测绘工作成果与案件实际情况对比研究的基础上,召开技术专题研讨会,制定切实可行的价值鉴定工作方案。

在外业勘测工作开展前,须对野外工作装备进行检查,对勘测仪器进行校正。特别要注意,一是对车辆安全性检查,二是对 GPS 定位测量仪器相应转换参数的校对。

4. 外业调查工作

在综合分析、系统研究开采区内现有资料基础上,开展矿产地质调查、采空区地质调查、矿产品地质调查、地质取样工作,大致查明开采区地形地貌特征、地质特征、矿床特征;大致控制采空区中矿体形态、产状、规模、分布情况,大致掌握矿石或矿产品质量、类型品级及加工性能;大致了解开采区潜在地质灾害类型、发育程度,以及对因违法开采诱发地质灾害可能性评估,顺便了解矿床开采技术条件。

外业勘测工作采用静态 GPS、快速静态全球定位系统、网络 RTK、全站仪、罗盘、钢尺、测绳等仪器设备开展非法采矿区域地质勘测工作,地质勘测工作包括:矿区首级控制点测量、露天采矿点附近地形地貌测绘、开采位置指界及界线拐点测量、采空区形态测量、动用矿体范围测量;矿产品堆积体形态、位置测量;地下井巷工程实测及覆盖层界线点、矿体露头界线点测量;岩性分界点、构造控制点位置测量;地质剖面测量;样品采集位置测量等。

在野外调查过程中,用数码设备对鉴定过程、指证行为、证人证言、采空区、矿体、岩矿石、取样位置、采矿作业面、矿产品、开采设备、选矿设备及周边地形地貌进行摄录,并按规定进行登记。

5. 内业资料整理

内业资料整理是对矿产资源破坏价值鉴定外业勘测工作中所取得的地质样品、地质勘测数据及视听资料进行系统的整理工作。

采集的地质样品在野外调查工作结束后,及时将野外调查工作中采集的各种地质样品按规定登记、送检,地质样品须送交具相应资质的岩矿检测机构。样品测试、分析、实验报告出来后,按规定及时进行登记、整理、分析。

对于地质调查工作中获得的地质观察点、岩性分界点、地形地貌点、地质灾害点取样点、矿石标本和样品采集点,按相关规范登记与标绘到相关图件上;将岩矿标本和样品的鉴定及测试成果进行校核、分类、统计、列表;化学样品的分析、测试成果收到后先校对,在确认无误时才能抄录至有关表册中交付使用。

对于外业工程测量工作中获取的观测数据,通过一体化数据处理软件中的数据导入与输出程序功能,将GPS定位仪及全站仪内存中的观测数据导入计算机内,并自动计算出各测点的坐标和高程。然后,利用地理信息绘图软件进行基础底图的展绘、编辑、数据处理、打印输出。

野外调查工作中摄录的录音、照片、摄像等视听资料证据以数码形式存储于摄录设备中,野外调查工作结束后,及时将这些证据资料分类、编码、刻录,另行保存到能够长久存储的电子介质上。

6. 综合研究与报告编制

资料系统整理结束后,立即开展综合研究与鉴定成果报告编制工作。

在资料整理的基础上开展全面系统的综合分析与研究工作,综合研究尽量采用当前先进理论、方法和手段。通过对矿床(体)地质、矿石质量及可加工性、开采技术条件、矿产资源破坏量估算等方面的综合研究,进行图件编绘与数据表格编制,要求按有关规定进行,力求做到规范化、标准化、图表化,并据此编制鉴定成果报告。综合研究成果经检查验收合格后,方能提交供报告编写使用。

矿产资源破坏价值鉴定成果报告按照《固体矿产勘查/矿山闭坑地质报告编写规范》(DZ/T 0033—2002D),或以各省级国土资源主管部门拟定的《矿产资源破坏价值技术鉴定报告提纲》要求进行文本撰写与图件编绘。

7. 报告审查与认定

省级以上人民政府国土资源主管部门设立非法采矿、破坏性采矿造成矿产资源破坏价值鉴定委员会,负责审查有关鉴定报告并提出审查意见。鉴定委员会负责人由本级国土资源主管部门主要领导或者分管领导担任,成员由有关职能机构负责人及有关业务人员担任,可聘请有关专家参加。

技术鉴定成果报告完成后,鉴定机构要及时交付鉴定项目委托方,由其提请省级以上人民政府国土资源主管部门进行鉴定报告的审查。省级以上人民政府国土资源主管部门设立的矿产资源破坏鉴定委员会负责人召集组成人员进行报告审查。

对于破坏矿产资源价值数额未达到涉嫌犯罪的程度的,本级国土资源主管部门不予认定,出具意见并说明理由,由案件查处部门按相关法律、法规规定自行处理。对于破坏矿产资源价值数额达到涉嫌犯罪的程度且报告材料符合要求的,或价值数额达到程度但材料不符合要求,后经相关材料补充完善通过审查的,本级国土资源主管部门以正式发文的形式出具价值鉴定认定结论并交付申请部门或机关使用。

8. 鉴定资料归档

价值鉴定工作结束后,省级以上人民政府国土资源主管部门矿产资源破坏价值鉴定委员会与鉴定机构按照档案管理相关要求,及时整理价值鉴定过程中形成的全部资料,立卷归档。

价值鉴定归档材料应当包括案件封面及目录、案件调查报告、案件证据材料、矿产资源破坏数量认定材料、矿产品价格认定结论书、价值鉴定申请文件、矿产资源破坏价值鉴定报告、报告评审意见书、价值鉴定认定意见(行政批准文件)及其他需要归档的材料。

第 3 章　法律政策研究

　　国土资源及相关部门、机关依法查处非法采矿、破坏性采矿违法案件,其行政行为同样受国家矿产资源法律、法规制约,规范矿产资源破坏价值鉴定工作是矿产资源管理的一个重要组成部分。根据矿产资源开发形势的需要,按照矿产资源管理法律、政策要求,依照国土资源部印发的《非法采矿、破坏性采矿造成矿产资源破坏价值鉴定程序的规定》开展矿产资源破坏的价值鉴定工作,依法惩处矿产资源违法犯罪行为,有利于维护矿产资源管理秩序,促进依法行政。

3.1　法律体系

　　目前我国矿产资源管理已形成比较完备的法律体系,即法律、行政法规、规章制度和规范性文件等。

3.1.1　国家法律

　　法律是由国家制定和认可,由国家强制力保证实施的,以规定当事人权利和义务为内容的具有普遍约束力的社会规范。法律由中华人民共和国全国人民代表大会及其常务委员会制定和修改,由国家主席签署主席令予以公布。内容涉及国家和社会最基本的问题,包括宪法、民事法、行政法、经济法、国家机构设置和其他方面的法律等。

　　1986 年《矿产资源法》颁布实施,1996 年、2009 年通过修正案。现在执行的《矿产资源法》是矿产资源管理工作的基本法,也是矿产资源管理一切相关法律、法规、政策、文件等的出发点。另外,涉及矿产资源的法律还有 2016 年 7 月 2 日通过修改的《水法》、2016年 11 月 7 日通过修改的《海洋环境保护法》。

　　行政处罚矿产资源违法案件的相关法律有 2009 年 8 月 27 日通过修正的《行政处罚法》,司法惩处矿产资源犯罪的相关法律有 2015 年 8 月 29 日通过修正的《刑法》、2012 年3 月 14 日通过修正的《刑事诉讼法》。

3.1.2　行政法规

　　行政法规是国务院为领导和管理国家各项行政工作,根据宪法和法律,按照有关规定和程序制定的政治、经济、教育、科技、文化、外事等各类法规的总称。行政法规由国务院总理签署国务院令予以公布。一般形式为"条例""规定""办法""细则"等。

　　为维护矿产资源、水资源相关法律严肃性,有效保护资源合理开发利用,国务院相继出台了一系列配套的行政法规,如《矿产资源法实施细则》《矿产资源开采登记管理办法》《河道管理条例》《行政执法机关移送涉嫌犯罪案件的规定》等。

3.1.3　司法解释

　　司法解释就是依法有权作出的具有普遍司法效力的解释。我国的司法解释有时特指由最高人民法院和最高人民检察院根据法律赋予的职权,对审判和检察工作中具体应用法律所作的具有普遍司法效力的解释。司法解释是法律解释的一种,属正式解释,是司法机关对法律的具体应用问题所作的说明。司法解释具有法律效力,但是不可与其上位法即宪法和法律、法规相冲突,法院判决时可以直接引用司法解释。

为依法办理非法采矿、破坏性采矿刑事案件,最高人民法院与最高人民检察院根据《刑法》《刑事诉讼法》的有关规定,对办理此类刑事案件的适用法律若干问题进行过两次司法解释:2003 年 5 月 29 日,最高人民法院发布的《关于审理非法采矿、破坏性采矿刑事案件具体应用法律若干问题的解释》;2016 年 11 月 28 日,最高人民法院、最高人民检察院发布的《关于办理非法采矿、破坏性采矿刑事案件适用法律若干问题的解释》。

3.1.4　规章制度

规章制度是国家机关及国务院部门,或省级地方人民政府根据法律和行政法规的规定,在相关部门或辖区范围内制定和发布的调整部门行政管理关系的管理性文件。

如最高人民检察院、公安部、国土资源部印发的《关于国土资源主管部门移送涉嫌国土资源犯罪案件的若干意见》,最高人民法院、最高人民检察院、公安部、国土资源部印发的《国土资源部关于在查处矿产资源违法犯罪工作中加强协作配合的若干意见》,最高人民法院、司法部印发的《关于建立司法鉴定管理与使用衔接机制的意见》,最高人民检察院、公安部印发的《最高人民检察院公安部关于公安机关管辖的刑事案件立案追诉标准的规定(一)》等。

3.1.5　规范性文件

规范性文件是明文规定或约定俗成的标准,可以由组织正式规定,也可以是非正式形成。它是由群体所确立的行为标准或行为规范,影响组织的决策与行动。目的是确保材料、产品、过程和服务能够符合需要。规范性文件常以国家标准、行业标准(规范、规程、规定)形式发布。

作为法律、法规的细化,国家的相关政策常常是以规范性文件,也就是我们常说的红头文件的形式来规定的。如国土资源部《国土资源行政处罚办法》(国土资源部令第 60 号)、国土资源部《国土资源违法行为查处工作规程》(国土资发〔2014〕117 号)、国土资源部《非法采矿、破坏性采矿造成矿产资源破坏价值鉴定程序的规定》(国土资发〔2005〕175 号)等。

3.2　国家法律

矿产资源破坏价值鉴定工作涉及的国家法律有《矿产资源法》《水法》《海洋环境保护法》《刑法》和《刑事诉讼法》。

3.2.1　《矿产资源法》

《矿产资源法》于 1986 年 3 月 19 日第六届全国人民代表大会常务委员会第十五次会议通过,根据 1996 年 8 月 29 日第八届全国人民代表大会常务委员会第二十一次会议《关于修改〈中华人民共和国矿产资源法〉的决定》修正,根据 2009 年 8 月 27 日第十一届全国人民代表大会常务委员会第十次会议通过《关于修改部分法律的决定》修正。

1. 矿产资源所有权与开采权

《矿产资源法》第三条第一款规定:矿产资源属于国家所有,由国务院行使国家对矿产资源的所有权。地表或者地下的矿产资源的国家所有权,不因其所依附的土地的所有权或者使用权的不同而改变。

《矿产资源法》第三条第二款规定:国家保障矿产资源的合理开发利用。禁止任何组织或者个人用任何手段侵占或者破坏矿产资源。各级人民政府必须加强矿产资源的保护工作。

也就是说,国家在不改变对矿产资源的所有权性质的前提下,按照所有权和采矿权适当分离的原则,可依法授权相关部门将矿产资源的开采权依法授予特定的组织或个人,并有权对任何组织或者个人的采矿活动实施监督管理。

2. 合理、综合开发利用矿产资源

《矿产资源法》第二十九条规定:开采矿产资源,必须采取合理的开采顺序、开采方法和选矿工艺。矿山企业的开采回采率、采矿贫化率和选矿回收率应当达到设计要求。第三十条规定:在开采主要矿产的同时,对具有工业价值的共生和伴生矿产应当统一规划,综合开采,综合利用,防止浪费;对于暂时不能综合开采或者必须同时采出而暂时还不能综合利用的矿产以及含有有用组分的尾矿,应当采取有效的保护措施,防止损失破坏。

国家要求矿产资源开采回收利用指标应当达到设计要求,对于共生和伴生矿产要综合开采、综合利用,对于暂时不能开采的矿产、不能综合利用的矿产、含有有用组分的尾矿要实施有效的保护,防止造成矿产资源的破坏。

3. 矿产资源违法类型及处罚

(1)非法采矿

《矿产资源法》第三十九条规定:违反本法规定,未取得采矿许可证擅自采矿的,擅自进入国家规划矿区、对国民经济具有重要价值的矿区范围采矿的,擅自开采国家规定实行保护性开采的特定矿种的,责令停止开采、赔偿损失,没收采出的矿产品和违法所得,可以并处罚款;拒不停止开采,造成矿产资源破坏的,依照刑法有关规定对直接责任人员追究刑事责任。单位和个人进入他人依法设立的国有矿山企业和其他矿山企业矿区范围内采矿的,依照前款规定处罚。第四十条规定:超越批准的矿区范围采矿的,责令退回本矿区范围内开采、赔偿损失,没收越界开采的矿产品和违法所得,可以并处罚款;拒不退回本矿区范围内开采,造成矿产资源破坏的,吊销采矿许可证,依照刑法有关规定对直接责任人员追究刑事责任。

1)国家规划矿区:是指在一定时期内,根据国民经济建设长期的需要和资源分布情况,经国务院或国务院有关主管部门依法定程序审查、批准,确定列入国家矿产资源开发长期或中期规划的矿区以及作为老矿区后备资源基地的矿区。

2)对国民经济具有重要价值的矿区:是指经济价值重大或经济效益很高,对国家经济建设的全局性、战略性有重要影响的矿区。

3)国家规定实行保护性开采的特定矿种:是指黄金、钨、锡、锑、钼、离子型稀土、萤石矿产。其中,钨、锡、锑、离子型稀土是我国的优质矿产,在世界上有举足轻重的地位。但是,近年来对这些矿产资源乱采滥挖现象很严重,因此根据矿产资源法的规定,国务院决定将上述矿种列为国家实行保护性开采的特定矿种以加强保护。

(2)破坏性开采

《矿产资源法》第四十四条规定:违反本法规定,采取破坏性的开采方法开采矿产资源的,处以罚款,可以吊销采矿许可证;造成矿产资源严重破坏的,依照刑法有关规定对直接责任人员追究刑事责任。

"破坏性的开采方法开采矿产资源"是指在开采矿产资源过程中,违反矿产资源法及有关规定,采用不合理的开采方法,采易弃难,采富弃贫,严重违反开采回采率、采矿贫化率和选矿回收率的指标进行采矿的行为,造成矿产资源的开采回采率下降,使本来可以利用的共生矿、伴生矿和尾矿遭到破坏等情形。

3.2.2 《水法》

《水法》于1988年1月21日第六届全国人民代表大会常务委员会第24次会议通过,2002年8月29日第九届全国人民代表大会常务委员会第二十九次会议修订通过。现行的《水法》根据2016年7月2日第十二届全国人民代表大会常务委员会第二十一次会议通过的《全国人民代表大会常务委员会关于修改〈中华人民共和国节约能源法〉等六部法律的决定》修改。

《水法》第二条规定:在中华人民共和国领域内开发、利用、节约、保护、管理水资源,防治水害,适用本法。本法所称水资源,包括地表水和地下水。第三十九条规定:国家实行河道采砂许可制度。河道采砂许可制度实施办法,由国务院规定。在河道管理范围内采砂,影响河势稳定或者危及堤防安全的,有关县级以上人民政府水行政主管部门应当划定禁采区和规定禁采期,并予以公告。第七十二条第二款规定:在水工程保护范围内,从事影响水工程运行和危害水工程安全的爆破、打井、采石、取土等活动的,构成犯罪的,依照刑法的有关规定追究刑事责任。

3.2.3 《海洋环境保护法》

《海洋环境保护法》于1982年8月23日第五届全国人民代表大会常务委员会第二十四次会议通过,1999年12月25日第九届全国人民代表大会常务委员会第十三次会议修订,2013年12月28日第一次修正,2016年11月7日第二次修正。现行的《海洋环境保护法》为第三次修正,2017年11月5日起施行。

《海洋环境保护法》第二条第二款规定:在中华人民共和国管辖海域内从事航行、勘探、开发、生产、旅游、科学研究及其他活动,或者在沿海陆域内从事影响海洋环境活动的任何单位和个人,都必须遵守本法。第四十六条规定:严格限制在海岸采挖砂石。露天开采海滨砂矿和从岸上打井开采海底矿产资源,必须采取有效措施,防止污染海洋环境。第九十条规定:对严重污染海洋环境、破坏海洋生态,构成犯罪的,依法追究刑事责任。

3.2.4 《行政处罚法》

《行政处罚法》于1996年3月17日第八届全国人民代表大会第四次会议通过,1996年10月1日起施行,根据2009年8月27日第十一届全国人民代表大会常务委员会第十次会议《关于修改部分法律的决定》修正。现行的《行政处罚法》为2017年9月1日修正。

1. 处罚种类

《行政处罚法》第八条规定:行政处罚的种类:警告;罚款;没收违法所得、没收非法财物;责令停产停业;暂扣或者吊销许可证、暂扣或者吊销执照;行政拘留;法律、行政法规规定的其他行政处罚。

2.实施机关

《行政处罚法》第十五条规定:行政处罚由具有行政处罚权的行政机关在法定职权范围内实施。

《行政处罚法》第十六条规定:国务院或者经国务院授权的省、自治区、直辖市人民政府可以决定一个行政机关行使有关行政机关的行政处罚权,但限制人身自由的行政处罚权只能由公安机关行使。

3.适用范围

《行政处罚法》第二十二条规定:违法行为构成犯罪的,行政机关必须将案件移送司法机关,依法追究刑事责任。

《行政处罚法》第二十八条规定:违法行为构成犯罪,人民法院判处拘役或者有期徒刑时,行政机关已经给予当事人行政拘留的,应当依法折抵相应刑期。

违法行为构成犯罪,人民法院判处罚金时,行政机关已经给予当事人罚款的,应当折抵相应罚金。

《行政处罚法》第二十九条规定:违法行为在二年内未被发现的,不再给予行政处罚。法律另有规定的除外。

前款规定的期限,从违法行为发生之日起计算;违法行为有连续或者继续状态的,从行为终了之日起计算。

4.行政处罚决定

《行政处罚法》第三十五条规定:当事人对当场作出的行政处罚决定不服的,可以依法申请行政复议或者提起行政诉讼。

《行政处罚法》第三十六条规定:除本法第三十三条规定的可以当场作出的行政处罚外,行政机关发现公民、法人或者其他组织有依法应当给予行政处罚的行为的,必须全面、客观、公正地调查,收集有关证据;必要时,依照法律、法规的规定,可以进行检查。

《行政处罚法》第三十七条第一款规定:行政机关在调查或者进行检查时,执法人员不得少于两人,并应当向当事人或者有关人员出示证件。当事人或者有关人员应当如实回答询问,并协助调查或者检查,不得阻挠。询问或者检查应当制作笔录。

《行政处罚法》第四十五条规定:当事人对行政处罚决定不服申请行政复议或者提起行政诉讼的,行政处罚不停止执行,法律另有规定的除外。

5.法律责任

《行政处罚法》第六十一条规定:行政机关为牟取本单位私利,对应当依法移交司法机关追究刑事责任的不移交,以行政处罚代替刑罚,由上级行政机关或者有关部门责令纠正;拒不纠正的,对直接负责的主管人员给予行政处分;徇私舞弊、包庇纵容违法行为的,比照刑法第一百八十八条的规定追究刑事责任。

《行政处罚法》第六十二条规定:执法人员玩忽职守,对应当予以制止和处罚的违法行为不予制止、处罚,致使公民、法人或者其他组织的合法权益、公共利益和社会秩序遭受损害的,对直接负责的主管人员和其他直接责任人员依法给予行政处分;情节严重构成犯罪的,依法追究刑事责任。

3.2.5 《刑法》

《刑法》于1979年7月1日第五届全国人民代表大会第二次会议通过,自1997年3月14日第八届全国人民代表大会第五次会议修订,已先后修订过九次。现行的《刑法》发布于2015年8月29日,2015年11月1日开始实施。《刑法》为矿产资源破坏行为设置了非法采矿罪和破坏性采矿罪,是将《矿产资源法》第三十九条规定的矿产资源罚则部分纳入了刑法。

1. 非法采矿罪及法律责任

《刑法》第三百四十三条第一款规定:非法采矿罪:违反矿产资源法的规定,未取得采矿许可证擅自采矿,擅自进入国家规划矿区、对国民经济具有重要价值的矿区和他人矿区范围采矿,或者擅自开采国家规定实行保护性开采的特定矿种,情节严重的,处三年以下有期徒刑、拘役或者管制,并处或者单处罚金;情节特别严重的,处三年以上七年以下有期徒刑,并处罚金。

2. 破坏性采矿罪及法律责任

《刑法》第三百四十三条第二款规定:破坏性采矿罪:违反矿产资源法的规定,采取破坏性的开采方法开采矿产资源,造成矿产资源严重破坏的,处五年以下有期徒刑或者拘役,并处罚金。

3.3 行政法规

为了加强矿产资源管理配套法规建设,国务院分别发布了《矿产资源法实施细则》《矿产资源开采登记管理办法》。为了加强水资源管理配套法规建设和保证行政执法机关向公安机关及时移送涉嫌犯罪案件,国务院还发布了《河道管理条例》《行政执法机关移送涉嫌犯罪案件的规定》。

3.3.1 矿产管理细则

为了贯彻和执行《矿产资源法》,国务院于1994年3月26日发布了《矿产资源法实施细则》(国务院令第152号)。

1. 矿产开采行政许可

《矿产资源法实施细则》第五条第一款规定:国家对矿产资源的勘查、开采实行许可证制度。勘查矿产资源,必须依法申请登记,领取勘查许可证,取得探矿权;开采矿产资源,必须依法申请登记,领取采矿许可证,取得采矿权。

2. 非法采矿法律责任

《矿产资源法实施细则》第四十二条第一款、第二款规定:依照《矿产资源法》第三十九条、第四十条、第四十二条、第四十三条、第四十四条规定处以罚款的,分别按照下列规定执行:

(1)未取得采矿许可证擅自采矿的,擅自进入国家规划矿区、对国民经济具有重要价值的矿区和他人矿区范围采矿的,擅自开采国家规定实行保护性开采的特定矿种的,处以违法所得百分之五十以下的罚款;

(2)超越批准的矿区范围采矿的,处以违法所得百分之三十以下的罚款。

3．破坏性采矿法律责任

《矿产资源法实施细则》第四十二条第六款规定:采取破坏性的开采方法开采矿产资源,造成矿产资源严重破坏的,处以相当于矿产资源损失价值百分之五十以下的罚款。

3.3.2　矿产开采管理

为了加强对矿产资源开采的管理,维护矿产资源开采秩序,国务院于1998年2月12日发布了《矿产资源开采登记管理办法》(国务院令第241号),根据2014年7月29日《国务院关于修改部分行政法规的决定》(国务院令第653号)对该办法进行了修正。

1．行政许可管理

《矿产资源开采登记管理办法》第四条规定:采矿权申请人在提出采矿权申请前,应当根据经批准的地质勘查储量报告,向登记管理机关申请划定矿区范围。需要申请立项,设立矿山企业的,应当根据划定的矿区范围,按照国家规定办理有关手续。第七条规定:采矿许可证有效期满,需要继续采矿的,采矿权人应当在采矿许可证有效期届满的30日前,到登记管理机关办理延续登记手续。采矿权人逾期不办理延续登记手续的,采矿许可证自行废止。

2．法律责任

《矿产资源开采登记管理办法》第十七条规定:任何单位和个人未领取采矿许可证擅自采矿的,擅自进入国家规划矿区和对国民经济具有重要价值的矿区范围采矿的,擅自开采国家规定实行保护性开采的特定矿种的,超越批准的矿区范围采矿的,由登记管理机关依照有关法律、行政法规的规定予以处罚。

3.3.3　河道开采管理

为了加强水资源管理配套法规建设,国务院于1991年7月2日发布了《河道管理条例》(国务院令第86号)。

1．行政许可管理

《河道管理条例》第二十五条第一款规定:在河道管理范围内进行采砂、取土、淘金、弃置砂石或者淤泥的活动,必须报经河道主管机关批准;涉及其他部门的,由河道主管机关会同有关部门批准。

2．堤防保护

《河道管理条例》第二十六条规定:根据堤防的重要程度、堤基土质条件等,河道主管机关报经县级以上人民政府批准,可以在河道管理范围的相连地域划定堤防安全保护区。在堤防安全保护区内,禁止进行打井、钻探、爆破、挖筑鱼塘、采石、取土等危害堤防安全的活动。

3．法律责任

《河道管理条例》第四十四条第四款规定:违反本条例规定,未经批准或者不按照河道主管机关的规定在河道管理范围内采砂、取土、淘金、弃置砂石或者淤泥、爆破、钻探、挖筑鱼塘的,县级以上地方人民政府河道主管机关除责令其纠正违法行为、采取补救措施外,可以并处警告、罚款、没收非法所得;对有关责任人员,由其所在单位或者上级主管机关给予行政处分;构成犯罪的,依法追究刑事责任。

《河道管理条例》第四十五条第二款规定:违反本条例规定,在堤防安全保护区内进行打井、钻探、爆破、挖筑鱼塘、采石、取土等危害堤防安全的活动的,县级以上地方人民政府河道主管机关除责令纠正违法行为、赔偿损失、采取补救措施外,可以并处警告、罚款;应当给予治安管理处罚的,按照《中华人民共和国治安管理处罚条例》的规定处罚;构成犯罪的,依法追究刑事责任。

3.3.4　案件移送管理

为了保证行政执法机关向公安机关及时移送涉嫌犯罪案件,依法惩罚破坏社会主义市场经济秩序,国务院于2001年7月9日发布了《行政执法机关移送涉嫌犯罪案件的规定》(国务院令第310号)。

1. 案件移送

《行政执法机关移送涉嫌犯罪案件的规定》第三条规定:行政执法机关在依法查处违法行为过程中,发现违法事实涉及的金额、违法事实的情节、违法事实造成的后果等,涉嫌构成犯罪,依法需要追究刑事责任的,必须依照本规定向公安机关移送。第十一条第一款规定:行政执法机关对应当向公安机关移送的涉嫌犯罪案件,不得以行政处罚代替移送。

2. 涉案物品的检验、鉴定

《行政执法机关移送涉嫌犯罪案件的规定》第四条第二款规定:行政执法机关对查获的涉案物品,对需要进行检验、鉴定的涉案物品,应当由法定检验、鉴定机构进行检验、鉴定,并出具检验报告或者鉴定结论。

3. 法律责任

《行政执法机关移送涉嫌犯罪案件的规定》第十六条第二款规定:行政执法机关违反本规定,对应当向公安机关移送的案件不移送,或者以行政处罚代替移送的,由本级或者上级人民政府,或者实行垂直管理的上级行政执法机关,责令改正,给予通报;拒不改正的,对其正职负责人或者主持工作的负责人给予记过以上的行政处分;构成犯罪的,依法追究刑事责任。

3.4　司法解释

2003年5月16日最高人民法院审判委员会第1270次会议通过《关于审理非法采矿、破坏性采矿刑事案件具体应用法律若干问题的解释》(法释〔2003〕9号),2003年5月29日最高人民法院发布公告,自2003年6月3日起施行。2016年9月26日最高人民法院审判委员会第1694次会议、2016年11月4日最高人民检察院第十二届检察委员会第57次会议通过《关于办理非法采矿、破坏性采矿刑事案件适用法律若干问题的解释》(简称《解释》)(法释〔2016〕25号),2016年11月28日最高人民法院、最高人民检察院联合发布公告,自2016年12月1日起施行。本《解释》通过对矿产资源破坏的违法形式、违法情节、程度认定作出的科学解释,为依法惩处非法采矿、破坏性采矿犯罪提供了法律依据。

3.4.1　违法形式

矿产资源破坏有非法采矿、破坏性采矿两种违法形式。

1. 非法采矿

(1)矿产资源管理

根据《刑法》第三百四十三条第一款规定,非法采矿包括三种情形:未取得采矿许可证擅自采矿;擅自进入国家规划矿区、对国民经济具有重要价值的矿区和他人矿区范围采矿;擅自开采国家规定实行保护性开采的特定矿种。

其中具有下列情形之一的,应当认定为《刑法》第三百四十三条第一款规定的"未取得采矿许可证":

1)无许可证的;

2)许可证被注销、吊销、撤销的;

3)超越许可证规定;

4)超出许可证规定的矿种的(共生、伴生矿种除外);

5)其他未取得许可证的情形。

(2)河道管理

在河道管理范围内采砂,具有下列情形之一,符合《刑法》第三百四十三条第一款和本《解释》第二条、第三条规定的,同属非法采矿行为:

1)依据相关规定应当办理河道采砂许可证,未取得河道采砂许可证的;

2)依据相关规定应当办理河道采砂许可证和采矿许可证,既未取得河道采砂许可证,又未取得采矿许可证的。

(3)海洋管理

未取得海砂开采海域使用权证,且未取得采矿许可证,采挖海砂,符合《刑法》第三百四十三条第一款和本《解释》第二条、第三条规定的,同属非法采矿行为。

2.破坏性采矿

根据《刑法》第三百四十三条第一款规定,破坏性采矿是指违反矿产资源法的规定,采取破坏性的开采方法开采矿产资源,造成矿产资源破坏。

3.4.2　违法情节

1.情节严重(非法采矿)

(1)矿产资源管理

根据《解释》第三条第一款规定,实施非法采矿行为,具有下列情形之一的,应当认定为《刑法》第三百四十三条第一款规定的"情节严重":

1)开采的矿产品价值或者造成矿产资源破坏的价值在十万元至三十万元以上的(注:有条件时需将矿产品价值折算出矿产资源破坏,以下相同);

2)在国家规划矿区、对国民经济具有重要价值的矿区采矿,开采国家规定实行保护性开采的特定矿种,或者在禁采区、禁采期内采矿,开采的矿产品价值或者造成矿产资源破坏的价值在五万元至十五万元以上的;

3)两年内曾因非法采矿受过两次以上行政处罚,又实施非法采矿行为的;

4)造成生态环境严重损害的;

5)其他情节严重的情形。

(2)河道管理

根据《解释》第四条第二款规定,实施前款(《刑法》第三百四十三条第一款和本《解释》第二条、第三条)规定行为(非法采砂),虽不具有上述条款规定的情形,但严重影响河势稳定,危害防洪安全的,应当认定为《刑法》第三百四十三条第一款规定的"情节严重"。

(3)海洋管理

根据《解释》第五条第二款规定,实施前款(《刑法》第三百四十三条第一款和本《解释》第二条、第三条)规定行为(非法开采海砂),虽不具有本《解释》第三条第一款规定的情形,但造成海岸线严重破坏的,应当认定为《刑法》第三百四十三条第一款规定的"情节严重"。

2.情节特别严重(非法采矿)

根据《解释》第三条第二款规定,实施非法采矿行为,具有下列情形之一的,应当认定为《刑法》第三百四十三条第一款规定的"情节特别严重":

(1)数额达到本《解释》第三条第一款第一项、第二项规定标准五倍以上的;

(2)造成生态环境特别严重损害的;

(3)其他情节特别严重的情形。

3.造成矿产资源严重破坏(破坏性采矿)

根据《解释》第六条规定,破坏性采矿造成矿产资源破坏的价值在五十万元至一百万元以上,或者造成国家规划矿区、对国民经济具有重要价值的矿区和国家规定实行保护性开采的特定矿种资源破坏的价值在二十五万元至五十万元以上的,应当认定为《刑法》第三百四十三条第二款规定的"造成矿产资源严重破坏"。

3.4.3 情节认定

1.非法开采案值认定

(1)矿产品价值法认定

《解释》第十三条第一款规定:非法开采的矿产品价值,根据销赃数额认定;无销赃数额,销赃数额难以查证,或者根据销赃数额认定明显不合理的,根据矿产品价格和数量认定。

(2)行政确认法认定

根据《解释》第十三条第二款规定,矿产品价值难以确定的,依据下列机构出具的报告,结合其他证据作出认定:

1)价格认证机构出具的报告;

2)省级以上人民政府国土资源、水行政、海洋等主管部门出具的报告;

3)国务院水行政主管部门在国家确定的重要江河、湖泊设立的流域管理机构出具的报告。

2.专门性报告法认定

根据《解释》第十四条规定,对案件所涉及的有关专门性问题难以确定的,依据下列机构出具的鉴定意见或者报告,结合其他证据作出认定:

(1)司法鉴定机构就生态环境损害出具的鉴定意见;

(2)省级以上人民政府国土资源主管部门就造成矿产资源破坏的价值、是否属于破坏性开采方法出具的报告;

(3)省级以上人民政府水行政主管部门或者国务院水行政主管部门在国家确定的重要江河、湖泊设立的流域管理机构就是否危害防洪安全出具的报告;

(4)省级以上人民政府海洋主管部门就是否造成海岸线严重破坏出具的报告。

3.4.4　其他情形

《解释》第八条规定：多次非法采矿、破坏性采矿构成犯罪，依法应当追诉的，或者二年内多次非法采矿、破坏性采矿未经处理的，价值数额累计计算。

《解释》第九条规定：单位犯刑法第三百四十三条规定之罪的，依照本解释规定的相应自然人犯罪的定罪量刑标准，对直接负责的主管人员和其他直接责任人员定罪处罚，并对单位判处罚金。

《解释》第十条规定：实施非法采矿犯罪，不属于"情节特别严重"，或者实施破坏性采矿犯罪，行为人系初犯，全部退赃退赔，积极修复环境，并确有悔改表现的，可以认定为犯罪情节轻微，不起诉或者免予刑事处罚。

《解释》第十一条规定：对受雇佣为非法采矿、破坏性采矿犯罪提供劳务的人员，除参与利润分成或者领取高额固定工资的以外，一般不以犯罪论处，但曾因非法采矿、破坏性采矿受过处罚的除外。

《解释》第十二条规定：对非法采矿、破坏性采矿犯罪的违法所得及其收益，应当依法追缴或者责令退赔。对用于非法采矿、破坏性采矿犯罪的专门工具和供犯罪所用的本人财物，应当依法没收。

3.4.5　地方标准

《解释》第十四条规定：各省、自治区、直辖市高级人民法院、人民检察院，可以根据本地区实际情况，在本解释第三条、第六条规定的数额幅度内，确定本地区执行的具体数额标准，报最高人民法院、最高人民检察院备案。

3.5　规章制度

3.5.1　案件移送制度

为规范国土资源主管部门向人民检察院和公安机关移送涉嫌国土资源犯罪案件，2008 年 9 月 8 日最高人民检察院与公安部、国土资源部印发了《关于国土资源主管部门移送涉嫌国土资源犯罪案件的若干意见》(国土资发〔2008〕203 号)。

1.关于移送范围和移送机关

(1)国土资源犯罪案件，主要是指涉及以下罪名的案件：

1)非法转让、倒卖土地使用权罪(《刑法》第二百二十八条)；

2)非法占用农用地罪(《刑法》第三百四十二条)；

3)非法采矿罪(《刑法》第三百四十三条第一款)；

4)破坏性采矿罪(《刑法》第三百四十三条第二款)；

5)非法批准征用、占用土地罪(《刑法》第四百一十条)；

6)非法低价出让国有土地使用权罪(《刑法》第四百一十条)；

7)国家工作人员涉及危害国土资源的贪污贿赂、渎职等其他职务犯罪案件。

(2)县级以上人民政府国土资源主管部门在依法查处矿产资源违法行为过程中，发现有符合最高人民检察院和国土资源部《关于人民检察院与国土资源主管部门在查处和预防渎职等职务犯罪工作中协作配合的若干规定(暂行)》(高检会〔2007〕7 号)第五条和第六条规定情形，根据最高人民检察院《关于人民检察院直接受理立案侦查案件立案标准的规定(试行)》(高检发释字〔1999〕2号)和最高人民检察院《关于渎职侵权犯罪案件立案标准的规定》(高检发释字〔2006〕2号),涉嫌渎职等职务犯罪,依法需要追究刑事责任的,应当依法向人民检察院移送。

县级以上人民政府国土资源主管部门在依法查处矿产资源违法行为过程中,发现非法转让倒卖土地使用权、非法占用农用地、非法采矿或者破坏性采矿等违法事实,涉及的土地或者占用农用地的面积、国土资源财产损失数额、造成国土资源破坏的后果及其他违法情节,达到最高人民法院《关于审理破坏土地资源刑事案件具体应用法律若干问题的解释》(法释〔2000〕14号)和《关于审理非法采矿、破坏性采矿刑事案件具体应用法律若干问题的解释》(法释〔2003〕9号)等规定的标准,涉嫌犯罪,依法需要追究刑事责任的,应当依法向公安机关移送。

2. 关于移送证据

(1)移送涉嫌国土资源犯罪案件,需要对造成矿产资源破坏的价值进行鉴定的,由省级国土资源主管部门按照国土资源部《非法采矿、破坏性采矿造成矿产资源破坏价值鉴定程序的规定》(国土资发〔2005〕175号)出具鉴定结论。

(2)国土资源主管部门在查处矿产资源违法行为过程中,应当收集并妥善保存下列有关证据资料:

1)矿产资源违法行为调查报告;

2)调查记录或询问笔录;

3)有关鉴定结论;

4)现场调查时的勘测和视听资料;

5)其他可以保存的实物证据和资料。

3. 关于移送程序

(1)国土资源主管部门在查处矿产资源违法行为过程中,发现有符合移送条件的案件,应当由本部门正职负责人或者主持工作的负责人审批。

收到报告的负责人应当自接到报告之日起3日内作出是否批准移送的决定。决定移送的,应当在24小时内办理向同级人民检察院或者公安机关移送手续;决定不移送的,应当将不予批准的理由记录在案。

(2)国土资源主管部门向人民检察院或者公安机关移送涉嫌国土资源犯罪案件,应当附有下列材料:

1)涉嫌国土资源犯罪案件移送书;

2)涉嫌国土资源犯罪案件情况的调查报告;

3)涉案物品清单;

4)有关鉴定结论;

5)其他有关涉嫌犯罪的材料。

对矿产资源违法行为已经作出行政处罚决定的,应当同时移送行政处罚决定书和作出行政处罚决定的证据资料。

(3)人民检察院对国土资源主管部门移送的案件线索,应当及时进行审查,依法决定是否立案。对决定立案的,应当及时将立案情况通知移送单位;对决定不予立案的,应当制作不予立案通知书,写明不予立案的原因和法律依据,送达移送案件的国土资源主管部门,并退还有关材料。

(4)国土资源主管部门对人民检察院不予立案的决定有异议的,可以在收到不予立案通知之日起 5 日内,提请作出不予立案决定的人民检察院复议,人民检察院应当自收到复议申请之日起 30 日内作出复议决定。

人民检察院决定不立案,或者在立案后经侦查认为不需要追究刑事责任,作出撤销案件或不予起诉决定的,认为应当追究党纪政纪责任的,应当提出检察建议连同有关材料一并移送有关纪检监察机关或者任免机关处理,并通知移送案件的国土资源主管部门。

(5)公安机关对国土资源主管部门移送的案件应当自接收移送案件之日起 3 日内,依法进行审查,作出立案或者不予立案决定,书面通知移送案件的国土资源主管部门。决定不予立案的,应当说明理由并同时退回案卷材料。对不属于本机关管辖的,应当在 24 小时内转送有管辖权的机关,并书面通知移送案件的国土资源主管部门。

公安机关违反国家有关规定,不接收国土资源主管部门移送的涉嫌国土资源犯罪案件,或者逾期不作出立案或者不予立案决定的,国土资源主管部门可以建议人民检察院依法进行立案监督,或者报告本级或者上级人民政府责令改正。

(6)国土资源主管部门应当在向公安机关移送案件后的 10 日内向公安机关查询立案情况。对公安机关不予立案通知书有异议的,国土资源主管部门应当自收到不予立案通知书之日起的 3 日内,提请作出不予立案决定的公安机关复议。

作出不予立案决定的公安机关应当自收到国土资源主管部门提请复议的文件之日起 3 日内,作出复议决定并书面通知提出复议申请的国土资源主管部门;国土资源主管部门对公安机关不予立案的复议决定仍有异议的,应当自收到复议决定通知书之日起 3 日内建议人民检察院依法进行立案监督。

(7)国土资源主管部门对公安机关决定不予立案的案件,应当依法作出处理。其中,依照有关法律、法规或者规章的规定应当给予行政处罚的,应当依法实施行政处罚,同时将《行政处罚决定书》抄送同级人民检察院;应当追究有关责任人员党纪政纪责任的,应当将案件移送有关纪检监察机关或者任免机关处理。

4. 其他

(1)国土资源主管部门应当支持、配合人民检察院或者公安机关的侦查和调查工作,根据需要提供必要的调查数据和其他证据材料。

国土资源主管部门对正在查办的重大违法案件,必要时可以邀请人民检察院、公安机关派员参加相关调查工作。

人民检察院、公安机关认为国土资源主管部门正在查办的案件涉嫌犯罪,要求提前介入或者参加案件讨论的,国土资源主管部门应当给予支持和配合。

(2)国土资源主管部门违反规定,对涉嫌犯罪的案件应当移送人民检察院或者公安机关而不移送,或者以行政处罚代替移送的,上级国土资源主管部门应当责令改正,给予通报;拒不改正的,对其正职负责人或者主持工作的负责人给予记过以上处分;构成犯罪的,依法追究刑事责任。

各级国土资源主管部门和人民检察院、公安机关在办理危害国土资源犯罪案件中要进一步加强协调和沟通,定期或不定期召开联席会议,适时通报查办案件工作情况、研究案件移送中遇到的法律政策问题、研究阶段性工作重点和措施等,形成打击危害国土资源犯罪的合力。在实施中遇到问题,应当及时协商解决,重大问题应呈报国土资源部和最高人民检察院、公安部解决。

3.5.2 协作配合机制

为加强国土资源主管部门与人民法院、人民检察院、公安机关之间的沟通联系,建立相应工作机制,及时制止和有效查处矿产资源违法犯罪行为,2008 年 9 月 28 日最高人民法院、最高人民检察院与公安部、国土资源部印发了《关于在查处矿产资源违法犯罪工作中加强协作配合的若干意见》(国土资发〔2008〕204 号)。

1. 建立联席会议工作制度

国土资源部与最高人民法院、最高人民检察院、公安部建立制止和查处矿产资源违法犯罪行为联席会议工作制度。国土资源部为牵头单位,最高人民法院、最高人民检察院和公安部为成员单位。国土资源部分管部领导担任联席会议召集人,各成员单位分管的部级领导及有关司(局、厅、庭、室)负责同志为联席会议成员。各成员单位确定一名处级干部为联络员。联席会议原则上每年召开一次例会。联席会议设办公室,由各成员单位有关司(局、厅、庭、室)负责同志和联络员组成。联席会议办公室设在国土资源部,承担联席会议的日常工作,督促落实联席会议议定事项。联席会议办公室根据工作需要,可临时召集办公室成员会议。

联席会议主要通报涉及矿产资源违法犯罪案件查处的工作情况;研究矿产资源违法犯罪形势,分析新情况、新问题;协调解决工作配合上存在的重大问题;研究制定预防和查处矿产资源违法犯罪行为的措施;研究决定当年需要联席会议成员单位督办的重大矿产资源违法犯罪案件;联席会议成员单位认为需要提请联席会议讨论和研究的其他事项。

地方各级国土资源主管部门、人民法院、人民检察院、公安机关根据需要建立制止和查处矿产资源违法犯罪行为联席会议工作制度。

2. 建立信息情况通报制度

各级国土资源主管部门、人民法院、人民检察院、公安机关根据需要建立信息情况通报制度,及时通报和交换相关信息。有条件的地方,在加强保密工作的前提下,充分利用计算机信息管理技术,依托政务局域网络,实现国土资源主管部门管理信息系统与人民法院、人民检察院、公安机关的信息联网共享。国土资源主管部门要及时向人民法院、人民检察院和公安机关通报矿产资源违法犯罪案件查处情况、移送涉嫌犯罪案件情况;人民法院、人民检察院和公安机关要及时向国土资源主管部门通报有关矿产资源违法犯罪案件的立案查处和审判情况,以及申请强制执行案件的执行情况。

3. 建立制止违法犯罪行为的联系配合机制

国土资源主管部门在制止矿产资源违法犯罪行为过程中,要注意方式方法,避免引发群体性事件,影响社会稳定。一旦出现暴力抗法或者引发群体性事件,公安机关要依法妥善处置。处置工作中,要坚持"三个慎用"原则,以教育疏导为主,防止矛盾激化。各级国土资源主管部门和公安机关要建立专门的联系渠道,确定具体负责日常工作联系的部门和人员,切实加强执法衔接与沟通配合。

4.加强涉嫌犯罪案件调查中的协助配合

各级国土资源主管部门与人民检察院、公安机关在调查矿产资源违法犯罪案件过程中要互相协助和支持。

人民检察院、公安机关查办涉嫌矿产资源违法犯罪案件,根据需要可以邀请同级国土资源主管部门派员协助,或者向有关国土资源主管部门调取查办案件所需的相关材料;就政策性、专业性问题提出咨询的,相关国土资源主管部门应当予以协助配合。

国土资源主管部门查办涉嫌矿产资源违法犯罪案件,根据需要可以邀请同级人民检察院、公安机关派员协助调查或参加案件讨论;就罪与非罪、此罪与彼罪的界限,证据的固定和保全等问题向人民检察院、公安机关进行咨询;对有证据证明涉嫌犯罪的,应依法移送人民检察院或者公安机关,如果行为人可能逃匿或者销毁证据,应在移送时一并告知受理案件机关。

人民检察院、公安机关在侦查、批准逮捕、公诉过程中,需要确定耕地破坏程度的,可以向国土资源主管部门提出申请,由国土资源主管部门出具鉴定结论,并及时向申请单位提供。矿产资源破坏价值的鉴定,按照最高人民法院《关于审理非法采矿、破坏性采矿刑事案件具体应用法律若干问题的解释》(法释〔2003〕9 号)和国土资源部《非法采矿、破坏性采矿造成矿产资源破坏价值鉴定程序的规定》(国土资发〔2005〕175 号)办理。

5.积极做好违法犯罪案件移送工作

各级国土资源主管部门、人民检察院、公安机关在查办矿产资源违法犯罪案件过程中,要严格按照国务院《行政执法机关移送涉嫌犯罪案件的规定》(国务院 2001 年第 310 号令),最高人民检察院、全国整顿和规范市场经济秩序领导小组办公室、公安部、监察部《关于在行政执法中及时移送涉嫌犯罪案件的意见》(高检会〔2006〕2 号)和国土资源部、最高人民检察院、公安部《关于国土资源主管部门移送涉嫌国土资源犯罪案件的若干意见》(国土资发〔2008〕203 号)做好案件移送工作。国土资源主管部门发现国家机关工作人员有非法批准征用、占用土地、非法低价出让国有土地使用权以及其他贪污贿赂、渎职等行为,达到刑事追诉标准、涉嫌犯罪的,要依法及时向人民检察院移送;发现单位或者个人有非法转让、倒卖土地使用权、非法占用农用地、非法采矿、破坏性采矿等行为,达到刑事追诉标准、涉嫌犯罪的,要依法及时向公安机关移送。

国土资源主管部门、人民检察院、公安机关要建立移送工作制度,进一步规范案件移送工作。

6.加强对重大问题的研究

当前国土资源非诉行政执行案件难以执行到位、矿产资源违法犯罪行为难以有效遏制、矿产资源违法犯罪人员难以得到应有的法律制裁等问题非常突出,严重影响了国土资源的保护和合理利用。国土资源部将配合最高人民法院、最高人民检察院、公安部对有关问题进行认真调查研究,在坚持依法、有效原则的前提下,由最高人民法院、最高人民检察院、公安部按照各自职权范围,适时出台有关司法解释或者规范性文件,逐步加以解决。

3.5.3　司法鉴定衔接

为贯彻落实党的十八届四中、五中全会精神,充分发挥司法鉴定在审判活动中的积极作用,2016 年 10 月 9 日,最高人民法院、司法部印发了《关于建立司法鉴定管理与使用衔接机制的意见》(司发通〔2016〕98号)。

1.加强沟通协调,促进司法鉴定管理与使用良性互动

建立司法鉴定管理与使用衔接机制,规范司法鉴定工作,提高司法鉴定质量,是发挥司法鉴定作用,适应以审判为中心的诉讼制度改革的重要举措。人民法院和司法行政机关要充分认识司法鉴定管理与使用衔接机制对于促进司法公正、提高审判质量与效率的重要意义,立足各自职能定位,加强沟通协调,共同推动司法鉴定工作健康发展,确保审判活动的顺利进行。

司法行政机关要严格按照规定履行登记管理职能,切实加强对法医类、物证类、声像资料、环境损害司法鉴定以及根据诉讼需要由司法部商最高人民法院、最高人民检察院确定的其他应当实行登记管理的鉴定事项的管理,严格把握鉴定机构和鉴定人准入标准,加强对鉴定能力和质量的管理,规范鉴定行为,强化执业监管,健全淘汰退出机制,清理不符合规定的鉴定机构和鉴定人,推动司法鉴定工作依法有序进行。

人民法院要根据审判工作需要,规范鉴定委托,完善鉴定材料的移交程序,规范技术性证据审查工作,规范庭审质证程序,指导和保障鉴定人出庭作证,加强审查判断鉴定意见的能力,确保司法公正。

人民法院和司法行政机关要以问题为导向,进一步理顺司法活动与行政管理的关系,建立常态化的沟通协调机制,开展定期和不定期沟通会商,协调解决司法鉴定委托与受理、鉴定人出庭作证等实践中的突出问题,不断健全完善相关制度。

人民法院和司法行政机关要积极推动信息化建设,建立信息交流机制,开展有关司法鉴定程序规范、名册编制、公告等政务信息和相关资料的交流传阅,加强鉴定机构和鉴定人执业资格、能力评估、奖惩记录、鉴定人出庭作证等信息共享,推动司法鉴定管理与使用相互促进。

2.完善工作程序,规范司法鉴定委托与受理

委托与受理是司法鉴定的关键环节,是保障鉴定活动顺利实施的重要条件。省级司法行政机关要适应人民法院委托鉴定需要,依法科学、合理编制鉴定机构和鉴定人名册,充分反映鉴定机构和鉴定人的执业能力和水平,在向社会公告的同时,提供多种获取途径和检索服务,方便人民法院委托鉴定。

人民法院要加强对委托鉴定事项特别是重新鉴定事项的必要性和可行性的审查,择优选择与案件审理要求相适应的鉴定机构和鉴定人。

司法行政机关要严格规范鉴定受理程序和条件,明确鉴定机构不得违规接受委托;无正当理由不得拒绝接受人民法院的鉴定委托;接受人民法院委托鉴定后,不得私自接收当事人提交而未经人民法院确认的鉴定材料;鉴定机构应规范鉴定材料的接收和保存,实现鉴定过程和检验材料流转的全程记录和有效控制;鉴定过程中需要调取或者补充鉴定材料的,由鉴定机构或者当事人向委托法院提出申请。

3.加强保障监督,确保鉴定人履行出庭作证义务

鉴定人出庭作证对于法庭通过质证解决鉴定意见争议具有重要作用。人民法院要加强对鉴定意见的审查,通过强化法庭质证解决鉴定意见争议,完善鉴定人出庭作证的审查、启动和告知程序,在开庭前合理期限以书面形式告知鉴定人出庭作证的相关事项。人

民法院要为鉴定人出庭提供席位、通道等,依法保障鉴定人出庭作证时的人身安全及其他合法权益。经人民法院同意,鉴定人可以使用视听传输技术或者同步视频作证室等作证。刑事法庭可以配置同步视频作证室,供依法应当保护或其他确有保护必要的鉴定人作证时使用,并可采取不暴露鉴定人外貌、真实声音等保护措施。

鉴定人在人民法院指定日期出庭发生的交通费、住宿费、生活费和误工补贴,按照国家有关规定应当由当事人承担的,由人民法院代为收取。

司法行政机关要监督、指导鉴定人依法履行出庭作证义务。对于无正当理由拒不出庭作证的,要依法严格查处,追究鉴定人和鉴定机构及机构代表人的责任。

4. 严处违法违规行为,维持良好司法鉴定秩序

司法鉴定事关案件当事人切身利益,对于司法鉴定违法违规行为必须及时处置,严肃查处。司法行政机关要加强司法鉴定监督,完善处罚规则,加大处罚力度,促进鉴定人和鉴定机构规范执业。监督信息应当向社会公开。鉴定人和鉴定机构对处罚决定有异议的,可依法申请行政复议或者提起行政诉讼。人民法院在委托鉴定和审判工作中发现鉴定机构或鉴定人存在违规受理、无正当理由不按照规定或约定时限完成鉴定、经人民法院通知无正当理由拒不出庭作证等违法违规情形的,可暂停委托其从事人民法院司法鉴定业务,并告知司法行政机关或发出司法建议书。司法行政机关按照规定的时限调查处理,并将处理结果反馈人民法院。鉴定人或者鉴定机构经依法认定有故意作虚假鉴定等严重违法行为的,由省级人民政府司法行政部门给予停止从事司法鉴定业务三个月至一年的处罚;情节严重的,撤销登记;构成犯罪的,依法追究刑事责任;人民法院可视情节不再委托其从事人民法院司法鉴定业务;在执业活动中因故意或者重大过失给当事人造成损失的,依法承担民事责任。

人民法院和司法行政机关要根据本地实际情况,切实加强沟通协作,建立灵活务实的司法鉴定管理与使用衔接机制,发挥司法鉴定在促进司法公正、提高司法公信力、维护公民合法权益和社会公平正义中的重要作用。

3.5.4　刑事案件追诉

为及时、准确地打击犯罪,对公安机关治安部门、消防部门管辖的刑事案件立案追诉标准作出了规定。2008 年 6 月 25 日最高人民检察院、公安部印发了《关于公安机关管辖的刑事案件立案追诉标准的规定(一)》(公通字〔2008〕36 号)。

1. 非法采矿立案追诉标准

最高人民检察院、公安部《关于公安机关管辖的刑事案件立案追诉标准的规定(一)》第六十八条规定:违反矿产资源法的规定,未取得采矿许可证擅自采矿的,或者擅自进入国家规划矿区、对国民经济具有重要价值的矿区和他人矿区范围采矿的,或者擅自开采国家规定实行保护性开采的特定矿种,经责令停止开采后拒不停止开采,造成矿产资源破坏的价值数额在五万元至十万元(最新司法解释标准定为十万元至三十万元)以上的,应予立案追诉。

具有下列情形之一的,属于本条规定的"未取得采矿许可证擅自采矿":

(1)无采矿许可证开采矿产资源的;

(2)采矿许可证被注销、吊销后继续开采矿产资源的;

（3）超越采矿许可证规定的矿区范围开采矿产资源的；

（4）未按采矿许可证规定的矿种开采矿产资源的（共生、伴生矿种除外）；

（5）其他未取得采矿许可证开采矿产资源的情形。

在采矿许可证被依法暂扣期间擅自开采的，视为本条规定的"未取得采矿许可证擅自采矿"。

造成矿产资源破坏的价值数额，由省级以上地质矿产主管部门出具鉴定结论，经查证属实后予以认定。

2. 破坏性采矿立案追诉标准

最高人民检察院、公安部《关于公安机关管辖的刑事案件立案追诉标准的规定（一）》第六十九条规定：违反矿产资源法的规定，采取破坏性的开采方法开采矿产资源，造成矿产资源严重破坏，价值在三十万元至五十万元（最新司法解释标准定为五十万元至一百万元）以上的，应予立案追诉。

本条规定的"采取破坏性的开采方法开采矿产资源"，是指行为人违反地质矿产主管部门审查批准的矿产资源开发利用方案开采矿产资源，并造成矿产资源严重破坏的行为。

破坏性的开采方法以及造成矿产资源严重破坏的价值数额，由省级以上地质矿产主管部门出具鉴定结论，经查证属实后予以认定。

3.6　规范性文件

3.6.1　行政处罚管理办法

为规范国土资源行政处罚的实施，保障和监督国土资源主管部门依法履行职责，保护自然人、法人或者其他组织的合法权益，2014年5月7日国土资源部发布了《国土资源行政处罚办法》（国土资源部令第60号）。

1. 案件调查

《国土资源行政处罚办法》第十七条规定：依法取得并能够证明案件事实情况的书证、物证、视听资料、计算机数据、证人证言、当事人陈述、询问笔录、现场勘测笔录、鉴定结论、认定结论等，作为国土资源行政处罚的证据。第二十二条规定：现场勘测一般由案件调查人实施，也可以委托有资质的单位实施。现场勘测应当制作现场勘测笔录。第二十三条规定：为查明事实，需要对案件中的有关问题进行检验、鉴定的，国土资源主管部门可以委托具有相应资质的机构进行。

2. 结案决定

《国土资源行政处罚办法》第二十六条第四款规定：案件审理结束后，国土资源主管部门根据不同情况，应作出决定；违法行为涉及需要追究党纪、政纪或者刑事责任的，移送有权机关。

3.6.2　违法行为查处规程

为规范国土资源违法行为查处工作，明确查处工作程序和标准，提高执法水平，2014年9月10日国土资源部印发了《国土资源违法行为查处工作规程》（国土资发〔2014〕117号）。

《国土资源违法行为查处工作规程》对国土资源违法行为的查处内容、查处原则及要求、实施主体、执法人员依法进行了界定，提出了案件查处保障机制，确立了工作流程及处罚裁量机制。

1.查处矿产资源违法行为的基本内容

查处矿产资源行为,是指县级以上人民政府国土资源主管部门,依照法定职权和程序,对自然人、法人或者其他组织违反矿产资源法律法规的行为,进行调查处理,实施法律制裁的具体行政执法行为。

2.查处矿产资源行为的原则与要求

查处矿产资源行为,应当遵循严格、规范、公正、文明的原则,做到事实清楚、证据确凿、定性准确、依据正确、程序合法、处罚适当。

3.查处矿产资源行为的实施主体

县级以上人民政府国土资源主管部门组织实施矿产资源行为查处工作,具体工作依法由其执法监察工作机构和其他业务职能工作机构按照职责分工承担。

本规程所称国土资源执法监察工作机构是指履行执法监察职责的县级以上人民政府国土资源主管部门执法监察机构、队伍,包括执法监察局、处、科、股和执法监察总队、支队、大队等。

县级人民政府国土资源主管部门可以根据需要依法明确国土资源管理所、执法监察中队承担相应的国土资源执法监察工作。

4.国土资源执法监察人员

国土资源执法监察人员应当熟悉土地、矿产资源等法律法规,经过培训,考核合格,取得国土资源执法监察证。

执法监察人员在查处矿产资源行为过程中,应当出示国土资源执法监察证,向当事人或者相关人员表明身份。

在矿产资源行为查处过程中涉及国家秘密、商业秘密或者个人隐私的,执法监察人员应当保守秘密。

5.查处矿产资源行为的工作保障

县级以上人民政府国土资源主管部门应当将执法监察工作经费纳入年度部门预算,提供必要的工作保障。

国土资源主管部门可以为执法监察人员办理人身意外伤害保险。

6.查处矿产资源行为的基本流程

(1)违法线索发现;

(2)线索核查与违法行为制止;

(3)立案;

(4)调查取证;

(5)案情分析与调查报告起草;

(6)案件审理;

(7)作出处理决定(行政处罚决定或者行政处理决定);

(8)执行;

(9)结案;

(10)立卷归档。

涉及需要移送公安、检察、监察、任免机关追究刑事责任、行政纪律责任的,应当依照有关规定移送。

7. 规范实施行政处罚自由裁量权

省级人民政府国土资源主管部门应当依据法律法规规定的违法行为和相应法律责任,结合当地社会经济发展的实际情况,制定规范行政处罚自由裁量权适用的标准和办法,规定行政处罚自由裁量权适用的条件、种类、幅度、方式和时限等。市(地)级、县级人民政府国土资源主管部门可以根据省级规范行政处罚自由裁量权适用标准和办法,制定实施细则。

县级以上人民政府国土资源主管部门在对矿产资源行为的调查、形成处理意见、审理、决定等查处过程中应当依照行政处罚自由裁量权标准规范进行。

3.6.3 鉴定程序规定

为了规范非法采矿、破坏性采矿造成矿产资源破坏的价值鉴定工作,2005 年 8 月 31 日国土资源部印发了《非法采矿、破坏性采矿造成矿产资源破坏价值鉴定程序的规定》(简称《规定》)(国土资发〔2005〕175 号)。

1. 鉴定工作意义

《规定》第三条规定:省级以上人民政府国土资源主管部门对非法采矿、破坏性采矿造成矿产资源破坏或者严重破坏的价值出具的鉴定结论,作为涉嫌犯罪的证据材料,由查处矿产资源违法案件的国土资源主管部门依法移送有关机关。属于根据公安、司法机关的请求所出具的鉴定结论,交予提出请求的公安、司法机关。

2. 鉴定权限范围

《规定》第四条规定:国土资源部负责出具由其直接查处的矿产资源违法案件中涉及非法采矿、破坏性采矿造成矿产资源破坏价值的鉴定结论;省级人民政府国土资源主管部门负责出具本行政区域内的或者国土资源部委托其鉴定的非法采矿、破坏性采矿造成矿产资源破坏价值的鉴定结论。

3. 鉴定审查机构

《规定》第五条规定:省级以上人民政府国土资源主管部门设立非法采矿、破坏性采矿造成矿产资源破坏价值鉴定委员会,负责审查有关鉴定报告并提出审查意见。鉴定委员会负责人由本级国土资源主管部门主要领导或者分管领导担任,成员由有关职能机构负责人及有关业务人员担任,可聘请有关专家参加。

4. 技术鉴定原则

《规定》第六条规定:对非法采矿、破坏性采矿造成矿产资源破坏的价值按照以下原则进行鉴定:非法采矿破坏的矿产资源价值,包括采出的矿产品价值和按照科学合理的开采方法应该采出但因矿床破坏已难以采出的矿产资源折算的价值。破坏性采矿造成矿产资源严重破坏的价值,指由于没有按照国土资源主管部门审查认可的矿产资源开发利用方案采矿,导致应该采出但因矿床破坏已难以采出的矿产资源折算的价值。

5. 鉴定申请及机构落实

《规定》第七条规定:省级以下人民政府国土资源主管部门在查处矿产资源违法案件中,涉及对非法采矿、破坏性采矿造成矿产资源破坏的价值进行鉴定的,须向省级人民政府国土资源主管部门提出书面申请,同时附具对该违法行为的调查报告及有关材料,由省级人民政府国土资源主管部门按照本规定第八条规定出具鉴定结论。对于认为案情简单、鉴定技术要求不复杂,本部门自己进行鉴定或者自行委托专业技术机构进行鉴定的,须将鉴定报告及有关调查材料呈报省级国土资源主管部门进行审查,并由省级人民政府国土资源主管部门按照本规定第八条第(三)项的有关规定出具鉴定结论。

6. 鉴定申请及审查、认定

《规定》第八条规定:省级人民政府国土资源主管部门接到省级以下人民政府国土资源主管部门请求鉴定的书面申请后,按下述规定办理:

(1)自接到书面申请之日起 7 日内进行审查并决定是否受理。经审查不同意受理的,将有关材料退回;需要补充情况或者材料的,应及时提出要求。

(2)同意受理后,有条件自行鉴定的,自受理之日起 30 日内委派承办人员进行鉴定并提出鉴定报告。案情复杂的可以适当延长,但最长不得超过 60 日。没有条件自行鉴定的,委托专业技术机构进行鉴定并按照上述期限提出鉴定报告。鉴定报告须由具体承办人员签署姓名。受委托进行鉴定的专业技术机构需要国土资源主管部门予以协助、配合的,各级国土资源主管部门应当及时予以协助、配合。

(3)自接到鉴定报告之日起 7 日内,由鉴定委员会负责人召集组成人员进行审查。审查时,鉴定委员会组成人员必须达到三分之二以上,以听取鉴定情况汇报并对有关材料、数据、鉴定过程与方法审查等方式进行。审查通过的,本级国土资源主管部门即行出具鉴定结论并交予提出申请的国土资源主管部门。未能通过的,应说明意见及理由。

7. 鉴定申请受理范围

《规定》第九条规定:省级人民政府国土资源主管部门或者国土资源部对非法采矿、破坏性采矿行为进行直接查处并由本部门出具鉴定结论,或者根据公安、司法机关的请求出具鉴定结论的,进行鉴定、审查、出具鉴定结论及有关办理时限,按照第八条(一)、(三)项中的有关规定办理。

第 4 章　功能定位研究

矿产资源破坏价值鉴定是省级以上人民政府国土资源主管部门依法受理,通过专业技术机构对非法采矿、破坏性采矿涉嫌犯罪案件造成矿产资源破坏价值进行技术鉴定,经组织审查后实施行政确认的行政行为。矿产资源破坏价值鉴定结论作为案件事实证明材料,在案件起诉阶段依法向人民法院提供。

4.1　鉴定作用

矿产资源破坏价值鉴定是县级以上人民政府国土资源、水行政、海洋主管部门或公安、司法机关为了依法打击矿产资源破坏犯罪活动,委托地质矿产专业技术机构对非法采矿、破坏性采矿造成的矿产资源破坏量及对应价值进行评估,并由省级以上人民政府国土资源主管部门出具鉴定结论的行政行为。

4.1.1　法律依据

1. 一般性法规

《行政执法机关移送涉嫌犯罪案件的规定》第四条第二款规定:行政执法机关对查获的涉案物品,对需要进行检验、鉴定的涉案物品,应当由法定检验、鉴定机构进行检验、鉴定,并出具检验报告或者鉴定结论。

2. 专门性法规

最高人民法院、最高人民检察院《关于办理非法采矿、破坏性采矿刑事案件适用法律若干问题的解释》第十三条第一款规定:非法开采的矿产品价值,根据销赃数额认定;无销赃数额,销赃数额难以查证,或者根据销赃数额认定明显不合理的,根据矿产品价格和数量认定。

第十三条第二款规定:矿产品价值难以确定的,依据下列机构出具的报告,结合其他证据作出认定:价格认证机构出具的报告;省级以上人民政府国土资源、水行政、海洋等主管部门出具的报告;国务院水行政主管部门在国家确定的重要江河、湖泊设立的流域管理机构出具的报告。

第十四条规定:对案件所涉的有关专门性问题难以确定的,依据下列机构出具的鉴定意见或者报告,结合其他证据作出认定:司法鉴定机构就生态环境损害出具的鉴定意见;省级以上人民政府国土资源主管部门就造成矿产资源破坏的价值、是否属于破坏性开采方法出具的报告;省级以上人民政府水行政主管部门或者国务院水行政主管部门在国家确定的重要江河、湖泊设立的流域管理机构就是否危害防洪安全出具的报告;省级以上人民政府海洋主管部门就是否造成海岸线严重破坏出具的报告。

4.1.2　政策依据

2005 年 8 月 31 日国土资源部印发的《非法采矿、破坏性采矿造成矿产资源破坏价值鉴定程序的规定》(国土资发〔2005〕175 号)第三条第一款规定:省级以上人民政府国土资源主管部门对非法采矿、破坏性采矿造成矿产资源破坏或者严重破坏的价值出具的鉴定结论,作为涉嫌犯罪的证据材料。

4.1.3 任务来源

为了有效地打击矿产资源破坏违法活动,国土资源、水行政、海洋行政执法机关在移送非法采矿、破坏性采矿涉嫌犯罪案件,或公安、司法机关在办理涉及造成矿产资源破坏案件过程中,向省级以上人民政府国土资源主管部门提出鉴定要求。

1. 国土资源部门

县级以上人民政府国土资源主管部门在依法查处矿产资源违法行为过程中,发现非法采矿或者破坏性采矿等违法事实,涉及造成矿产资源破坏的后果及其他违法情节,达到最高人民法院、最高人民检察院《关于办理非法采矿、破坏性采矿刑事案件适用法律若干问题的解释》(法释〔2016〕25 号)等规定的标准,涉嫌犯罪,需要依法追究刑事责任的,应当依法向公安机关移送。

县级以上人民政府国土资源主管部门在移送非法采矿、破坏性采矿涉嫌犯罪案件时,需要对案件造成矿产资源破坏的价值进行鉴定,鉴定工作按照国土资源部《非法采矿、破坏性采矿造成矿产资源破坏价值鉴定程序的规定》(国土资发〔2005〕175 号)由省级国土资源主管部门组织实施。

2. 水行政部门

县级以上人民政府水行政主管部门在依法查处河道管理区范围内违法行为过程中,发现非法采砂、采石、取土等违法事实,影响河势稳定,危害防洪安全,涉及造成砂土资源破坏的后果及其他违法情节,达到最高人民法院、最高人民检察院《关于办理非法采矿、破坏性采矿刑事案件适用法律若干问题的解释》(法释〔2016〕25 号)等规定的标准,涉嫌犯罪,需要依法追究刑事责任的,应当依法向公安机关移送。

县级以上人民政府水行政主管部门在移送非法采砂、采石、取土等涉嫌犯罪案件时,须对案件造成砂土资源破坏的价值进行鉴定,需要向本省国土资源主管部门提出鉴定请求,省级国土资源主管部门依法受理后,委托专业技术机构按照相关政策要求组织实施。

3. 海洋主管部门

省、市海洋主管部门在查处海岸线违法行为过程中,发现未取得海砂开采海域使用权证,且未取得采矿许可证,进行非法采挖海砂破坏海岸线的违法事实,涉及造成砂土资源破坏的后果或及其他违法情节,达到最高人民法院、最高人民检察院《关于办理非法采矿、破坏性采矿刑事案件适用法律若干问题的解释》(法释〔2016〕25 号)等规定的标准,涉嫌犯罪,需要海洋主管部门依法追究当事人刑事责任的,应当依法向公安机关移送。

省、市海洋主管部门在移送非法采挖海砂涉嫌犯罪案件时,须对案件造成海砂资源破坏的价值进行鉴定,需要向本省国土资源主管部门提出鉴定请求,省级国土资源主管部门依法组织实施。

4. 公安、司法机关

由于非法采矿、破坏性采矿引发的地形地貌变化或诱发的潜在地质灾害危及公共安全的;国土资源、水行政、海洋等主管部门的工作人员在矿产资源管理中存在违规颁发采矿(砂)许可证;行政执法中玩忽职守,对矿产资源违法行为不制止、不处罚,对涉嫌犯罪案件不移送,致使国家、法人或者个人的合法权益、公共利益和社会秩序遭受损害的;行政执法机关移送涉嫌犯罪的矿产资源破坏案件在审判阶段,发现以往鉴定结论存疑,鉴定人出庭接受质询仍无法解决问题的,各级公安、司法机关可根据相关法律规定向省级以上人民政府国土资源主管部门请求出具矿产资源破坏价值鉴定结论。

4.2 鉴定性质

4.2.1 鉴定活动分类

根据鉴定权支配力量的不同,鉴定可分为自行鉴定、行政鉴定、司法鉴定三种类型。

1. 自行鉴定

自行鉴定又称自行委托鉴定,是公民对在日常生活、工作中产生争议的专门性问题委托专业性的检测机构或相关专家进行检验、评价与判断,从而为争议问题的解决提供科学依据而从事的一项活动。

(1)法律依据

最高人民法院《关于民事诉讼证据的若干规定》的第二十八条规定:一方当事人自行委托有关部门作出的鉴定结论,另一方当事人有证据足以反驳并申请重新鉴定的,人民法院应予准许。

(2)作用意义

该条规定实际上赋予了自行鉴定结论应有的法律地位,弥补了现行法律中的不足。从举证责任的角度说,当事人为其诉讼请求提供证据是当事人的义务,充分贯彻了"谁主张,谁举证"的原则。诉讼当事人的起诉必须符合《民事诉讼法》第一百零八条第一款第三项规定:有具体的诉讼请求和事实、理由。而诉前自行鉴定正是当事人为起诉进行举证准备的必要手段和方式,它不仅对保护当事人合法权益有着重要意义,还对诉讼程序的启动同样有着重要的意义。从诉权的角度而言,将自行鉴定的结论作为证据提出,也是当事人的诉讼权力,即双方当事人可以享有充分利用鉴定结论作为证据来证明自己提出的主张,或用以反驳对方提出事实主张的权利。

(3)鉴定审查

对自行鉴定结论的审查是决定其能否被采信的前提,鉴定结论本来专业性较强,自行鉴定有可能受委托方的极大影响。而鉴定机构往往只对当事人提供的材料进行检验、分析、判断,并不对送检材料的来源、真实性、合法性进行审查。因此,对自行委托鉴定结论的审查是十分必要的,而且要更加严谨。

自行鉴定审查应着重几个方面:委托鉴定的材料是否全面、真实,对鉴定材料不全面、不真实的鉴定结论应不予采信;适用鉴定的标准是否正确;鉴定结论是否明确;鉴定人和鉴定机构是否具有相应资格,是否违背法律的特别规定;鉴定程序是否违法;鉴定是否适时。

通过审查,自行鉴定结论应定位于证据种类中的鉴定结论,而非证人证言。因为鉴定人实际并不了解案件的事实,只是运用其专门知识及技术条件对某一专门问题作出判断。定位于鉴定结论也可以避免改变民事诉讼法中传统证人的概念。另外,鉴定结论还需经过当庭质证,即作出鉴定结论的专业人员作为鉴定人当庭接受当事人的质询。特殊原因无法出庭的,经法院准许,可以书面答复当事人的质询。如对方当事人有足够的证据反驳并申请重新鉴定,法院应予准许;相反,如果对方当事人没有足够的理由反驳,则法院应认定该鉴定结论的证明力,作为定案的依据。

2. 行政鉴定

行政鉴定是行政管理部门依据国家的有关法律、法规,在行政执法或依法处理行政事务纠纷时,对涉及的专门性问题委托所属的行政鉴定机构或法律法规专门指定的检验、鉴定机构进行检验、分析与评定,从而为行政执法或纠纷事件的处理、解决提供科学依据而从事的一项行政活动。

(1)法律依据

《行政处罚法》第三十六条规定:除本法第三十三条规定的可以当场作出的行政处罚外,行政机关发现公民、法人或者其他组织有依法应当给予行政处罚的行为的,必须全面、客观、公正地调查,收集有关证据;必要时,依照法律、法规的规定,可以进行检查。第三十七条第一款规定:行政机关在调查或者进行检查时,执法人员不得少于两人,并应当向当事人或者有关人员出示证件。当事人或者有关人员应当如实回答询问,并协助调查或者检查,不得阻挠。询问或者检查应当制作笔录。

《行政执法机关移送涉嫌犯罪案件的规定》第四条第二款规定:行政执法机关对查获的涉案物品,对需要进行检验、鉴定的涉案物品,应当由法定检验、鉴定机构进行检验、鉴定,并出具检验报告或者鉴定结论。

(2)鉴定特点

1)鉴定活动是行政行为,鉴定结论产生的法律后果由行政机关或法律授权的鉴定机构承担。

2)当事人对鉴定结论有异议的可申请复验、复检等程序,当事人对行政机关依据鉴定结论作出的行政处罚有异议的,可申请行政复议或提起行政诉讼。

(3)重新鉴定

行政鉴定可能存在错误时,行政执法机关移送涉嫌犯罪案件的当事方可向法院申请重新鉴定,但必须满足如下条件和要求:

1)当事方的重新鉴定申请必须在举证期限内提出。由于当事方对于行政鉴定存有异议而申请重新鉴定既是当事方的一项权利,又是他们反驳履行举证责任行政机关的一种手段,故应在举证期限内提出申请,即当事方应在开庭审理前或法院指定的证据交换之日提出重新鉴定申请,若遇正当理由无法在上述期限内提出,则应在法庭调查中申请重新鉴定。

2)当事方应以书面形式向法院提出重新鉴定申请,这样可促使当事人严肃地对待诉讼权利,也便于法院进行审查以决定是否重新启动鉴定程序。

3)当事方申请重新鉴定,必须具有证据或正当理由来表明行政鉴定可能有误,如鉴定机构或鉴定人员不具备鉴定资格、鉴定程序严重违法、鉴定结论明显依据不足、鉴定结论经质证认定不能作为证据使用等情形。需要注意的是,对于当事方针对行政机关据以认定案件事实的鉴定结论提出的重新鉴定申请,只要符合上述要件,法院就应当准许重新鉴定。

3.司法鉴定

司法鉴定是指在诉讼活动中人民法院依其职权,或有关诉讼当事人的请求,委派具有专门知识、科学技能或特别经验的鉴定人,对案件中涉及的某些专门性问题进行检验、鉴别和评定,并提供鉴定意见,从而为诉讼案件的公正裁判提供科学依据而进行的一项诉讼活动。

司法鉴定除具有一般鉴定的属性外,还具有司法权威性,在对鉴定结论存在争议情况下,司法鉴定作为司法活动往往行使最终决定权,实践中通常以司法鉴定结论作为裁判的依据。

(1)法律依据

《行政诉讼法》第三十五条规定:在诉讼过程中,人民法院认为对专门性问题需要鉴定的,应当交由法定鉴定部门鉴定。

《人民法院司法鉴定工作暂行规定》第二条规定:本规定所称司法鉴定,是指在诉讼过程中,为查明案件事实,人民法院依据职权,或者应当事人及其他诉讼参与人的申请,指派或委托具有专门知识人,对专门性问题进行检验、鉴别和评定的活动。第二条规定:最高人民法院、各高级人民法院和有条件的中级人民法院设立独立的司法鉴定机构。新建司法鉴定机构须报最高人民法院批准。最高人民法院的司法鉴定机构为人民法院司法鉴定中心,根据工作需要可设立分支机构。

《人民法院对外委托司法鉴定管理规定》第二条规定:人民法院司法鉴定机构负责统一对外委托和组织司法鉴定。未设司法鉴定机构的人民法院,可在司法行政管理部门配备专职司法鉴定人员,并由司法行政管理部门代行对外委托司法鉴定的职责。第三条规定:人民法院司法鉴定机构建立社会鉴定机构和鉴定人(以下简称鉴定人)名册,根据鉴定对象对专业技术的要求,随机选择和委托鉴定人进行司法鉴定。第十条规定:人民法院司法鉴定机构依据尊重当事人选择和人民法院指定相结合的原则,组织诉讼双方当事人进行司法鉴定的对外委托。诉讼双方当事人协商不一致的,由人民法院司法鉴定机构在列入名册的、符合鉴定要求的鉴定人中,选择受委托人鉴定。第十三条规定:人民法院司法鉴定机构对外委托鉴定的,应当指派专人负责协调,主动了解鉴定的有关情况,及时处理可能影响鉴定的问题。

(2)鉴定原则

司法鉴定合法性原则,是指司法鉴定活动必须严格遵守国家法律、法规的规定,是评断鉴定过程与结果是否合法和鉴定结论是否具备证据效力的前提。这一原则在立法和鉴定过程中主要体现为五个方面:鉴定主体合法;鉴定材料合法;鉴定程序合法;鉴定步骤、方法、标准合法;鉴定结果合法。

1)司法鉴定机构必须是按法律、法规、部门规章规定,经过省级以上司法机关审批,取得司法鉴定实施权的法定鉴定机构,或按规定程序委托的特定鉴定机构。司法鉴定人必须是具备规定的条件,获得司法鉴定人职业资格的执业许可证的自然人。

2)司法鉴定材料主要是指鉴定对象及其作为被比较的样本(样品)。鉴定对象必须是法律规定的案件中的专门性问题,法律未作规定的专门性问题不能作为司法鉴定对象。如我国现阶段对司法心理测定(俗称测谎)、气味鉴别(警犬鉴定)等尚未作为法定鉴定对象,其鉴定结论不能作为证据。而且,鉴定材料的来源(含提取、保存、运送、监督等)必须符合相关法律规定的要求。

3)鉴定程序合法性,包括司法鉴定的提请、决定与委托、受理、实施、补充鉴定、重新鉴定、专家共同鉴定等各个环节上必须符合诉讼法和其他相关法律法规和部门规章的规定。

4)鉴定的步骤、方法应当是经过法律确认的、有效的,鉴定标准要符合国家法定标准或部门(行业)标准。

5)鉴定结果的合法性,主要表现为司法鉴定文书的合法性。鉴定文书必须具备法律规定的文书格式和必备的各项内容,鉴定结论必须符合证据要求和法律规范。

4.2.2　行政鉴定与司法鉴定关系

行政鉴定与司法鉴定在司法实践中,二者既有形式上的区别,也有本质上的内在联系。

1. 行政鉴定与司法鉴定的区别

(1)鉴定主体不同,行政鉴定主要由行政机关或行政机关委托的鉴定部门进行,而司法鉴定则由法院鉴定部门或法院指派、委托的鉴定部门进行。

(2)适用程序不同,行政鉴定适用于行政程序中,而司法鉴定则适用于诉讼程序中。

(3)作用不同,行政鉴定用于认定行政程序中的案件事实,而司法鉴定则用于认定诉讼程序中的案件事实。

2. 行政鉴定与司法鉴定的联系

(1)二者都是针对专门性问题所进行的活动。另外,二者所采用的手段都包括检验、鉴别和评定。

(2)二者都具有:公正性,鉴定人员与鉴定对象无利害关系;科学性,鉴定人员具有科学资质且整个鉴定具有科学依据;程序性,依据法定程序确定鉴定范围、分析和取舍鉴定材料、作出结论。

(3)二者对于各自程序中的案件事实认定都具有重要意义。在行政诉讼中,行政鉴定同时具有司法鉴定的属性。

无论是行政鉴定还是司法鉴定,其结论都必须符合一定的要件才能成为定案证据,如鉴定人必须具备法定资格,鉴定结论必须满足法定程序要求,鉴定结论必须具有关联性、真实性、合法性等。在行政审判实践中,法官不仅要把握好行政鉴定与司法鉴定的异同,而且应注意它们是否满足作为定案证据的要件。

4.2.3　行政鉴定的性质

行政鉴定是指国家行政机关或法律授权的机构履行行政监管职能进行的鉴定。行政鉴定是由技术鉴定与行政确认两部分构成的,二者密不可分、缺一不可。行政鉴定由专业技术机构与行业行政主管部门共同完成,因此行政鉴定具有双重属性,既属行政行为,又属证据行为。

1. 技术鉴定

技术鉴定是专业技术权威机构针对本领域专项技术问题,通过检测分析、科学测算等技术手段,开展专项问题定性、定量科学评估,并出具技术鉴定成果报告的专业技术服务活动。技术鉴定是在各行业或领域中,运用科学理论与成熟技术对涉及的专门性问题进行检验、鉴别、评定活动的总称。行政执法机关委托行业性检验、鉴定机构进行的专门性鉴定活动均属技术鉴定的范畴,检验、鉴定专业机构在技术鉴定工作结束后出具检验、鉴定成果报告。

技术鉴定特点:它是在行政执法机关单方的意志下进行的鉴定活动;鉴定材料由行政执法机关单方提供而不进行质证;鉴定机构对鉴定材料的全面性、真实性不进行审查。

2. 行政确认

行政确认是指行政主体依法对行政相对人的法律地位、法律关系或有关法律事实进行甄别,给予确定、认定、证明(或证伪)并予以宣告的具体行政行为。

行政确认是指行政主体对相对人的法律地位、法律关系或法律事实进行甄别,给予确定、认定、证明(或否定)并通过法定方式予以宣告的具体行政行为。行政确认是行政主体代表国家所作的权威认定,是具有法定的确定力、拘束力的具体行政行为。

(1)行政确认原则

行政行为要依法确认,做到认定结论客观、公正、公开,保守秘密。

(2)行政确认特征

1)行政确认的主体是行政机关及法律法规授权的组织。

2)行政确认的内容是确认或否定行政相对人的法律地位、法律关系或法律事实。

3)行政确认的的结论不具有处分性(结论依据)。

4)行政确认是一种要式行政行为(强制效力)。

5)行政确认是羁束的行政行为(利益相关)。

4.2.4 矿产资源破坏价值鉴定的性质

矿产资源破坏价值鉴定的实质是为了将破坏的矿产资源纳入国民经济核算体系,国家机关代表国家以所有者的身份,将实物形态的矿产资源转化为货币形态,从而进行的价值"评估"及行政"认可"行政行为,属于行政鉴定。

矿产资源破坏价值鉴定工作应遵循依法、公正、合理的原则。由法定的鉴定主体,通过法定的程序,运用科学的手段和方法,得出客观、真实、合理的结论,为追究违法行为责任提供科学依据。

4.3 鉴定结论法律地位

矿产资源破坏价值鉴定是省级以上人民政府国土资源主管部门代表国家对矿产资源违法犯罪案件的破坏程度组织技术评估和法定认可,并出具鉴定结论的行政行为。因此,矿产资源破坏价值鉴定既是行政行为,也是证据行为,是在省级以上人民政府国土资源主管部门组织下、相关部门协作下,依法进行反映案件事实书面证据材料编制的独立行政行为。

4.3.1 鉴定结论构成

矿产资源破坏价值鉴定过程由"技术鉴定 + 行政确认"两个步骤构成,其鉴定结论由技术鉴定机构编制的技术鉴定成果报告和省级以上国土资源主管部门出具的鉴定成果认定意见共同组成,缺一不可。

1. 技术鉴定成果报告

矿产资源破坏价值技术鉴定成果报告是由地质矿产专业技术鉴定机构通过成熟的专业技术手段进行矿产资源破坏价值评估所编制的专业性报告。

2. 鉴定成果认定意见

矿产资源破坏价值鉴定成果认定意见是省级以上人民政府国土资源主管部门通过对非法采矿、破坏性采矿案件技术鉴定成果报告审查所出具的行政认可公文。

4.3.2 鉴定结论法律地位

1. 法律证据的规定

《证据法》第七条规定:本法所称证据,是指用以证明案件事实的信息的载体。本法所称证据方法,包括当事人的陈述、行为证人陈述、专家证人的意见陈述、法律规定的司法公务人员依职权所做的勘验报告和工作记录等职务证据、书证、视听资料、物证。

《证据法》第一百一十三条规定:凡是以文字、字母、数字、图形、或其相同或类似物组成的,以手写、印刷、打字、复写等形式表现出来的,能够反映或表达人们的一定思维过程、结果,并能重复使用的记述,都可以作为文书证据,向人民法院提出。

《证据法》第一百一十五条第一款规定:国家机关或社会团体、企事业单位,在其职权、法律授权的范围或章程规定的业务范围内,依一定程序制作并存档的工作文书,称为公文书。除公文书以外的其他文书,称为私文书。

2. 鉴定结论属性

(1)矿产资源破坏价值鉴定结论是用于反映非法采矿、破坏性采矿涉嫌犯罪案件中矿产资源遭受破坏事实程度的评价意见材料,符合《证据法》第七条第一款规定:用以证明案件事实信息的载体。因此,矿产资源破坏价值鉴定结论具有法律规定的"证据"资格。

(2)矿产资源破坏价值鉴定结论是以技术鉴定成果报告和鉴定成果认定意见的形式表现出来的,符合《证据法》第一百一十三条规定的以文字、字母、数字、图形或其相同或类似物组成的,以手写、印刷、打字、复写等形式表现出来的,能够反映或表达人们的一定思维过程、结果,并能重复使用的记述,都可以作为文书证据,向人民法院提出。由此可见,矿产资源破坏价值鉴定结论属于法律规定证据中的"文书证据"。

(3)矿产资源破坏价值鉴定结论中的技术鉴定成果报告、鉴定成果认定意见分别由县级以上人民政府国土资源、水行政、海洋主管部门或公安、司法机关和地质矿产专业技术鉴定机构、省级以上人民政府国土资源主管部门,根据相关法律法规出具并加盖公章,用以证明矿产资源破坏案件事实的书面材料,符合《证据法》第一百一十五条第一款规定的国家机关或社会团体、企事业单位,在其职权、法律授权的范围或章程规定的业务范围内,依一定程序制作并存档的工作文书,称为公文书。因此,矿产资源破坏价值鉴定结论属于法律规定文书证据中的"公文证据"。

4.3.3 鉴定结论书的审查

法院对矿产资源破坏价值鉴定结论书的审查包括鉴定委托、鉴定过程、鉴定步骤、鉴定方法及鉴定结果、行政确认等事项的审查,鉴定结论书由鉴定机构与相关部门依法制作。在我国的司法实践中,由于鉴定结论书的格式、内容等很不规范,法院主要依如下的要求对鉴定结论书进行审查：

（1）鉴定的内容，即需要鉴定的事项，含送鉴的案由、鉴定目的和要求等。

（2）鉴定时提交的相关材料，如送检检材和样本、样品的名称、数量、种类、性状等。

（3）鉴定的依据和使用的科学技术手段，以便于法院审查鉴定方法是否科学、先进、有效。

（4）鉴定的过程，即鉴定机构在鉴定活动中应共同遵守的规则、步骤和方法。

（5）明确的鉴定结论。它是鉴定结论书中最为重要的组成部分，必须符合法律规定和行业规范要求，且不能超出鉴定人的职权范围，不得对案件定性及得出法律上的结论。

（6）鉴定机构和鉴定人鉴定资格的说明。如鉴定机构的资质证书、营业执照、鉴定人的执业资格证书、技术职称证书等。

（7）鉴定人及鉴定机构的签名、盖章。

另外，当鉴定人对鉴定结论的意见不一致时，应当在鉴定结论书中说明，而不能以少数服从多数的方式作出统一结论。

一般情况下，鉴定书应同时具备上述几项内容。若法院经过审查，发现鉴定结论书内容欠缺或鉴定结论不明确，可要求鉴定部门或鉴定人予以说明、补充鉴定或重新鉴定。

鉴定结论的证据作用往往通过鉴定结论书的整体内容体现，上述关于法院审查鉴定结论书的要求是确定鉴定结论是否具有证据价值的途径，也是促使鉴定活动规范化的途径。

第 5 章　组织程序研究

国家司法机关、公安部依据有关法律,结合矿产资源破坏案件办理情况,以及国民经济发展状况,适时调整非法采矿、破坏性采矿刑事案件立案追诉标准,指导矿产资源相关部门及司法机关对案件的侦办。国土资源部从行业实际情况出发,制定行业管理的规定、规程等规范性文件,指导地方国土资源主管部门组织开展辖区内非法采矿、破坏性采矿违法案件的立案调查、鉴定工作、行政确认、案件移送、信息反馈。

5.1　刑事立案标准

最高人民法院、最高人民检察院、公安部根据相关法律,通过确定刑事案件立案追诉标准,指导国土资源、水行政、海洋等主管部门及公安、司法机关对非法采矿、破坏性采矿造成矿产资源破坏案件的侦办。

5.1.1　公安机关立案追诉标准

根据最高人民检察院、公安部《关于公安机关管辖的刑事案件立案追诉标准的规定(一)》(公通字〔2008〕36 号),矿产资源破坏刑事案件立案追诉标准如下:

1. 非法采矿立案追诉标准

违反矿产资源法的规定,未取得采矿许可证擅自采矿的,或者擅自进入国家规划矿区、对国民经济具有重要价值的矿区和他人矿区范围采矿的,或者擅自开采国家规定实行保护性开采的特定矿种,经责令停止开采后拒不停止开采,造成矿产资源破坏的价值数额在五万元至十万元(最新司法解释标准定为十万元至三十万元)以上的,应予立案追诉。

2. 破坏性采矿立案追诉标准

违反矿产资源法的规定,采取破坏性的开采方法开采矿产资源,造成矿产资源严重破坏,价值在三十万元至五十万元(最新司法解释标准定为五十万元至一百万元)以上的,应予立案追诉。

5.1.2　专门性问题司法解释标准

根据最高人民法院、最高人民检察院《关于办理非法采矿、破坏性采矿刑事案件适用法律若干问题的解释》(法释〔2016〕25 号),矿产资源破坏刑事案件立案追诉标准如下:

1. 非法采矿违法情节严重

(1)开采的矿产品价值或者造成矿产资源破坏的价值在十万元至三十万元以上;

(2)在国家规划矿区、对国民经济具有重要价值的矿区采矿,开采国家规定实行保护性开采的特定矿种,或者在禁采区、禁采期内采矿,开采的矿产品价值或者造成矿产资源破坏的价值在五万元至十五万元以上;

(3)两年内曾因非法采矿受过两次以上行政处罚,又实施非法采矿行为的。

2. 非法采矿违法情节特别严重

(1)开采的矿产品价值或者造成矿产资源破坏的价值在五十万元至一百五十万元

以上；

（2）在国家规划矿区、对国民经济具有重要价值的矿区采矿，开采国家规定实行保护性开采的特定矿种，或者在禁采区、禁采期内采矿，开采的矿产品价值或者造成矿产资源破坏的价值在二十五万元至七十五万元以上。

3. 破坏性采矿造成矿产资源严重破坏

破坏性采矿造成矿产资源破坏的价值在五十万元至一百万元以上，或者造成国家规划矿区、对国民经济具有重要价值的矿区和国家规定实行保护性开采的特定矿种资源破坏的价值在二十五万元至五十万元以上。

5.1.3 地方立案追诉具体标准

矿产资源破坏案值具体立案追诉标准由各省、自治区、直辖市高级人民法院、人民检察院根据本地区实际情况，在规定的数额幅度内确定，具体情况到本地区相关机关查询。

5.2 鉴定组织架构

矿产资源破坏价值鉴定由省级以上国土资源行政主管部门与鉴定案件承办部门共同组织，技术鉴定机构、鉴定委员会在鉴定组织部门的组织、协调、配合下依法依规开展非法采矿、破坏性采矿造成矿产资源破坏价值鉴定工作，并对提出的技术鉴定成果报告、鉴定成果认定意见独立承担相应的法律责任，任何单位和个人不得干扰、授意、阻挠其工作。

1. 价值鉴定主体

省级以上人民政府国土资源主管部门对非法采矿、破坏性采矿造成矿产资源破坏或者严重破坏的价值出具鉴定结论，其中国土资源部负责出具由其直接查处的矿产资源违法案件中涉及非法采矿、破坏性采矿造成矿产资源破坏价值的鉴定结论；省级人民政府国土资源主管部门负责出具本行政区域内的或者国土资源部委托其鉴定的非法采矿、破坏性采矿造成矿产资源破坏价值的鉴定结论。

2. 价值鉴定代行机构

省级以上人民政府国土资源主管部门设立非法采矿、破坏性采矿造成矿产资源破坏价值鉴定委员会，鉴定委员会负责人由本级国土资源主管部门主要领导或者分管领导担任，成员由国土资源执法监察机构负责人及有关业务人员担任，可聘请有关专家参加。

鉴定委员会职责：

（1）负责制定价值鉴定工作的有关规范、规程和技术标准，指导价值鉴定工作；

（2）负责编制矿产资源破坏价值鉴定收费标准指导意见；

（3）负责对技术鉴定成果报告的审查；

（4）报请省级以上人民政府国土资源主管部门出具鉴定成果认定意见。

3. 鉴定日常办事机构

非法采矿、破坏性采矿造成矿产资源破坏价值鉴定委员会下设鉴定委员会办公室，负责价值鉴定的日常工作，主要职责包括价值鉴定申请材料审查、鉴定受理、鉴定委员会会议的筹备和组织、鉴定结论交付使用、鉴定资料归档、案件进展信息收集与统计等。

4. 技术审查专家库

为确保矿产资源破坏价值鉴定工作科学、规范、高效和公平、公正、公开，矿产资源破坏价值鉴定委员会按照有关要求组织建立了省级以上矿产资源破坏价值鉴定技术审查专家库。技术审查专家库成员遴选工作每 5 年一次,采取自愿申请、单位推荐、鉴定委员会审查方式进行,审查通过人员经公示无异议的入选省级以上国土资源主管部门矿产资源破坏价值鉴定专家库,并予以公布。

省级以上矿产资源破坏价值鉴定技术审查专家库申请人基本条件:具有地质矿产、采矿、测量、岩矿测试相关专业本科(含本科)以上文化程度,高级专业技术资格;熟悉地质矿产勘查开发相关法律、法规、政策,熟练掌握所从事专业技术规范、规程、标准、规定和要求,从事地质矿产相关专业工作 15 年以上,在本专业有较深造诣,具有一定的知名度和权威性;具有较高的业务素质和良好的职业道德,科学严谨、客观公正、廉洁自律、遵纪守法地履行职责,没有违法、违规、违纪等不良记录;担任过已通过验收评审的 1 项大型或 3 项中型地质矿产类相关项目的技术负责人,或主持过 5 年以上非法采矿、破坏性采矿造成矿产资源破坏价值技术鉴定工作,目前仍从事地质矿产相关专业技术工作;年龄在 65 周岁以下,身体健康,自愿以独立身份参加矿产资源破坏价值鉴定技术评审活动,自觉接受国土资源主管部门和社会的监督。

5. 技术鉴定机构

矿产资源破坏价值技术鉴定机构负责接受技术鉴定项目的委托,运用成熟的专业技术手段开展矿产资源破坏价值的技术评估活动,并按有关要求出具技术鉴定成果报告。

由于非法采矿、破坏性采矿造成矿产资源破坏价值技术鉴定工作环节复杂、野外作业环境危险、鉴定手段专业性强,矿产资源破坏价值技术鉴定机构须由地质勘查、测绘、矿山设计资质兼备、人员齐全、专业势力较强的地勘单位根据相关规定自主申请,省级以上国土资源行政主管部门根据本行政区域矿产资源破坏案发量、矿产勘查开发资质情况、技术鉴定机构业绩考核结果,每 5 年核定省级以上矿产资源破坏价值技术鉴定机构数量(不得少于 6 家)、名单,并按有关要求进行公示、公布。

6. 鉴定专业技术人员

开展非法采矿、破坏性采矿造成矿产资源破坏价值技术鉴定工作人员必须由技术鉴定机构从事专业技术工作 3 年以上,具有矿产地质、采矿、测绘等相关专业技术资格的人员组成,其中技术鉴定项目负责人由从事专业技术工作 10 年以上在编人员担任,且具有中级以上专业技术资格;野外调查组专业技术人员不得少于 3 人,野外调查组长要求从事专业技术工作 15 年以上,且具有地质矿产类高级以上专业技术资格。

7. 鉴定案件承办部门

(1)市、县(区)国土资源局

市、县(区)国土资源主管部门负责查处的矿产资源破坏违法案件,通过前期对违法线索核查、立案调查后,对于非法采矿、破坏性采矿可能涉嫌犯罪需对其造成矿产资源破坏价值进行鉴定的,须向省级以上国土资源行政主管部门提出鉴定申请。在接到省级以上矿产资源破坏价值鉴定委员会办公室鉴定受理通知后,组织实施矿产资源破坏价值技术鉴定工作,并负责涉案矿产品价格认定委托事项。

重新鉴定工作由矿产资源案件原承办部门的上一级国土资源主管部门或省级以上矿产资源破坏价值鉴定委员会办公室组织实施。

（2）水（海洋）行政部门或公安、司法机关

水（海洋）行政主管部门或公安、司法机关需要对矿产资源破坏价值进行鉴定的,可通过同级国土资源主管部门向省级以上国土资源行政主管部门申请,也可以根据相关规定直接向省级以上国土资源行政主管部门提出鉴定申请。在接到省级以上矿产资源破坏价值鉴定委员会办公室鉴定受理通知后,组织实施矿产资源破坏价值技术鉴定工作,并负责涉案矿产品价格认定委托事项。

8. 鉴定案件承办人员

非法采矿、破坏性采矿造成矿产资源破坏违法案件应当确定至少 2 名案件承办人员,案件承办人员配备执法监察证件、执法记录监控设备,保障非法采矿、破坏性采矿造成矿产资源破坏案件技术鉴定中野外调查过程的合法性。

矿产资源破坏案件承办人员在前期案件调查取证的基础上,通过证据收集、案件事实认定,起草并提供《案件情况说明》。矿产资源破坏违法案件承办人员在技术鉴定现场开展调查取证工作时,依法向当事人出示执法监察证件,履行涉案采空区或矿产品的指证义务,担负鉴定现场全程监督职责。

5.3 违法行为立案与调查

根据国土资源部印发的《国土资源违法行为查处工作规程》（国土资发〔2014〕117 号）确立的矿产资源行为查处工作流程,现将矿产资源破坏涉嫌犯罪案件启动鉴定程序前的违法行为立案、查处准备工作详述如下,其他行政主管部门查处相关案件流程与此基本类同。

5.3.1 违法线索发现

1. 违法线索发现渠道

（1）举报发现。通过 12336 举报电话、举报信件、网络举报等发现的矿产资源违法线索。

（2）巡查发现。按照巡查工作计划确定的时间、路线、频率,巡查发现的矿产资源违法线索。

（3）卫片执法监督检查发现。利用卫星遥感监测发现的矿产资源违法线索。

（4）媒体反映。通过报刊、广播电视、网络等媒体发现的矿产资源违法线索。

（5）上级交办、国家矿产督察机构督办或者其他部门移送、转办的矿产资源违法线索。

（6）其他渠道发现的矿产资源违法线索。

2. 违法线索处置

对于有明确违法行为发生地和基本违法事实的矿产资源违法线索,国土资源主管部门应填写《违法线索登记表》,载明线索来源、联系人基本情况、线索内容等,并提出初步处置建议,报执法监察工作机构负责人签批。

执法监察工作机构负责人认为需要对违法线索进行核查的,应当及时安排人员进行核查。

5.3.2 违法行为制止

1. 线索核查的主要内容

（1）涉嫌违法当事人的基本情况;

（2）涉嫌违法的基本事实；

（3）违反矿产资源管理法律法规的情况；

（4）是否属于本级本部门管辖。

核查过程中，可以采取拍照、询问、复印资料等方式收集相关证据。

2. 违法行为制止

发现存在矿产资源违法行为时，执法监察人员应当向违法当事人宣传矿产资源法律法规和政策，告知其行为违法及可能承担的法律责任，采取措施予以制止。

（1）责令停止违法行为

对正在实施的违法行为，国土资源主管部门应当依法及时下达《责令停止违法行为通知书》。

（2）其他制止措施

对矿产资源违法行为书面制止无效、当事人拒不停止违法行为的，国土资源主管部门应当及时将违法事实书面报告同级人民政府和上一级国土资源主管部门；可以根据情况将涉嫌违法的事实及制止违法行为的情况抄告发展改革、规划、建设、环保、市政、电力、金融、工商、安监、公安等相关部门，提请相关部门按照共同责任机制的要求履行部门职责，采取相关措施，共同制止违法行为；必要时，可以将有关情况向社会通报。

（3）核查结果处置

违法线索核查结束后，核查人员应当提交核查报告，提出立案或者不予立案的建议。

5.3.3 行政立案

1. 案件管辖

（1）地域管辖

矿产资源违法案件由土地、矿产资源所在地的县级以上人民政府国土资源主管部门管辖，法律法规另有规定的除外。

（2）级别管辖

县级人民政府国土资源主管部门管辖本行政区域内发生的矿产资源违法案件。

市级、省级人民政府国土资源主管部门管辖本行政区域内重大、复杂和法律法规规定应当由其管辖的矿产资源违法案件。

国土资源部管辖全国范围内重大、复杂和法律法规规定应当由其管辖的矿产资源违法案件。

有下列情形之一的，上级国土资源主管部门有权管辖下级国土资源主管部门管辖的案件：

1）下级国土资源主管部门应当立案调查而不予立案调查的；

2）案情复杂，情节恶劣，有重大影响的；

3）上级国土资源主管部门认为应当由其管辖的。

必要时，上级国土资源主管部门可以将本机关管辖的案件交由下级国土资源主管部门立案调查，但是法律法规规定应当由其管辖的除外。

（3）指定管辖

有管辖权的国土资源主管部门由于特殊原因不能行使管辖权的，可以报请上一级国土资源主管部门指定管辖；国土资源主管部门之间因管辖权发生争议的，报请共同的上一级国土资源主管部门指定管辖。上一级国土资源主管部门应当在接到指定管辖申请之日起 7 个工作日内,作出管辖决定。

国土资源主管部门与其他部门之间因管辖权发生争议,经协商无法达成一致意见的,应当报请同级人民政府指定管辖。

(4)移送管辖

国土资源主管部门发现违法行为不属于本级或者本部门管辖时,应当移送有管辖权的国土资源主管部门或者其他部门。受移送的国土资源主管部门对管辖权有异议的,应当报请上一级国土资源主管部门指定管辖,不得再自行移送。

2. 立案条件

符合下列条件的,国土资源主管部门应当予以立案:

(1)有明确的行为人;

(2)有违反国土资源管理法律法规的事实;

(3)依照国土资源管理法律法规应当追究法律责任;

(4)属于本级本部门管辖;

(5)违法行为没有超过追诉时效。

违法行为轻微并及时纠正,没有造成危害后果,或者立案前违法状态已经消除的,可以不予立案。

3. 立案呈批

违法线索核查后,执法监察工作机构认为符合立案条件的,应当填写《立案呈批表》,报国土资源主管部门负责人审批。符合立案条件的,国土资源主管部门应当在 10 个工作日内予以立案。

《立案呈批表》应当载明案件来源、当事人基本情况、涉嫌违法事实、相关建议等内容,必要时,一并提出暂停办理与案件相关的国土资源审批、登记等手续的建议。

4. 确定承办人员

批准立案后,执法监察工作机构应当确定案件承办人员,承办人员不得少于 2 人。

承办人员具体组织实施案件调查取证,起草相关法律文书,提出处理建议,撰写案件调查报告等。

5. 回避制度

承办人员与案件有利害关系或者可能影响公正处理的,应当主动申请回避。当事人认为承办人员应当回避而没有回避的,可以申请承办人员回避。

承办人员的回避,由执法监察工作机构负责人决定;涉及执法监察工作机构负责人的回避,由国土资源主管部门负责人决定。决定回避的,应当对之前的调查行为是否有效一并决定。决定回避前,被要求回避的承办人员不停止对案件的调查。

其他与案件有利害关系或者可能影响公正处理的人员,不得参与案件的调查、讨论、审理和决定。

5.3.4 调查取证

案件承办人员应当对违法事实进行调查,并收集相关证据。调查取证时,应当不少于 2 人,并应当向被调查人出示执法证件。

1. 调查措施

（1）一般调查措施

调查取证时，办案人员有权采取下列措施：

1）下达《接受调查通知书》，要求被调查的单位或者个人提供有关文件和资料，并就与案件有关的问题作出说明；

2）询问当事人以及相关人员，进入违法现场进行检查、勘测、拍照、录音、录像，查阅和复印相关材料；

3）责令当事人停止违法行为；

4）根据需要可以对有关证据先行登记保存；

5）依法可以采取的其他措施。

（2）遇阻时调查措施

被调查人员拒绝、逃避调查取证或者采取暴力、威胁等方式阻碍调查取证时，可以采取下列措施：

1）商请当事人所在单位或者违法行为发生地所在基层组织协助调查；

2）向上一级国土资源主管部门和本级人民政府报告；

3）提请公安机关、检察机关、监察机关或者相关部门协助；

4）向社会通报违法信息。

2. 调查实施与证据收集

（1）调查前期准备：研究确定调查的主要内容、方法、步骤及拟收集的证据清单等；收集内业资料；准备调查装备、设备。

（2）证据种类

矿产资源违法案件证据包括书证、物证、视听资料、证人证言、当事人的陈述、询问笔录、现场勘测笔录、鉴定结论、其他。

（3）证据范围

矿产资源违法案件证据范围有：当事人身份证明材料；询问笔录；开采审批登记相关资料；证明矿产品种类、开采量、品位品级、价格等的资料；违法所得证据及认定材料，包括生产记录、销售凭据等；违法开采的证明材料，包括现场勘测笔录、现场照片、视听资料等；违法转让（出租、承包）矿产资源、矿业权的证明材料，包括协议、转让价款凭证、往来账目等；违法采矿、破坏性采矿涉嫌犯罪的相关鉴定结论；需要收集的其他材料。

（4）证据要求

1）书证、物证

书证和物证为原件原物的，制作证据交接单，注明证据名称（品名）、编号（型号）、数量等内容。经核对无误后，双方签字，一式两份，各持一份。书证为复印件的，应当由保管书证原件的单位或者个人在复印件上注明出处和"本复印件与原件一致"等字样，签名、盖章，并签署时间。单项书证较多的，加盖骑缝章。收集物证原物确有困难的，可以收集与原物核对无误的复制件或者证明该物证的照片、录像等其他证据。

2）视听资料

录音、录像或者计算机数据等视听资料应当符合下列要求：收集有关资料的原始载体。收集原始载体确有困难的,可以收集复制件;注明制作方法、制作时间、制作人和证明对象等;声音资料应当附有该声音内容的文字记录。

3)证人证言

证人证言应当符合下列要求:写明证人的姓名、年龄、性别、职业、住址、联系方式等基本情况;有与案件相关的事实;有证人签名,证人不能签名的,应当以盖章等方式证明;注明出具日期;附有身份证复印件等证明证人身份的文件。

4)当事人的陈述

当事人请求自行提供陈述材料的,应当准许。当事人应当在其提供的书面材料上签名、按手印或者盖章。

5)询问笔录

对当事人、证人等询问时,应当个别进行,并制作《询问笔录》。《询问笔录》包括基本情况和询问记录等内容。

基本情况包括询问时间、询问地点、询问人、记录人、被询问人基本信息等。

询问记录包括询问告知情况、案件相关事实和被询问人补充内容。

6)现场勘测笔录

现场勘测应当告知当事人参加。当事人拒绝参加的,不影响勘测进行,但可以邀请案件发生地村(居)委会等基层组织相关人员作为见证人参加。必要时,可以采取拍照、录像等方式记录现场勘测情况。

现场勘测应当制作《现场勘测笔录》。《现场勘测笔录》应当记载当事人、案由、勘测内容、勘测时间、勘测地点、勘测人、勘测情况等内容,并附勘测图。《现场勘测笔录》应当由勘测人员、办案人员、当事人或者见证人签名。当事人拒绝签名或者不能签名的,应当注明原因。

7)鉴定结论

对于涉嫌犯罪矿产资源违法案件需要进行矿产资源破坏价值鉴定工作的,应按照有关规定,向省级以上人民政府国土资源主管部门提出鉴定申请,由省级以上人民政府国土资源主管部门出具鉴定结论。

(5)证据先行登记保存

调查中发现证据可能灭失或者以后难以取得的情况下,经国土资源主管部门负责人批准,可以先行登记保存,并应当在 7 日内及时作出处理决定。证据先行登记保存期间,任何人不得销毁或者转移证据。

证据先行登记保存,应当制作《证据先行登记保存通知书》,附具《证据保存清单》,向当事人下达。制作《证据保存清单》,应当有当事人在场,当事人不在场的可以邀请其他见证人参加,并由当事人或者见证人核对,确定无误后签字。

先行登记保存的证据,可以交由当事人自己保存,也可以由国土资源主管部门或者其指定单位保存。证据在原地保存可能妨害公共秩序、公共安全或者对证据保存不利的,也可以异地保存。

国土资源主管部门应当自发出《证据先行登记保存通知书》之日起 7 日内,根据情况分别作出如下处理决定:采取记录、复制、复印、拍照、录像等方式收集证据;送交具有资质的专门机构进行鉴定、认定等;违法事实不成立的,解除证据先行登记保存;其他应当作出的决定。

3. 调查中止

有下列情形之一的,办案人员应当填写《中止调查决定呈批表》,报国土资源主管部门负责人批准后,中止调查:

(1)因不可抗力或者意外事件,致使案件暂时无法调查的;

(2)涉及法律适用问题,需要有权机关作出解释或者确认的;

(3)需要公安、检察机关、其他行政机关、组织的决定或者结论作为前提,但尚无定论的;

(4)当事人下落不明致使调查证据不足的;

(5)需要中止调查的其他情形。

案件中止调查的情形消除后,应当及时恢复调查。

4. 调查终止

有下列情形之一的,办案人员应当填写《终止调查决定呈批表》并提出处理建议,报国土资源主管部门负责人批准后,终止调查:

(1)调查过程中,发现违法事实不成立的;

(2)违法行为已过行政处罚追诉时效的;

(3)不属本部门管辖,需要向其他部门移送的;

(4)因不可抗力致使案件无法调查处理的;

(5)需要终止调查的其他情形。

5.4 技术鉴定与行政确认

县级以上国土资源、水(海洋)行政主管部门在对非法采矿、破坏性采矿违法行为进行查处,或者公安、司法机关在案件办理时涉及矿产资源破坏的价值鉴定,应按照本规范要求向省级以上国土资源主管部门国土资源厅提出鉴定申请,受理后按照有关规定进行矿产资源破坏价值技术鉴定项目委托。

5.4.1 鉴定申请与项目委托

需要对涉及非法采矿、破坏性采矿案件造成的矿产资源破坏价值进行鉴定的有关部门,按照相关规定向省级以上人民政府国土资源主管部门提出鉴定申请,受理后按照相关规定进行技术鉴定项目委托。

1. 鉴定申请

根据《非法采矿、破坏性采矿造成矿产资源破坏价值鉴定程序》(国土资发〔2005〕175号)的规定,省级以下国土资源主管部门对非法采矿、破坏性采矿行为进行查处,水(海洋)行政部门或者公安、司法机关根据在案件办理时,涉及矿产资源破坏的价值鉴定,须向省级人民政府国土资源主管部门提出书面申请,同时附具对该违法行为进行立案查处的相关材料。

(1)鉴定请示文件

涉及矿产资源的国土资源、水行政、海洋等县级以上人民政府主管部门及公安、司法机关在向省级人民政府国土资源主管部门提出矿产资源破坏价值鉴定要求时,须出具《价值鉴定请示》专用文书,文书格式及内容要求如下:

1)《价值鉴定请示》文书要符合《党政机关公文格式》(GB/T 9704—2012)在纸张、排版、印制、装订及格式、要素、编排等方面的具体要求。

2)每宗案件的《价值鉴定请示》文书要单独出具,即一案一文出具。

3)《价值鉴定请示》文书内容要素包括:案发时间、线索来源;违法责任主体、开采时限、违法地点,违法行为及涉及矿种;监管部门采取措施、立案调查结果、鉴定原因;申请政策要求及法律依据。

(2)案件情况说明

矿产资源破坏案件需要进行价值鉴定的,案件承办部门或机构应当出具由案件承办人员签名并加盖公章的《矿产资源违法案件情况说明》。《矿产资源违法案件情况说明》包括首部、正文、尾部和证据清单四部分。

1)首部:包括案由、调查机关、办案人员、调查时间、当事人基本情况等内容。

2)正文:包括调查情况、基本事实、案件定性、责任认定、处理建议等。

①调查情况:简要介绍案件来源、制止、立案及调查等执法工作开展情况。

②基本事实:基本事实应当包括违法行为当事人、发生时间、地点、违法行为事实及造成的后果。叙述一般应当按照事件发生的时间顺序客观、全面、真实地反映案情,要注意重点,详细表述主要情节、证据和关联关系。对可能影响量罚的事实,应当作出具体说明。

矿产资源违法案件基本要素:违法责任主体、矿产资源破坏地点、开采时间、开采范围、开采方式、矿种;矿产品流向、用途、数量(贮存量、销售量)、价格、价值估计;批准勘查、开采范围及登记发证情况等。

3)尾部:案件承办人员签名,并注明时间。

4)证据清单:列明案件情况说明所涉及的证据。清单所列证据作为说明的附件。

(3)案件有关材料

根据相关规定,矿产资源破坏的价值鉴定申请时需要提交证明违法行为的办案过程、案件证据等有关材料。

与案件相关材料包括违法线索登记表、责令停止违法行为通知书、立案呈批表、案件承办人员执法证、询问笔录、嫌疑人身份证明材料、现场勘验笔录及草图、现场(采坑形态、矿垛形状、开采人员、设备设施、遗留矿石)视听资料证据资料、违法地界行政管辖证明、生产与销售凭据(或采出或销售矿产品数量统计表)、矿产或用地承(转)租手续、委托雇佣关系证明。

另外,如果矿产资源破坏责任主体为法人,需要提供企业营业执照或法人资格证明资料;如果矿产资源破坏空间范围涉及矿业权,需要提供相关矿业权证明、经评审备案的各类地质报告;如果涉及破坏性开采,需要提供经批准的矿山开发利用方案。

上述案件相关材料在鉴定申请时,需提供材料复制件并加盖案件承办部门或机构公章。鉴定申请受理后申请文书与上述的案件相关材料不予退还。

2. 审查受理

案件承办部门(机关)在矿产资源破坏的价值鉴定申请时,将鉴定请示文件、案情调查报告及有关材料报请省级矿产资源破坏价值鉴定委员会下设的鉴定办公室进行材料审查。鉴定委员会办公室自接到书面申请材料之日起 7 日内进行案件程序、管辖权、事实审查，并决定是否受理。

（1）立案程序审查

对照法律、法规、政策规定，对非法采矿、破坏性采矿违法案件查处进行程序审查，查验是否符合法定立案程序要求。

（2）管辖权审查

对于属于国土资源部直接查处的矿产资源破坏案件，将案情上报国土资源部，由国土资源部负责违法案件查处并出具鉴定结论；对于行政区域内案情复杂、影响重大，或违法范围存在跨区域的案件，应将案件移送地市级或省级国土资源、水行政主管部门查处。

（3）形式审查

审查提请材料事项是否齐全、格式是否符合规定、内容是否完整，对于材料不齐全或不规范需要补充情况或者材料的，通知案件承办部门或机关进行补充和完善。

（4）事实审查

存在下列情况之一，鉴定申请不予受理，将有关材料退回：

1）不属于省级以上国土资源行政主管部门职权受理范围的；

2）鉴定申请案件事实不清、证据材料存疑的；

3）案件时间久远，超过法律规定的刑事案件追诉时效的；

4）生产销售证据灭失，开采现场遭受严重破坏的；

5）当前科学技术发展水平无法满足技术鉴定条件要求的。

3. 项目委托

矿产资源破坏价值鉴定委员会办公室同意受理案件鉴定后，对于认为案情简单、鉴定技术要求不复杂的案件，有鉴定技术条件的案件承办部门可自行鉴定，没有相应条件的案件承办部门需要委托专业技术机构进行鉴定。案件承办部门一般不具有地质勘查、测绘技术鉴定相应资质、资格条件，矿产资源破坏价值技术鉴定工作以委托专业技术鉴定机构为主。

（1）落实技术鉴定机构

1）由省级以上人民政府国土资源部门指定委托技术鉴定机构，或由案件承办部门自行委托技术鉴定机构；

2）司法机关在矿产资源破坏案件办理过程中，需要启动重新鉴定机制时，矿产资源破坏价值技术鉴定工作由司法机关按照有关法律规定指定鉴定机构；

3）鉴定机构派专业技术人员到案发现场进行考查，核对鉴定申请材料，确定技术鉴定工作方案；

4）案件承办部门与鉴定机构协商技术鉴定服务费用等事项。

（2）签订技术鉴定委托协议书

技术鉴定机构接到鉴定委员会办公室任务通知后，积极与案件承办部门取得联系，并派专业技术人员到案发现场进行考查，核对鉴定申请材料，确定技术鉴定工作方案，协商技术鉴定服务费用等事项。案件承办部门与技术鉴定机构双方依据相关法律、法规，本着平等的原则签订矿产资源破坏技术鉴定委托协议,明确双方责任义务,确保技术鉴定工作正常开展。

1)案件承办部门义务

①负责确定矿产资源违法责任方,包括违法开采空间范围的现场指界和违法责任方的指证;

②按要求向技术鉴定机构提供鉴定过程中所需的基础地质资料、案件调查材料、矿产品价格认证结论,并对所提供资料的真实性负责;

③组织现场鉴定工作的实施,协助、配合技术鉴定机构开展现场地质调查与测绘等工作,确保现场鉴定正常实施;

④不得泄露技术鉴定机构工作人员信息,保证鉴定工作人员的人身安全;

⑤按照协议规定如期支付鉴定工作经费。

2)技术鉴定机构义务

①按照国家有关法律、法规要求,结合鉴案实际情况开展技术鉴定工作,按照合同约定如期提交技术鉴定成果报告;

②技术鉴定成果报告据实反映非法开采、破坏性开采等违法案件事实情况;

③保证技术鉴定成果报告的客观、公正、合法、有效,并对提交的成果资料负责;

④负责技术鉴定成果报告报请省级以上国土资源行政主管部门审查备案及批准认可;

⑤在结清合同余款后,及时将技术鉴定成果报告和鉴定成果认定意见交付案件承办部门使用。

3)鉴定工作周期要求

对于认为案情简单、鉴定技术要求不复杂的矿产资源破坏案件,自技术鉴定受托之日起 30 日内提出技术鉴定成果报告;对于案情复杂、鉴定技术难度大的可适当延长,但最长不得超过 60 日。

省矿产资源破坏价值鉴定委员会自接到技术鉴定成果报告之日起 7 日内,负责组织专家技术组评审、委员会会议审查。

5.4.2 开展技术鉴定工作

技术鉴定机构接受非法采矿、破坏性采矿违法案件承办部门矿产资源价值技术鉴定项目委托后,组织力量、收集资料、校验设备、野外调查、整理资料、处理数据、编绘图件、估算破坏量、评估破坏价值、编制报告、送审待批。

1. 准备工作

(1)专业技术力量组织

专业技术鉴定机构按要求组建技术鉴定项目部、野外调查组,按照有关专业资格要求确定技术鉴定项目经理、野外调查组长。

(2)相关资料收集

资料收集内容包括:以往区域基础地质调查资料;区域矿产调查、矿区地质勘查资料;区域地理、气候、经济状况资料;大比例尺地形图;以往矿山开采情况资料;各类经评审备案的矿产地质储量报告、矿山开发利用方案;矿业权设置现状及历史变动情况;控制点位及坐标数据等;国家规划矿区、对国民经济具有重要价值的矿区坐标范围资料,国家规定实行保护性开采的特定矿种类型资料,矿产资源规划划定的禁采区、禁采期资料;案件卷宗、案件情况说明、鉴定申请文件等。

(3)勘测设备查验

在野外调查工作开展前,须对野外工作装备进行检查,对勘测仪器进行校验。

2. 野外调查

(1)参与单位及人员

野外调查工作由案件承办部门组织,由技术鉴定机构、行政或司法执法机关、案发地乡镇政府机关、国土所等部门相关人员参加。案件承办部门应指派 2 人以上具有行政执法资格的案件承办人配合野外调查取证工作;技术鉴定机构野外调查组专业技术人员不得少于 3 人,按要求配备矿产地质、工程测绘专业技术人员。所有参与野外调查的人员现场签署《矿产资源破坏价值鉴定现场人员签字表》,并加盖案件承办部门公章。

(2)现场指证

在野外调查工作开展前,先由案件执法工作人员进入现场指证,指证人员根据前期案件调查结果对涉案采空区或矿产品堆积体进行指证;在对涉案采空区指证时,案件承办人首先对露天采坑或地下采场的开拓巷道指认,然后对各涉案责任方违法范围进行指界,最后在技术鉴定机构绘制的违法采矿责任划分图件上标明指界信息内容并签名;案件承办人在指界前要签署《指界证人权利义务告知书》,指界过程实施责任界线拐点指位、示数,并拍照取证留存。

(3)矿产调查

在综合分析、系统研究开采区内现有资料基础上,开展矿产地质调查、采空区地质调查、矿产品地质调查、地质取样工作,大致查明开采区地形地貌特征、地质特征、矿床特征;大致控制采空区中矿体形态、产状、规模、分布情况,大致掌握矿石或矿产品质量、类型品级及加工性能;大致了解开采区潜在地质灾害类型、发育程度,以及对因违法开采诱发地质灾害可能性评估,顺便了解矿床开采技术条件。

(4)地质勘测

采用静态 GPS、快速静态全球定位系统、网络 RTK、全站仪、罗盘、钢尺、测绳等仪器设备开展非法采矿区域地质勘测工作,地质勘测工作包括:矿区首级控制点测量、露天采矿点附近地形地貌测绘、开采位置指界及界线拐点测量、采空区形态测量、动用矿体范围测量;矿产品堆积体形态、位置测量;地下井巷工程实测及覆盖层界线点、矿体露头界线点测量;岩性分界点、构造控制点位置测量;地质剖面测量;样品采集位置测量等。

(5)样品采集

根据技术鉴定中的矿种类型开展样品采集工作,用于研究矿石结构、构造、矿物成分及共生组合,确定矿种、矿石类型的岩矿鉴定标本样,采用打块法直接从矿体上采集一式两块;用于了解矿石中有益、有害组分种类、含量,确定矿石质量品位及矿体界线的化学分析样品,采用刻槽法、刻线法、拣块法采集,按照相关规定、要求采集后装袋编号;用于查明建筑用砂、石质量等级的物理、化学性能样品,可采用打块法或拣块法采集 1~2 件代表性样品,通过实验确定矿石类别或等级;用于了解饰面石材颜色、花纹(包括存在的缺陷)特征的标准样每个品种 1～2 件,要求在新鲜岩石中采用打块法采集;用于测定矿石单位体积重量的矿石体重样,要按矿石类型和品位、品级采用拣块法分别采集,一般采集小体重样,涉案矿体若为风化壳和松散沉积或堆积的矿层的,还需采集大体重样,以大体重修正小体重。

(6)视听资料取证

在野外调查过程中,用数码设备对鉴定过程、指证行为、证人证言、采空区、矿体、岩矿石、取样位置、采矿作业面、矿产品、开采设备、选矿设备及周边地形地貌进行摄录,并填入《视听资料记录表》中。

3.地质样品登记、整理

野外调查工作结束后,及时将野外调查工作中采集的各种地质样品按规定登记、送检。样品测试、分析、实验报告出来后,按规定及时进行登记、整理、分析。

(1)岩矿标本鉴定样

标本采集后应立即编号,如 B1、B2……,然后在标本上用防水符号笔填写标签。同时将有关数据填入《岩矿标本登记表》中,以防混乱,标本与标本签一起包装。收到标本鉴定成果后,经校核、分类后,及时补充到记录中,必要时还要修改原记录。

(2)化学分析样

地质调查工作中,将在采空区矿体上采集到的矿石化学分析样品,或在矿堆(垛)上采集到的矿产品化学分析样品按规定称重、装袋、编号、登记、送检,样品装袋前必须用防水符号笔填写样品标签。测试分析报告出来后先行校对,在确认无误后按有关规定将数据结果填入《化学分析采样及分析结果记录表》中。

(3)矿石体重样

一般采集的矿石小体重样测重后,将测定的数据资料填入《矿石小体重采样登记表》中,并把样品送检进行化学成分分析。必要时还应采集矿石大体重样,测定的数据资料填入《矿石大体重采样登记表》中。

4.数据处理

(1)地质数据

1)对于地质调查工作中获得的地质观察点、岩性分界点、地形地貌点、地质灾害观测点、岩矿标本和样品采集点空间坐标数据按相关规范登记,并标绘到相应图件上。

2)对野外采集的岩矿标本鉴定结果、化学分析样品的测试结果、矿石体重样测定结果数据经校对无误时后,抄录至有关表册中交付使用。

3)对于在采空区矿体上采集到的矿石样品,或在矿产品堆(垛)上采集到的矿岩样品,可以直接将样品分析结果数据转交给案件承办部门,由其提交案发地物价部门进行矿产品价格认定。

4)对于在精矿库中采集的矿产矿精粉(违法采矿获取的原矿已经选矿处理)样品化学分析结果数据,技术鉴定机构应结合选矿回收率、选后尾矿品位、矿体围岩品位、矿石贫化率等指标参数,折算出矿体上矿石或采落下来的矿产品的质量品位情况,与《样品检测分析情况说明》一起转交给案件承办部门,由其提交案发地物价部门进行矿产品价格认定。

5）对于饰面石材已加工成板材的，技术鉴定机构应根据板材的岩矿标本鉴定结果数据，结合饰面石材板材率，将板材的样品标本与《样品检测分析情况说明》一起转交给案件承办部门，要求案发地物价部门按照同类同等饰面石材的荒料进行矿产品价格认定。

（2）测绘数据

对于野外调查中工程测量获取的观测数据，通过专用的数据处理软件进行处理，换算成为当前通用的坐标系统和高程系统，按照绘图软件展点格式要求，进行展点、编辑、图文处理、绘制出图。

（3）视听资料数据

野外调查工作中摄录的录音、照片、摄像等视听资料证据以数码形式存储于摄录设备中，野外调查工作结束后，及时将这些证据资料分类、编码、刻录，另行保存到能够长久存储的电子介质上。

5. *矿产品价格认定*

矿产资源破坏案件承办部门负责非法采矿、破坏性采矿涉案矿产品价格认定委托工作，委托当地物价部门通过市场调查确定矿产品的市场平均价格。

（1）价格认定申请

矿产品价格认定由案件申请鉴定单位负责向当地物价部门提出申请，申请材料包括：价格认定委托书和矿产品品质、品级证明材料。

（2）价格认定要素

1）价格认定标的物

①标的物名称。价格认定标的物的名称由矿产资源破坏价值技术鉴定机构确定。

②标的物类型。实践中用于价格认定的矿产品标的物可能是从矿体上直接采集下来的矿石矿产品，也可能是经开采贫化（膨缩）后的矿岩矿产品，还可能是经选冶加工处理后的精矿矿产品或尾矿矿产品。

2）价格认定目的

价格认定目的是为矿产资源破坏案件承办部门查处非法采矿、破坏性采矿案件提供价格依据。

3）价格认定基准日

在提请物价部门出具价格认定时，应明确认定结论对应的日期，即价格认定基准日。以确定矿产资源破坏案值为目的的价格认定，一般以违法犯罪时间（案发日）为价格认定基准日。在进行矿产资源破坏价值鉴定时，若矿产资源破坏行为发生的时段不明确或价格认定困难时，可以根据行政主管部门立案调查日或公安、司法机关立案侦查日作为价格认定基准日。

（3）价格认定结论

《价格认定结论书》由当地物价部门出具，物价部门依据技术鉴定机构提供的被破坏矿种的品质、品级证明材料，按照一案一文单独认定矿产品税前的坑（井）口市场平均价格，即单价。

1）矿产品价格

矿石矿产品价格指的是价格认定的标的物是未经采矿贫化的矿体上采集下来的矿石

价格;矿岩矿产品价格指的是经采矿贫化(膨缩)、选冶加工处理形成的原矿、精矿、尾矿的价格。

2)税前的坑(井)口价格

税前的坑(井)口价格指的是矿产品价格认定的单价组成部分,既不包含增值税、营业税、城建税等方面的税负部分,也不包含开采出来的矿产品从坑口、井口运往贮矿场、选矿场或收购方指定场所的装车、运输成本费用部分。

6. 矿产资源破坏量估算

根据野外地质矿产调查成果,结合地质勘测成果编绘矿体开采动用资源储量估算图(或获得矿产品贮存量估算图)。以测量成果绘制地理底图为基础,以地质取样分析结果为依据,以矿产工业指标为尺度圈定矿体开采动用范围(或矿产品堆积体空间形态范围),选择适宜的体积估算方法,估算矿产资源开采过程中动用资源储量(或获得矿产品贮存量、销售量)。然后结合采矿回采率、矿石贫化率、资源储量可信度系数等技术指标,折算出矿产资源采用合理采矿方法应当采出的可采储量和实际采出可采储量,从而确定非法采矿造成矿产资源破坏量和破坏性采矿造成矿产资源不合理损失量。

7. 矿产资源破坏价值评估

根据矿产资源破坏量估算结果,结合案发地物价部门出具的《价格认定结论书》所认定的矿产品单价额度,以及所破坏的矿产资源与经开采而贫化、降级、降次、膨胀的,或经选冶处理而组分富集、分散的矿产品关系,进而评估出非法采矿、破坏性采矿造成矿产资源破坏价值数额。

8. 成果报告编制

通过资料整理、数据处理、综合研究后,按有关规定进行综合图件编绘与数据表格编制,力求做到规范化、标准化、图表化,并据此编制技术鉴定成果报告,综合研究成果经检查、验收合格后方能提交供报告编写使用。

矿产资源破坏价值技术鉴定成果报告应按照技术鉴定报告提纲要求进行文本撰写。

9. 成果报告送审报批

技术鉴定机构要对技术鉴定成果报告的科学性负责,应组织有关人员对初步形成的技术鉴定成果报告进行内部审查,审查通过后加盖公章,并报送省级以上国土资源主管部门设立的矿产资源破坏价值鉴定委员会进一步审查和批示。

5.4.3 鉴定成果审查与确认

1. 鉴定成果报告审查

省级以上人民政府国土资源主管部门设立非法采矿、破坏性采矿造成矿产资源破坏价值鉴定委员会,负责审查技术鉴定成果报告并提出审查意见。

(1)专家组技术评审

1)省级以上矿产资源破坏价值鉴定委员会办公室代行接收经过受理的矿产资源破坏案件技术鉴定成果报告,根据所鉴定的矿种,在省级以上"矿产资源破坏价值鉴定专家库"中,随机抽取2～3名专家组成鉴定评审小组负责该案件评审工作,并指定其中一名为专家组组长。

2)评审专家接受任务后,应在3个工作日内对技术鉴定成果报告的内容独立进行评审,并形成个人意见,评审专家组长应综合参考评审专家意见,形成专家组评审意见。

评审事项包括:送审材料是否齐全;鉴定报告章节安排是否合理,附图、附表是否齐全;鉴定方法是否可行、范围是否明确、各项参数指标的选择和确定是否合理;破坏矿产资源储量估算的依据是否充分,估算方法和运用公式是否合理,估算结果是否正确;对物价部门提供的价格证明作形式审查,看价格证明与要求提供的内容是否相符;矿产资源破坏价值评估结果是否正确。

3)评审专家组认为需要到现场实地调查的,应向省级以上人民政府国土资源主管部门鉴定委员会办公室提出,并由鉴定委员会办公室安排实施,矿产资源破坏价值技术鉴定机构、案件承办部门等相关单位应予以配合。

4)专家意见不一致并需要统一认识的,专家组组长应组织讨论或开展技术咨询,讨论和咨询后仍存在重大分歧的,应报告省级以上人民政府国土资源主管部门鉴定委员会办公室,由鉴定委员会裁定并记录存档。

5)专家组意见,应明确该报告是否同意通过,若不同意通过,需要修改补充的,应列出具体问题,提交技术鉴定机构进行修改补充,同时报告省级以上人民政府国土资源主管部门鉴定委员办公室。重新提交技术鉴定报告时,应同时附上修改说明。

6)评审专家在接到经修改的报告后,按照上述原则,对该报告进行再次审核。评审通过的,应形成最终评审意见书。

(2)鉴定委员会会审

省级以上人民政府国土资源主管部门鉴定委员会办公室应当对评审专家通过的鉴定成果报告予以审查并提出意见,对认定可以提交鉴定委员会会审的报告,在 2 个工作日内安排上鉴定委员会会议审议。

鉴定委员会集体审议时,审议由鉴定委员会主任或副主任主持,须三分之二以上鉴定委员会委员参会,会议结束后,出席会议的委员应在集体会审会议记录上签名。

1)会审议程

①听取鉴定委员会办公室案件价值鉴定受理情况汇报;

②听取技术鉴定机构工作开展情况、汇报;

③评审专家组对技术鉴定的依据、方法、数据、结果评审意见汇报;

④鉴定委员会成员发表意见并讨论;

⑤鉴定委员会成员表决,以多数票通过鉴定结果。

2)会审结果处置

①技术鉴定机构将修改完善形成的鉴定成果最终报告交评审专家组长查验,专家组组长负责核对修改内容,并在技术鉴定报告评审意见书上签字。

②矿产资源破坏价值鉴定委员会办公室对于鉴定委员会会审通过,矿产资源破坏价值鉴定材料符合要求的,同意出具价值鉴定结论;

③矿产资源破坏价值鉴定委员会办公室对于鉴定委员会会审通过,但材料不符合要求的,在相关材料补充完善到位后,同意出具价值鉴定结论。

2.鉴定成果行政确认

省级以上人民政府国土资源主管部门矿产资源破坏价值鉴定委员会办公室应根据会

审会议的汇总意见对鉴定材料要求及时进行补充订正。经鉴定委员会集体审议通过的，在 2 个工作日内办理鉴定成果认定意见批示文件，并附技术鉴定报告评审意见书。鉴定成果认定意见经省级以上人民政府国土资源主管部门领导或主管领导签字批准后，由省级以上人民政府国土资源主管部门出具鉴定成果认定意见书。未能通过审查的技术鉴定，要具体说明意见及理由。

省级以上人民政府国土资源主管部门鉴定委员会办公室接收到技术鉴定成果报告之日到出具鉴定成果认定意见，不计退补材料时间，一般不超过 7 个工作日。如遇重、特大案件，经鉴定委员会主任批准，可适当延长，但延长最长不得超过 20 个工作日。

3. 鉴定结论的组成

非法采矿、破坏性采矿造成矿产资源破坏价值鉴定是由技术鉴定与行政确认构成的行政鉴定，矿产资源破坏价值鉴定结论由技术鉴定机构编制的技术鉴定成果报告和省级以上人民政府国土资源主管部门出具的鉴定成果认定意见共同组成，缺一不可。

矿产资源破坏价值鉴定结论要求将省级以上人民政府国土资源主管部门出具的鉴定成果认定意见装订在前，技术鉴定机构编制的技术鉴定成果报告装订在后。鉴定结论文书在封面上标示出"×××矿产资源破坏价值鉴定结论"，落款单位"省级以上人民政府国土资源主管部门"在上一行，鉴定机构在下一行，并注明鉴定结论出具日期。

5.4.4　交接使用与资料归档

省级以上人民政府国土资源主管部门对鉴定成果报告按照规定程序通过行政确认后，矿产资源破坏价值鉴定委员会办公室与专业技术鉴定机构及时进行鉴定结论交付使用、归档鉴定资料。

1. 鉴定结论交付使用

矿产资源破坏价值鉴定结论由技术鉴定报告的文本、附表、附件、附图与鉴定成果认定意见批示文件共同构成，鉴定结论由技术鉴定机构直接或邮寄交付于非法采矿、破坏性采矿违法案件承办的县级以上人民政府国土资源主管部门、水（海洋）行政主管部门，或公安、司法机关，作为矿产资源破坏案件事实的文书证据，追究涉案责任方的法律责任。

2. 鉴定资料归档

矿产资源破坏价值鉴定工作结束后，矿产资源破坏价值鉴定委员会办公室与技术鉴定机构按照档案管理相关要求，及时将矿产资源破坏价值鉴定过程中涉及的全部资料立卷归档。

（1）归档要求

1）所有归档的材料，应当合法、完整、真实、准确，文字清楚，日期完备。应当保证归档材料之间的有机联系，同一案件形成的档案应当作为一个整体统一归档，不得分散归档，案卷较厚的可分卷归档。案卷应当标注总页码和分页码，加盖档号章。

2）卷内各类材料的排列，应当按照结论、决定、裁决性文件在前，依据性材料在后的原则，即认定意见在前、请示在后，正文在前、附件在后，印件在前、草稿在后的顺序组卷。

3）案卷资料应当按照档案管理要求统一归档保存或者交本单位档案室保存。

（2）归档材料

1）鉴定案件封面及资料目录；

2）野外工作手图；

3）野外地质记录本；

4）矿产品质量、矿种类型情况说明；

5）案件情况说明材料；

6）案件卷宗材料；

7）价格认定协助书；

8）价格认定结论书；

9）价值鉴定申请文件；

10）技术鉴定委托书；

11）鉴定现场人员签字表；

12）鉴定现场视听资料；

13）违法采矿责任划分图；

14）岩矿化验（测试）报告；

15）技术鉴定报告初审意见；

16）技术鉴定报告送审稿；

17）鉴定委员会专家组出具的成果报告评审意见；

18）鉴定技术报告最终稿；

19）省级以上国土资源主管部门出具的鉴定成果认定意见；

20）其他需要归档的材料。

5.5 案件移送与鉴定人出庭作证

县级以上人民政府国土资源、水（海洋）行政主管部门，或公安、司法机关作为矿产资源破坏案件承办部门，自接收到矿产资源破坏价值鉴定结论后，根据相关法律、法规对案件进行处理。下面以国土资源主管部门对涉嫌犯罪案件移送程序为例进行介绍。

5.5.1 案件定性

1. 案件审理

根据省级以上人民政府国土资源主管部门出具的矿产资源破坏价值达到涉嫌犯罪标准鉴定结论，国土资源主管部门负责人应当召集有关职能机构负责人及其他有关人员进行会审。

（1）审理内容

1）是否符合立案条件；

2）违法主体是否认定准确；

3）事实是否清楚，证据是否合法、确实、充分；

4）定性是否准确，理由是否充分；

5）适用法律法规是否正确；

6）程序是否合法；

7）拟定的处理建议是否适当，行政处罚是否符合自由裁量权标准；

8）其他需要审理的内容和事项。

（2）审理意见

根据审理情况，分别提出以下审理意见：

1）违法主体认定准确、事实清楚、证据合法确实充分、定性准确、适用法律正确、程序合法、处理建议适当的，同意处理建议。

2）对于违法主体认定不准确、案件事实不清楚、证据不确实充分、适用法律法规不正确、程序不合法、处理建议不适当的，应当提出明确的修改、纠正意见，要求办案人员重新调查或者补充调查。承办人员应当按照审理意见进行修改、纠正，并重新提请审理。

2. 案件处理

（1）作出处理决定

案件经审理通过后，对于涉嫌矿产资源破坏犯罪，依法需要追究刑事责任，移送公安、检察机关的，承办人员应当填写《违法案件处理决定呈批表》，附具《国土资源违法案件调查报告》和案件审理意见，报国土资源主管部门负责人审查。

国土资源主管部门负责人收到《违法案件处理决定呈批表》后，应当在 3 个工作日内作出是否批准移送的决定。决定不移送的，应当写明不予批准的理由。

（2）实施处理决定

国土资源主管部门负责人作出移送案件处理决定的，按照相关规定办理案件移送手续。

5.5.2　案件移送

国土资源主管部门作出矿产资源破坏涉嫌犯罪，依法移送公安、检察机关追究刑事责任决定的，应当依照有关规定移送有关机关。

1. 移送公安、检察机关

（1）移送情形

国土资源主管部门在依法查处违法行为过程中，发现单位或者个人非法采矿、破坏性采矿等行为，达到刑事追诉标准、涉嫌犯罪的，在调查终结后，应当依法及时将案件移送公安机关。

国土资源主管部门在依法查处违法行为过程中，发现国家机关工作人员有渎职等行为，达到刑事追诉标准、涉嫌犯罪的，在调查终结后，应当依法及时将案件移送检察机关。

（2）移送程序

1）国土资源主管部门决定移送的，应当制作《涉嫌犯罪案件移送书》，附具案件调查报告、涉案物品清单、有关鉴定结论、鉴定意见或者检验报告及其他有关涉嫌犯罪的证据材料，在移送决定批准后 24 小时内办理移送手续。国土资源主管部门在移送案件时已经作出行政处罚决定的，应当同时移送《行政处罚决定书》和作出行政处罚决定的证据材料。

2）向公安机关移送的案件，应当同时将《涉嫌犯罪案件移送书》及相关材料目录抄送同级人民检察院备案。

3）公安机关对移送的案件决定不予立案，国土资源主管部门有异议的，可以在收到不予立案通知之日起 3 个工作日内，提请作出决定的公安机关复议。

检察机关对移送的案件决定不予立案，国土资源主管部门有异议的，可以在收到不予立案通知之日起 5 个工作日内,提请作出决定的检察机关复议。

4) 移送时,国土资源主管部门未作出行政处罚或者行政处理决定,人民法院判决后,违法状态仍未消除的,国土资源主管部门应当依法作出行政处罚或者行政处理,其中,人民法院已给予罚金处罚的,不再给予罚款的行政处罚。

2. 移送监察、任免机关

(1)移送情形

国土资源主管部门在依法查处违法行为的过程中,发现依法需要追究当事人及有关责任人行政纪律责任,本部门无权处理的,在作出行政处罚决定或者行政处理决定后,应当依法及时将有关案件材料移送监察、任免机关。

(2)移送程序

1)需要移送监察、任免机关追究责任的,办案人员应当制作《违法案件处理决定呈批表》,提出移送监察、任免机关的建议。

2)国土资源主管部门负责人收到《违法案件处理决定呈批表》后,应当作出是否批准移送的决定。决定不移送的,应当写明不予批准的理由。

3)决定移送的,应当在作出行政处罚决定或者其他处理决定后 10 个工作日内,制作《行政处分建议书》,附具案件来源及立案材料、案件调查报告、处罚或者处理决定、鉴定意见或者检验报告及其他需要移送的证据材料。

3. 移送送达回证

国土资源主管部门向有关机关移送案件,应当制作《法律文书送达回证》。受送达人接受移送的案件材料,并在送达回证上签字、盖章。受送达人拒收或者拒签的,送达人详细填写送达回证中的拒收、拒签的情况和理由。

5.5.3　案件信息反馈与统计

经省级以上国土资源主管部门组织进行的非法采矿、破坏性采矿造成矿产资源破坏价值鉴定,并出具鉴定结论,鉴定申请单位收到鉴定结论后根据案件进展情况,及时将案件移送、起诉、判决信息反馈给非法采矿、破坏性采矿造成矿产资源破坏价值鉴定委员会。鉴定委员会办公室按年度对案件进展情况进行统计存档。

5.5.4　鉴定人出庭作证

1. 鉴定人质证

非法采矿、破坏性采矿案件造成矿产资源破坏价值技术鉴定项目负责人作为鉴定人出庭是通过法庭质证过程以解决鉴定结论的争议性。这是我国司法实践中保障人权、维护司法公正的一项重大改革,也是给矿产资源破坏犯罪嫌疑人、被告人委托诉讼代理人申辩和质疑的机会,有利于案件得到客观、公正的审判。

2. 鉴定人出庭司法依据

矿产资源破坏价值鉴定工作中的鉴定人有依法履行出庭接受质证的义务,对于无正当理由拒不出庭作证的,要依法严格查处,并追究鉴定人和鉴定机构及机构代表人的责任。

3. 鉴定人合法权益保护

各级人民法院经鉴定人出庭作证的审查、启动和告知程序,在开庭前合理期限以书面形式告知鉴定人出庭作证的相关事项。人民法院通过提供席位、通道等以保障鉴定人出庭作证时的人身安全及其他合法权益,经人民法院同意,鉴定人可以使用视听传输技术或者同步视频作证室等作证。刑事法庭可以配置同步视频作证室,供依法应当保护或其他确有保护必要的鉴定人作证时使用,并可采取不暴露鉴定人外貌、真实声音等保护措施。

5.6 工作纪律与法律责任

5.6.1 职业道德

一是技术鉴定专业人员和技术鉴定机构不得承接超出自己专业胜任能力和本机构业务范围的技术鉴定业务,对部分超出自己专业胜任能力的工作,应聘请具有相应专业胜任能力的专家或单位提供专业协助。

二是技术鉴定专业人员和技术鉴定机构应勤勉尽职,调查、收集合法、真实、准确、完整的鉴定所需资料,且应对调查、收集的鉴定所需资料进行检查。

三是技术鉴定专业人员和技术鉴定机构应正直诚实,不得做任何虚假的技术鉴定,不得按委托单位的高估或低估要求进行矿产资源破坏价值评估,而且不得按预先设定的价值进行评估。

四是技术鉴定评审专家不得违反职业操守,在评审工作中不负责任、弄虚作假,故意损害当事方正当权益。

5.6.2 工作纪律

一是技术鉴定专业人员和技术鉴定机构应回避与自己、近亲属、关联方及其他利害关系方有利害关系或与鉴定对象有利益关系的技术鉴定业务;鉴定案件承办人员、技术鉴定专业人员、技术鉴定评审专家不得私自与违法人员及其亲属、朋友接触,确因鉴定工作需要与上述人员接触的,需鉴定案件执法机关安排 2 名以上执法人员现场陪同。

二是技术鉴定专业人员和技术鉴定机构应维护自己良好的社会形象及技术鉴定行业声誉,不得采取迎合鉴定利害关系方不当要求、贬低同行、虚假宣传、支付回扣等不当手段承揽业务,不得索贿、受贿或利用开展鉴定业务之便谋取不正当利益。

三是矿产资源破坏案件承办人员、技术鉴定专业人员、技术鉴定评审专家技术和有关机构、部门应保守在鉴定工作中知悉的国家秘密、商业秘密,不得泄露个人隐私;应妥善保管鉴定所需资料、中间过程资料、鉴定结论,不得擅自将其提供给其他单位和个人。

四是鉴定案件承办人员没经调查取证,不得违规对违法开采范围或获得矿产品进行指认或指界;技术鉴定机构、技术鉴定专业人员、技术鉴定评审专家不得在非自己技术鉴定、评审的成果资料上签名、盖章。

五是技术鉴定专业人员、评审专家不得违反廉洁自律规定,接受不正当的评审咨询劳务报酬,以及礼品(含土特产等)、礼金、有价证券等。

六是鉴定委员会工作人员在技术鉴定机构、评审专家抽取工作中不得弄虚作假、违反规定。

5.6.3 法律责任

《行政处罚法》第六十一条规定:行政机关为牟取本单位私利,对应当依法移交司法机关追究刑事责任的不移交,以行政处罚代替刑罚,由上级行政机关或者有关部门责令纠正;拒不纠正的,对直接负责的主管人员给予行政处分;徇私舞弊、包庇纵容违法行为的,比照刑法第一百八十八条的规定追究刑事责任。

《行政处罚法》第六十二条规定:执法人员玩忽职守,对应当予以制止和处罚的违法行为不予制止、处罚,致使公民、法人或者其他组织的合法权益、公共利益和社会秩序遭受损害的,对直接负责的主管人员和其他直接责任人员依法给予行政处分;情节严重构成犯罪的,依法追究刑事责任。

《证据法》第二百五十七条规定:人民法院在审判中,经一方当事人、公诉人指控并举证,发现行为证人、专家证人、记录人、翻译人,在该案的审理中有故意作虚假陈述、鉴定、记录、翻译的情形时,以妨碍司法公正行为处罚。情形严重的,依法追究刑事责任。

由于案件办理、鉴定相关人员个人的违规行为给有关人员、单位或国家造成损失的,应依法承担相应责任;涉嫌犯罪的,依法移交司法机关追究其法律责任。

第6章 矿床开采方案研究

矿床开采是指用人工或机械对有利用价值的天然矿物资源的开采活动。矿床开采方案是运用一定采矿工程和作业方法进行矿床开采的总称,开采方案包括开采对象与范围的确定、开采规模与产品方案的确定、开采方式与采矿方法的确定、开拓运输系统及工业场地的选择等。非法采矿、破坏性采矿的违法过程同样离不开矿床开采方案的选取,矿产资源破坏价值鉴定工作必须对矿山采取的矿床的开采方式、采矿方法进行判定、确认,并与合法、合理开采情形下,经过可行性研究而确定的矿床开采方案进行对比研究。

6.1 矿床开采方式

矿床开采方式是根据矿床赋存状态及开采技术条件确定的采矿工程总体部署形式。矿产资源都或浅或深地赋存于地表或地下,由于它的赋存状态不同,矿床开采方式也不相同,矿床开采方式一般分为露天开采、地下开采、露天与地下联合开采。合理开采方式的确定是矿床开采总体设计中的重要问题,开采方式取决于矿体埋藏状态、规模、产状、空间分布、地形、地貌以及施工技术水平和机械设备等因素。

6.1.1 露天开采方式

露天开采是采用采掘设备在敞露的空间条件下移走矿体上的覆盖物,得到所需矿物的过程,常以山坡露天或凹陷露天的方式,一个阶段一个阶段(或盘区)地向下剥离岩石进行采矿工作。露天开采作业主要包括穿孔、爆破、采装、运输和排土等流程。按作业的连续性,可分为间断式、连续式和半连续式。当矿体厚度、规模较大,且埋藏较浅或地表有露头时,应用露天开采最为优越。

在矿床离地面浅,储量比较集中的情况下,宜采用露天开采方式。开采时通常把砂、岩分成一定厚度的水平分层。自上而下逐层开采,并保持一定的阶梯形状。台阶是露天开采的基本要素。

1.露天开采优点

露天开采与地下开采相比,其优点主要表现在:

(1)建设速度快,产量高,生产效率高,成本低;

(2)劳动条件好,生产安全系数高;

(3)资源利用充分,回采率高,贫化率低;

(4)适合大型机械的施工,尤其是随着大型高效露天采矿及运输设备的发展,露天开采将会得到更加广泛的应用。

目前,我国的黑色冶金矿山大部分采用露天开采。

2.露天开采缺点

(1)需要剥离岩土,排弃岩土量大,尤其埋藏深的露天矿,矿山占用土地较多;

（2）采矿及运输设备购置费用高,初期投资大;

（3）由于露天采矿及运输作业,粉尘、噪声、废气污染较严重;

（4）开采受气候影响较大,气候对设备使用效率及劳动生产率都有一定影响。

3. 露天开采方式选取

对于一个矿体,是用露天开采还是用地下开采,取决于矿体的赋存状态。对于露天开采,采用多大深度合理,这个深度界线的确定主要取决于经济效益。一般来说,境界剥采比如小于或等于经济合理剥采比的,可采用露天开采方式。

6.1.2　地下开采方式

地下开采是用地下巷道工程将矿床划分为井田、阶段(或盘区)、矿块(或矿段)进行开采工作。地下开采必须开凿由地表通往矿体的巷道,如竖井、斜井、斜坡道、平巷等,地下矿山基本建设的重点就是开凿这些井巷工程。地下开采主要包括开拓、采切(采准和切割工作)和回采三个步骤,每一步骤都要经过凿岩、爆破、通风、装载、支护和运输提升等工序。

1. 地下开采优点

（1）矿山工业场地占用土地较少;

（2）对地形、地貌、植被等自然环境破坏较小;

（3）废石量大大减少,工作中废石、粉尘、噪声、废气等所造成的污染范围有限。

2. 地下开采缺点

（1）开拓、生产系统复杂,基建期较长,投产见效慢;

（2）资源利用受限制,回采率相对低;

（3）机械化推广程度低,生产工艺复杂,作业劳动强度大,劳动生产率低,开采成本高;

（4）地下开采作业环境差,经常受到顶板、矿尘、水、火等灾害的威胁,生产安全系数低。

3. 地下开采方式选取

（1）矿体厚度、规模较小且矿藏埋藏太深,露天开采需挖掘大量土方或岩石,成本过高时;

（2）地表存在需要保护的植被、生态或建筑设施等,不允许露天剥离时;

（3）经技术经济方面衡量,露天开采成本高于地下开采成本时。

6.1.3　联合开采方式

矿床在前期上部或浅部的开采活动中采用露天开采方式,在后期或深部的开采活动中采用地下开采方式。经过经济比较,当露天开采成本高于地下开采成本时,应及时转为地下开采。

6.2　矿体开采方法

矿体开采方法是指进行矿产资源采矿活动中采用工程手段及工艺流程的方法。采矿方法要根据矿床开采方式、矿产种类、矿体形态、矿石类型及理化性质进行合理选取。

6.2.1 露天矿采矿方法

露天矿采矿方法包括金属非金属露天矿采矿方法、煤矿露天采矿方法、饰面石材矿露天采矿方法、砂矿露天采矿方法、盐类矿露天采矿方法、特殊露天采矿方法等。

1. 金属非金属矿露天采矿方法

根据金属非金属矿的矿床分布情况,大体分为平缓矿床的采矿方法(倒堆法、横运法、纵运法)、倾斜矿床的采矿方法(组合台阶法、横采掘带法、分区分期法)两大类。

(1)平缓矿床的采矿方法

适用于倾角一般小于 12°的平缓矿床。间断式开采工艺适用于各种地质矿岩条件;连续式工艺劳动效率高,易实现生产过程自动化,但只能用于松软矿岩;半连续式工艺兼有以上两者的特点,但在硬岩中,需增加机械破碎岩石的环节。开采顺序是采矿和剥离在时间和空间上的相互配合。

1)倒堆法

剥离物用机械铲或索斗铲直接向前一采掘带采空区倒堆,采矿工作面紧随剥离工作面推进。在相同情况下,机械铲的质量约为索斗铲的 1.8 倍,因此剥离高台阶时,多用索斗铲。剥离更高的台阶可采用二次或多次倒堆。方案有一台机械铲配合一台索斗铲、两台索斗铲互相配合或仅用一台索斗铲兼作二次倒堆等。

2)横运法

剥离物用排土桥、悬臂排土机沿垂直于工作线方向运往采空区,剥离台阶与采矿台阶推进的空间关系也受运输设备规格的限制,但不如倒堆采矿法那样严格。本法可适应更大的剥离厚度,德国生产的 AFB-60 型排土桥的可剥离厚度为 60m。

3)纵运法

剥离物沿工作线,绕过端帮,纵向运往采空区。本法不受采、运设备规格和剥离岩石厚度的限制,有较大灵活性。其适用于单斗-机车车辆、单斗-(破碎机)带式输送机、单斗-汽车、轮斗-机车车辆-带式输送机等多种工艺。

(2)倾斜矿床的采矿方法

基本上把剥离物运往外排土场,仅当采掘工作达到终了深度后,才能利用采空区内排。工作线的布置方式,基本有沿矿体走向布置和垂直矿体走向布置。初始位置和推进方向的选择,应综合考虑矿床的地形地质条件、生产能力、运输方式、基建剥离量和生产剥采比的均衡等因素。倾斜矿床的生产剥采比在开采中是变化的。为了减少基建剥离量和推迟剥离高峰,平衡生产剥采比,改善经济效果,可以采取以下措施加陡工作帮坡角。

1)组合台阶法

用一台设备顺序采掘一组相邻的台阶,仅在采掘台阶上设工作平台(组合台阶加陡工作帮),也可有其他方式。

2)横采掘带法

汽车运输的横向采掘带,相邻台阶尾随采掘,工作线横向布置,纵向推进(横采掘带加陡工作帮)。任一横断面上只有一个工作平台,每一台阶可设 1~2 台采掘设备。与组合台阶相比,本法可布置较多的采掘设备。

3）分区分期法

走向较长或面积较大的矿床，实行分区分期开采，优先开采矿体厚、品位高、覆盖薄和剥采比小的区域。

2. 煤矿露天采矿方法

根据露天煤矿开拓运输方式、开拓坑线的位置及其布置形式将露天煤矿采矿方法分为公路运输采矿方法、铁路运输采矿方法及其他采矿方法。

露天煤矿开拓就是建立地面到露天采场各工作水平及各工作水平之间的煤岩运输通道，建立采矿场、采矿点、废石场、工业场地之间的运输联系，形成合理的运输系统。其主要研究内容是开拓运输方式、开拓坑线的位置及其布置形式。

露天煤矿开拓系统是露天矿开采中极其重要的问题，它不仅影响到最终境界的位置、生产工艺系统的选择、矿山工程发展程序等，还直接关系到基建工程量、基建投资、投产和达产时间、生产能力、生产的可靠性及生产成本等技术经济指标。

（1）公路运输开拓

公路运输开拓采用的主要设备是汽车。其坑线布置形式有直进式、回返式、螺旋式以及多种形式相结合的联合方式。

1）直进式坑线开拓

当山坡露天煤矿高差不大、地形较缓、开采水平较低时，可采用直进式坑线开拓，如图 6-1 所示。运输干线一般布置在开采境界外山坡的一侧，工作面单侧进车。

当凹陷露天煤矿开采深度较小、采场长度较大时，也可采用直进式坑线开拓。公路干线一般布置在采场内矿体的上盘或下盘的非工作帮上。条件允许时，也可在境界外用组合坑线进入各开采水平。但由于露天矿采场长度有限，往往只能局部采用直进式坑线开拓。

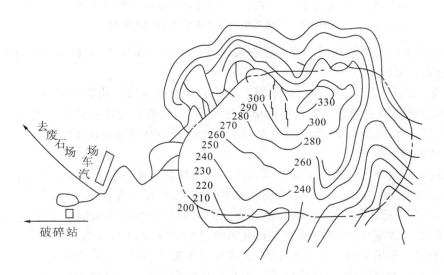

图 6-1　山坡露天矿直进式公路开拓系统

2）回返式坑线开拓

当露天煤矿开采相对高差较大、地形较陡,采用直进式坑线开拓有困难时,一般采用回返式坑线开拓,或采用直进式与回返式联合坑线开拓,如图 6-2 所示。开拓线路一般沿自然地形在山坡上开掘单壁路堑。随着开采水平不断延深,上部坑线逐渐废弃或消失。在单侧山坡地形条件下,坑线应尽量就近布置在采场端帮开采境界以外,以保证干线位置固定且煤岩运输距离较短。

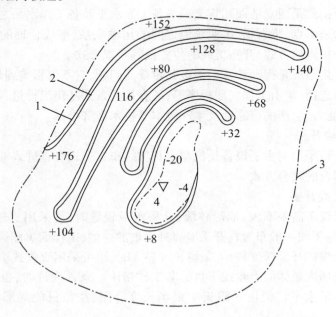

1—出入沟;2—连接平台;3—露天采矿场上部境界;4—露天采矿场底部境界

图 6-2　直进式与回返式联合坑线开拓系统

凹陷露天矿的回返坑线一般布置在采场底盘的非工作帮上,可使开拓坑线离矿体较近,基建剥岩量较小。

回返坑线开拓适应性较强,应用较广。但由于回返坑线的曲线段必须满足汽车运输要求(如线路内侧加宽等),使最终边帮角变缓,从而使境界的附加剥岩量增加。因此,应尽可能减少回头曲线数量,并将回头曲线布置在平台较宽或边坡较缓的部位。

3）螺旋式坑线开拓

螺旋式坑线开拓一般用于深凹露天矿。坑线从地表出入沟口开始,沿着采场四周最终边帮以螺旋线向深部延伸。由于没有回返曲线段,扩帮工程量较小,而且螺旋线的曲率半径大,汽车运行条件好,线路通过能力大。但回采工作必须采用扇形工作线,其长度和推进方向要经常变化,且各开采水平相互影响,使生产组织工作复杂。

由于露天采场空间一般是变化的,坑线往往不能采用单一的布置形式,而多采用两种或两种以上的布置形式,即联合坑线。图 6-3 为上部回返、下部螺旋的回返 – 螺旋联合坑线开拓方式。

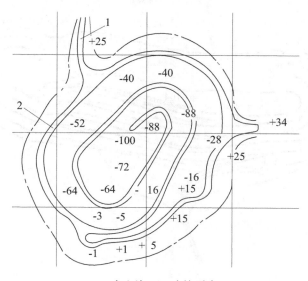

1—出入沟；2—连接平台

图 6-3　回返－螺旋联合坑线开拓系统

（2）铁路运输开拓

1）坑线位置

因铁路运输牵引机车爬坡能力小，每个水平的出入沟和折返站所需线路较长，转弯曲线半径很大，故不适用于采场面积小、高差较大的露天煤矿开拓。铁路运输开拓采用较多的坑线形式为直进式、折返式和直进－折返式三种类型。

山坡露天煤矿的坑线位置主要取决于地形条件和工作线的推进方向。当地形为孤立山峰时，通常将坑线布设在工作帮的背面山坡上；当地形为延展式山坡时，通常将坑线布设在采场的一侧或两侧。图 6-4 为露天矿上部折返式铁路开拓系统。

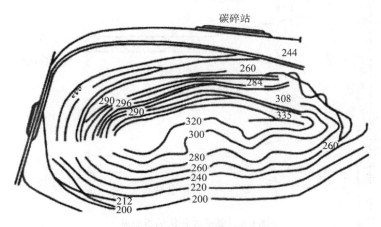

图 6-4　露天矿上部折返式铁路开拓系统

凹陷露天煤矿的坑线布置形式主要取决于采场的大小与形状、工作线的推进方向和生产规模。一般将坑线布置在底帮或顶帮上，但有时为了减少折返次数，也可将上部折返式坑线改造成螺旋式坑线。图 6-5 为凹陷露天矿顶帮固定直进－折返式坑线开拓系统。

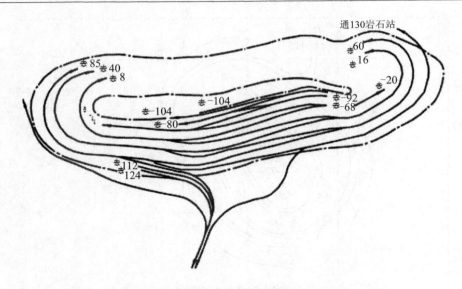

图 6-5　凹陷露天矿顶帮固定直进 – 折返式坑线开拓系统

2）线路数目及折返站

根据露天矿的年运输量开拓沟道可设计单线或双线。露天煤矿年运输量在 700 万 t 以上时，多采用双干线开拓。其中一条为重车线，另一条为空车线。年运量小于上述值时，则一般采用单干线开拓。

折返站设在出入沟与开采水平的连接处，供列车换向和会车之用。图 6-6 为单干线开拓，工作水平为尽头式运输和环行运输的折返站。环形运输折返站的附加剥岩量较大，但当台阶上有两台或两台以上挖掘机同时作业时，相互干扰较小。采用双干线开拓时，折返站的布置形式分为燕尾式和套袖式，如图 6-7 所示。

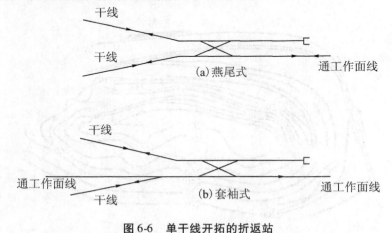

图 6-6　单干线开拓的折返站

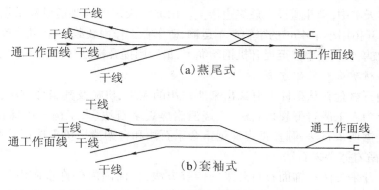

图 6-7　双干线开拓的折返站

（3）其他开拓

1）平硐溜井开拓

平硐溜井开拓是借助于开凿的平硐和溜井（溜槽），建立露天煤矿工作台阶与地表的运输联系。确定溜井位置时，应使溜井与采掘工作面间的平均运输距离短，溜井和平硐的掘进工程量小。

2）胶带运输开拓

露天煤矿采用胶带运输机开拓具有生产能力大、升坡能力强、运输距离短、运输成本低等优点。按露天煤矿各生产工艺环节是否连续，胶带运输机开拓分为连续开采工艺开拓和半连续开采工艺开拓。连续开采工艺主要采用轮斗（链斗）挖掘机挖掘松散煤体，并将煤岩转载到胶带运输机上运出，其中煤炭直接运至煤仓，矸石运至废石场后经排土机排土。半连续开采工艺又称间断 – 连续工艺，它是指生产工艺环节中，一部分为连续工艺，另一部分为间断工艺。

3）斜坡提升开拓

斜坡提升开拓是通过斜坡提升机道建立工作面与地面卸煤点和矸石场的运输联系。但斜坡提升机不能直接到达工作面，需与汽车或铁路等配合使用才能构成完整的开拓运输系统。

常用的斜坡提升开拓方法有斜坡箕斗开拓和斜坡矿车开拓。斜坡箕斗开拓是以箕斗为主体的开拓运输系统。在采场内用汽车或其他运输设备将矿岩运至转载站装箕斗，提升至地面煤仓卸载，再装入地面运输设备。图 6-8 为抚顺西露天矿箕斗及铁路干线布置图。

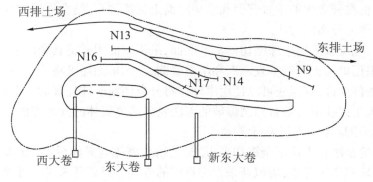

图 6-8　抚顺西露天矿箕斗及铁路干线布置图

在凹陷露天矿中,箕斗道设在最终边帮上。山坡露天矿的箕斗道设在采场境界外的端部。斜坡矿车开拓用小于 4 m³ 的窄轨矿车运输,矿车在工作面装载后,由机车牵引至斜坡道的车场,矿车被单个或成串挂至提升机钢丝绳上,最后用提升机提升或下放至地面站。

3. 饰面石材矿露天采矿方法

根据饰面石材荒料从矿体上分离出来所采用的人工、机械及其组合方法,将饰面石材矿采矿方法分为人工凿岩劈裂采石法、火烧凿岩爆裂采石法、人工凿岩串珠锯采石法、金刚石串珠锯全锯切采石法、圆盘锯串珠锯组合采石法和台架凿岩机串珠锯采石法。

(1)人工凿岩劈裂采石法

这种人工开采方法是饰面石材开采的传统方法,目前国内外许多矿山仍在使用这种方法开采饰面石材矿,这种方法非常适用于劈裂性好、矿体完整的饰面石材矿山。其工艺流程为:分离体的分离→分离体的位移或翻倒→分离体的解体和整形→荒料的吊运。

(2)火烧凿岩爆裂采石法

这里讨论的火烧凿岩爆裂采石法是使用火焰切割,配合手持凿岩机人工钻凿排孔,结合导爆索控制爆破开采饰面石材矿的方法。

火烧凿岩爆裂采石法是目前国内饰面石材矿开采的基本方法,也是使用最多的饰面石材矿开采方法。火烧凿岩爆裂采石法的主要开采工艺流程与人工凿岩劈采石法相似,为了使分离体与矿体的分离更加容易和可靠,增加了一道使用火焰切割机将分离体与矿体的一个连接面切割分离的火烧切割工序,使分离体与矿体只有一个垂直面和一个水平底面连接。在后续分离体的爆破分离时,形成双面控制爆破的状态,使分离作业更加容易和可靠。除了分离体的一个面火烧分离外,其他流程与前面介绍的人工凿岩劈裂采石法相同。

(3)人工凿岩串珠锯采石法

这里讨论的人工凿岩串珠锯采石法,是采用金刚石串珠锯配合手持凿岩机钻凿排孔,结合导爆索控制爆破的开采方法。人工凿岩串珠锯采石法是替代火烧凿岩爆裂采石法开采饰面石材的先进方法。

除了分离体的分离切割工序外,开采工艺流程中的后续工序与火烧凿岩爆裂采石法相同。这种开采方法中,串珠锯代替火焰切割机切割分离体与矿体连接的一个面,为了便于与火烧凿岩爆裂采石法对比,我们只介绍金刚石串珠锯切割分离体的垂直端面,人工操作手持式凿岩机在分离体的垂直背面和水平底面上钻凿排孔,结合导爆索双面控制爆破,将分离体从矿体上分离的方法。

除此之外,也可以采用串珠锯切割水平底面,采用双面爆破将其余两个垂直面分离的方法;还可以采用串珠锯切割垂直端面和水平底面,采用单面爆破将剩余的垂直背面分离的方法;如果条件允许,甚至还可以使用串珠锯将分离体与矿体连接的三个面全部切割分离,然后使用人工排孔凿岩结合控制爆破的方法将分离体解体的开采方法。

(4)金刚石串珠锯全锯切采石法

这里讨论的金刚石串珠锯全锯切采石法,是指分离体与矿体分离、分离体解体、荒料整形全部由串珠锯切割完成,类似开采大理石矿的方式。只要开采成本可以接受,金刚石串珠锯全锯切采石法是目前机械化开采饰面石材的最好方法。

采用金刚石串珠锯分离切割分离体与矿体连接的全部三个连接面;使用能够插入串

珠绳锯缝中的专用气压顶推袋,将分离体顶离矿体,然后在挖掘机、装载机或慢动卷扬机的协助下,将分离体翻倒;仍使用串珠锯对分离体进行解体锯切,并对荒料的六个面进行整形切割。为降低开采成本,在合适的条件下,也可以采用人工操作手持式凿岩机排孔凿岩、膨胀剂(膨胀水泥)或大直径圆盘锯机对荒料进行整形处理;在挖掘机、装载机、抱杆吊或慢动卷扬机的帮助下,将成品荒料位移到采面的荒料堆场,装车运出。串珠锯在采场内不同切割位置的移动,也靠挖掘机或装载机完成。

(5)圆盘锯串珠锯组合采石法

目前国内一些饰面石材矿中,已经成功使用了圆盘锯式荒料切石机结合人工凿岩打揳劈裂分离石料水平面的开采方法。为了便于与前面几种开采方法进行比较,所以将金刚石串珠锯切割石料水平底面代替人工凿岩打揳劈裂分离石料水平面,形成另外一种全锯切开采方法。

最早在我国福建省使用的这种开采方法,是直接采用圆盘锯式荒料切石机在矿体进行垂直面切割,水平面采用人工打揳劈裂分离的半机械式开采方法,使用串珠锯锯切石料水平底面,替代人工打揳劈裂分离,这种方法适用于矿体完整的中小规模机械化开采饰面石材的矿山。

圆盘锯串珠锯组合采石法的主要工序是:采用金刚石串珠锯分离切割分离体的水平底面,圆盘锯式荒料切石机在分离体石料上按照荒料的规格,在回避裂隙的条件下,将分离体锯切成荒料。后续的设备位移吊装,荒料的位移、吊装和运输与前面介绍的几种开采方法相同。

(6)台架凿岩机串珠锯采石法

台架凿岩机串珠锯采石法是替代人工操作手持式凿岩机以及火焰切割机,开采饰面石材的先进方法,这种组合开采方法开始于20世纪90年代初,随着用于开采切割花岗岩的金刚石串珠绳技术性能的改进,生产成本的降低,目前它已成为使用最广泛、国际公认的机械化开采饰面石材的最佳方法。在西班牙、南非、巴西和印度等饰面石材荒料生产大国,这种开采方法非常普及,已经成为机械化开采饰面石材的基本方法。

台架凿岩机串珠锯采石法的开采工艺与人工凿岩串珠锯采石法相比,只是使用台架凿岩机代替人工操作的手持凿岩机钻凿排孔,其余全部相同。

用炸药开采是比较老的办法,虽然开始速度快些,但是对资源有极大的浪费,所以现在大多数的开采队伍使用的是用金刚石绳锯进行切割取材。

4. 砂矿露天采矿方法

砂矿露天采矿方法是指用推土机、装载机、铲运机、机械铲等工程机械挖掘和装载砂矿,再用皮带运输机、汽车铲运机、装载机等运输机械运输矿岩的方法。砂矿资源露天开采适于在我国内蒙古、四川、甘肃、青海、新疆等干旱地区采用。下面将介绍推土机开采法、前端装载机开采法、铲运机开采法和机械铲开采法。砂矿资源在海、河、库、湖等水面以下时利用采砂船开采法采矿。

(1)推土机开采法

推土机是一种自行式铲土运输机械,自身能够完成挖掘、运输和装载等全部工艺过程。推土机有履带式和轮胎式两大类。履带式推土机又分为三种:高比压推土机,适用于石方作业中的岩石剥离;中比压推土机,适用于一般推土作业;低比压推土机,适用于湿地和沼泽地带作业。

推土机直接把表土从采砂场内推运到排土场堆置,排土场位于采砂场的侧帮上。在砂矿开采中,推土机一般与其他设备配合使用。

（2）前端装载机开采法

前端装载机是一种柴油机驱动液压操纵的设备,除可铲装外,还可运输、卸载。它有履带式和胶轮式两种类型。履带式只能用于装载,可在极软地面和高低不平的采场中行走作业;轮胎式可自装自运,机动灵活,是砂矿开采中较理想的一种采运设备。

在生产实践中,只有在运距很短的情况下才用前端装载机自装自运,运距较大时一般利用汽车或皮带运输机运输。

（3）铲运机开采法

铲运机是一种循环作业式的铲土作业机械,可综合完成铲、装、运和卸岩土四个作业,主要用于中距离的大规模矿砂开采作业。开采矿砂用的铲运机主要有两种基本类型:履带式拖拉铲运机,由拖拉机、铲斗及铲斗操纵机构组成,一般在运距短和地面软的小规模剥离作业中应用;轮胎式拖拉铲运机,由牵引车、铲斗及铲斗操纵机构组成,适用于运距较远和地面较硬的大规模剥离作业。

铲运机开采的方法:当地表地形条件较好,具有良好的道路且运距不大时,可用铲运机直接向选矿厂受矿仓供矿;当砂矿层和表土层厚度都不大时,可采用采矿和剥离表土轮流作业的采矿法。

（4）机械铲开采法

机械铲是一种带铲的机械,有单斗铲和多斗铲两大类。单斗铲按铲斗与机身的连接方式分为铲斗刚性连接和挠性连接两种。前者称为机械铲或挖掘机,又有正铲和反铲之分;后者主要有索斗铲和抓铲。多斗铲分为轮斗铲和链斗铲。正向机械铲和反向机械铲在我国砂矿开采得到应用。

（5）采砂船开采法

采砂船开采法是用水上漂浮平台上的机械设备将河、海、湖的水下矿产资源（这里主要介绍砂石、砂金、宝玉石砂）抽取出来的开采工作。

砂石类矿产水下抽采工作原理是:利用高压水泵产生压力水,通过高压水枪冲击水下泥沙,将沉积状态的泥沙冲击形成悬浮状态;然后将悬浮的泥沙通过抽砂泵抽取,并用管道输送至自卸运输船;运输船载满泥沙后开到岸边,将泥沙泄漏到码头旁边,再用管道输送到码头上。

使用采砂船开采法,开拓作业完成后即可进行开采。按采砂池中工作面数目及采砂船相对于河谷轴线的移动方向,开采方法可分为:

1）单工作面开采法:采砂船在采区全宽上全面地进行开采。在开采过程中,采砂船始终用一个工作面向前推进。根据采砂船的移动方向,此法又可分为纵向开采法和横向开采法。

2）相邻工作面开采法:采砂船在几个相邻的彼此有联系的工作面中轮流开采。

3）联合开采法:上面两种开采方法的联合应用。

5. 盐类矿露天采矿方法

(1) 固体盐矿床采矿方法

根据矿石的采出方式和作用原理,采矿方法分为直接采出固体矿石的露天采矿法和矿石经固 - 液转化以液体形态采出的矿石溶解采矿法两类。对于赋存条件简单、矿石品位高的矿床,用露天法开采;对赋存条件复杂、矿石品位低的矿床,利用盐类矿物的易溶性,用溶解法开采。

矿体浅埋、松软,一般有利于开采。使用露天法开采时,由于剥离工作量小(或无须剥离),开拓系统简单,回采矿层无须穿孔爆破,因此采、装、运工具起到最关键的作用。矿床充水、开采工具的问题,又突出地反映在对水的处理上。根据对矿床充水的处理方式,分为预先疏干开采法和不预先疏干开采法,如表 6-1 所示。

表 6-1　盐湖固体矿床开采方法

开采方法			开采方法的主要特征	开采方法的适用条件
作用原理及矿石采出方式	对矿床充水的处理	采运机械化方式		
用机械设备直接采出固体矿石的露天采矿法	预先疏干	非水力机械化采掘、运输	以防水为主,用适当方法疏干矿床	赋存条件简单,矿石品位高,干湖或水湖,不同水深和厚度的矿床
	不预先疏干	非水力机械化采掘	以防水为主,采掘过程中矿石在机械上进行脱水处理	矿石品位高的浅水薄矿床或干湖矿层表面具有承载能力
		水力机械化采掘	采、运过程以用水为主,水力管道运输时矿石在管道出口进行脱水处理	中厚以上矿床,干湖或水湖,表面湖水或晶间卤水足够采掘、运输工艺用水
用水或其他溶剂将矿石经固 - 液转化的溶解采矿法	用矿床周边水或湖底承压水作为介质,溶解盐类矿物	用适当类型的泵抽取溶液,渠式或管道运输	就地溶矿,有用元素随溶液抽取,泥沙等水不溶物就地堆积	赋存条件复杂,矿石品位低,直接开采不能满足加工技术要求,以及常规法无法直接开采的矿床

(2) 液体矿床采矿方法

液体矿床采矿方法分管井式、渠道式和井渠结合式三种。渠道式开采法只适用于开采水位埋深接近地表,含水层厚度小于 10 m 的潜水型含水层;水位埋深大和含水层厚度大的液体矿采用管井或井渠结合式开采法。液体矿床水质的水平分带和垂直分异现象,在开拓系统、采区布置、开采顺序的确定时,必须予以考虑。在大规模开采条件下,必须打破原始状态下卤水的动态平衡和水化学平衡,由于卤水具有流动性和补偿性,加剧不同性卤水的兑卤析盐,造成地层、采卤构筑物和设备结盐,给卤水的采、输带来困难。因此,水质、水量必须随时监测和预报;固 - 液转化有利有弊,应加以利用和防治。

6. 特殊露天采矿方法

该法主要用于对有用组分含量较低的表外矿,传统工艺方法难采难选矿,矿体形成条件、理化性质特殊矿产,矿床赋存条件特殊的海底、极地、太空矿产资源的开采。

（1）堆浸采矿法

堆浸采矿法是指将溶浸液喷淋在品位低、节理裂隙较发育的难采矿体或矿化破碎带上,在其渗滤的过程中,有选择地溶解和浸出矿石中的有用成分,使之转入产品溶液中,以便进一步提取或回收的一种采矿方法。

（2）原地浸出采矿法

原地浸出采矿法,又称地下浸出法,包括地下就地破碎浸出法和地下原地钻孔浸出法。

1）地下就地破碎浸出法开采金属矿床,是利用爆破法就地将矿体中的矿石破碎到预定的合理块度,使之就地产生微细裂隙发育、块度均匀、级配合理、渗透性能良好的矿堆,然后从矿堆上部布洒溶浸液,有选择性地浸出矿石中的有价金属,浸出的溶液收集后转输地面加工回收金属,浸后尾矿留采场就地封存处置。目前我国在铀、铜等金属矿床试验研究或推广应用,取得了良好效果。

2）地下原地钻孔浸出法是通过钻孔工程往矿层注入溶浸液,使之与非均质矿石中的有用成分接触,进行化学反应。反应生成的可溶性化合物通过扩散和对流作用离开化学反应区,进入沿矿层渗透的液流,汇集成含有一定浓度的有用成分的浸出液（母液）,并向一定方向运动,再经抽液钻孔将其抽至地面水冶车间加工处理,提取浸出金属。由于适用条件苛刻,目前国内外仅在疏松砂岩铀矿床应用地下原地钻孔浸出法开采。

（3）微生物采矿法

某些微生物或其代谢产物能对金属或金属矿物产生氧化、还原、溶解、吸附或吸收等作用,使矿石中的不溶性金属变为可溶性盐类转入水溶液中或直接为微生物所吸收或吸附以便进一步提取和回收。基于这种作用,在采矿中可利用某些微生物提取难采矿体中的金属,或处理常规方法选冶困难的低品位矿石。

（4）钻孔水溶采矿法

钻孔水溶采矿法是通过专门装备的钻孔,将水或其他溶剂,以一定的压力和温度注入盐类矿床中,使有用矿物原地溶解,转化为溶液状态后提出地表的开采方法。

我国凿井开发地下天然卤水,已有两千多年历史。20 世纪初,我国四川自贡首创钻孔注水采汲卤水。当今,世界 90% 以上的岩盐矿床采用钻孔水溶采矿法开采。20 世纪 50 年代开始,运用该法开采钾盐、天然碱等盐类矿床。根据国内外生产实践,钻孔水溶采矿法按生产工艺可分为单井对流法、油（气）垫对流法和水力压裂法等。

（5）钻孔水力采矿法

钻孔水力采矿法是一种用于回采矿石又无须剥离覆盖岩层的采矿方法,它是借助水力射流,将钻孔周围的矿石原地切割破碎转变成矿浆,然后经气升泵提升到地表。为了强化破碎作用,还可辅以爆破、振动、超声波作用,也可使用表面活性剂以降低岩体强度,利用细菌、化学药剂使胶结的矿岩分解。切割矿体常用的工具是高压水枪,提升矿浆用的是气升泵、水力提升器或潜水泵等设备。

（6）地下气化采煤法

地下气化采煤法也就是煤炭地下气化技术。煤炭地下气化是将处于地下的煤炭进行有控制的燃烧,通过对煤的热作用及化学作用产生可燃气体,是集建井、采煤、气化工艺为一体的多学科开发洁净能源与化工原料的新技术,其实质是只提取煤中含能组分,变物理采煤为化学采煤,因而具有安全性好、投资少、效率高、污染少等优点,被誉为第二代采煤方法。

煤炭地下气化可以回收老矿井遗弃的煤炭资源,也可以开采薄煤层、深部煤层和"三下"压煤,以及高硫、高灰、高瓦斯煤层等。地下气化过程燃烧的灰渣留在地下,大大减少了地表塌陷,煤气可以集中净化。该煤气可作为燃料用于民用、发电,也可以作为原料气合成天然气、甲醇、二甲醚、汽油、柴油等或用于提取纯氢。煤炭地下气化分为无井式煤炭地下气化和有井式煤炭地下气化。目前,中国、澳大利亚、加拿大等国家正在开展气化采煤技术的研究。其中在气化采煤技术方面具有代表性的公司有中国的新奥集团,澳大利亚的 Linc Energy、Carbon Energy 等。

(7)海洋采矿法

海洋采矿法是指通过海洋开采平台在海底(包括海滨)开采矿产资源的过程。这里的矿产不包含传统的油和气。海底矿产资源不仅包括来自陆源碎屑的海滨砂矿,还包括由于化学作用、生物作用和热液作用等在海洋内形成的自然富集矿物。中国辽东半岛、山东半岛、广东和台湾沿岸均有分布,常见的主要砂矿有金、铂、锡、钍、钛、锆、金刚石等,自然富集矿产主要有金、钛铁矿、磁铁矿、锆石、独居石和金红石等。海洋采矿采用的机械主要有:

1)链斗采砂船:这种设备抗风浪性能差,通常用于开采水深小于 50 m 的矿产,目前东南亚国家用它开采浅海锡砂。

2)水力采砂船:利用砂泵或水射流将海底矿产以砂浆形式通过管道吸至采砂船的洗选设备中。水浅时砂泵装在船上;水深时砂泵置于水中或与水射流联合使用。胶结砂层用高压水射流器或装有旋转刀具的挖头预先松散。泵吸式水力采砂船的作业深度一般为 9 ~ 27 m,与水射流联合使用时作业深度可达 68 m。其常用于开采建筑用砂和砾石。

3)压气升液采砂船:将压气送入吸砂管下部,使气泡与管内砂浆混合,降低砂浆密度,利用管内外压差举升砂浆。它不仅用于浅海开采,还可用于深海开采。对胶结砂层须预先松散。

4)抓斗采砂船:这种采砂船受海水深度影响小,灵活性高,可采海底不平的和粒度不匀的海底矿产,但生产能力低。也常用于海底取样。

5)潜艇 + 无人推土机:近年开始用潜艇在海底取样捞砂,观察海底情况,并用无人推土机在海底集砂以提高采砂船生产能力和回采率。其用于浅海海底基岩中固体矿床的开采,在浅海大陆架基岩中,与陆地一样,也赋存各类固体矿床。

6.2.2　地(井)下采矿方法

埋藏较深的矿床采用地下或井下采矿方法,地(井)下采矿方法包括非煤矿山地下采矿方法、煤矿井下采矿方法等。

1. 非煤矿山地下采矿方法

非煤矿山采矿方法就是根据矿床赋存要素和矿石与围岩的物理学性质等要素,所确定的矿石开采方法,它包括采区的地压控制、结构参数、回采工艺等。在采矿方法的选择上需要根据相应的地质条件、自然环境选择合适的采矿方法,从而将有限的资源最大化地开采并使用到人们的生产生活中。

采矿方法就是从矿体(块)中采出矿石的方法,是采准、切割和回采工作在空间上、时间上的有机合理结合,是采准、切割、回采工作的总称。根据矿石回采过程中采场管理方法的不同,金属非金属矿山地下采矿方法可分为空场采矿法、崩落采矿法和充填采矿法等。

(1)空场采矿法

空场采矿法在回采过程中,采空区主要依靠暂留或永久残留的矿柱进行支撑,采空区始终是空着的,一般在矿石和围岩很稳固时采用。根据回采时矿块结构的不同与回采作业特点,空场采矿法又可分为全面采矿法、房柱采矿法、留矿采矿法、分段矿房法和阶段矿房法等。

1)全面采矿法。在薄和中厚的矿石和围岩均稳固的缓倾斜(倾角一般小于30°)矿体中,应用全面采矿法。该方法的特点是:工作面沿矿体走向或倾向全面推进,在回采过程中将矿体中的夹石或贫矿留下,呈不规则的矿柱以维护采空区,这些矿柱一般作永久损失,不进行回采。

2)房柱采矿法。房柱采矿法用于开采水平和倾斜的矿体,在矿块或采空区矿房和矿柱交替布置,回采矿房时,留连续的或间断的规则矿柱,以维护顶块岩石。它比全面采矿法适用范围广,不仅能回采薄矿体,而且可以回采厚和极厚矿体。矿石和围岩均稳固的水平和缓倾斜矿体,是这种采矿方法应用的基本条件。

3)留矿采矿法。工人直接在矿房暴露面下的留矿堆上作业,自下而上分层回采,每次采下的矿石靠自重放出1/3左右,其余暂留在矿房中作为继续上采的工作台。矿房全部回采后,暂留在矿房中的矿石再行大量放出,即大量放矿。这种采矿方法适用于开采矿石和围岩稳固、矿石无自燃性、破碎后不结块的急倾斜矿床。

4)分段矿房法。分段矿房法是按矿块的垂直方向,再划分为若干分段;在每个分段水平布置矿房和矿柱,中分段采下的矿石分别从各分段的出矿巷道运出。分段矿房回采结束后,可立即回采本分段的矿柱,同时处理采空区。

5)阶段矿房法。阶段矿房法是用深孔回采矿房的空场采矿法。根据落矿方式的不同又可分为水平深孔阶段矿房法和垂直深孔阶段矿房法。前者要求在矿房底部进行拉底,后者除拉底外,有的还需在矿房的全高开出垂直切割槽。

(2)崩落采矿法

崩落采矿法是以崩落围岩来实现地压管理的采矿方法,即随着崩落矿石,强制(或自然)崩落围岩充填采空区,以控制和管理地压。主要包括单层崩落法、分层崩落法、分段崩落法、阶段崩落法。

1)单层崩落法。单层崩落法主要用来开采顶板岩石不稳固、厚度一般小于3 m的缓倾斜矿层。将阶段矿层划分成矿块,矿块回采工作按矿体全厚沿走向推进。当回采工作面推进一定距离后,除保留回采工作所需的空间外,还有计划地回收支柱并崩落采空区的顶板,用崩落顶板岩石充填采空区,以控制顶板压力。按工作面形式可分为长壁式崩落法、短壁式崩落法和进路式崩落法。

2)分层崩落法。分层崩落法按分层由上向下回采矿块,每个分层矿石采出之后,上面覆盖的崩落岩石下移充填采矿区。分层回采是在人工假顶保护下进行的,将矿石与崩落岩石隔开,从而保证了矿石损失和贫化的最小化。

3)有底柱分段崩落法。此法也称有底部结构的分段崩落法,其主要特征是:按分段逐个进行回采;在每个分段下部设有出矿专用的底部结构。分段回采由上向下逐分段依次进行。该采矿方法又可分为水平深孔落矿有底柱分段崩落法与垂直深孔落矿有底柱分段崩落法。

4)无底柱分段崩落法。无底柱分段崩落法中分段下部未设专用出矿巷道所构成的底部结构;分段的凿岩、崩矿和出矿等工作均在回采巷道中进行。

5)阶段崩落法。基本特征是回采高度等于阶段全高。其可分为阶段强制崩落法与阶段自然崩落法。阶段强制崩落法又可分为设有补偿空间的阶段强制崩落法和连续回采的阶段强制崩落法。

(3)充填采矿法

随着回采工作面的推进,逐步用充填料充填采空区的采矿方法叫充填采矿法。有时还用支架与充填料相配合,以维护采空区。充填采空区的目的,主要是利用所形成的充填体进行地压管理,以控制围岩崩落和地表下沉,并为回采创造安全和便利的条件。有时还用来预防有自燃矿石的内因火灾。按矿块结构和回采工作面推进方向充填采矿法又可分为单层充填采矿法、上向分层充填采矿法、上向倾斜分层充填采矿法、下向分层充填采矿法、分采充填采矿法和方框支架充填采矿法。按采用的充填料和输出方式不同,又可分为干式充填采矿法、水力充填采矿法、胶结充填采矿法。

1)单层充填采矿法。此法适用于缓倾斜薄矿体,在矿块倾斜全长的壁式回采面沿走向方向,一次按矿体全厚回采,随工作面的推进,有计划地用水力或胶结充填采空区,以控制顶板崩落。

2)上向水平分层充填采矿法。此法一般将矿块划分为矿房和矿柱,第一步回采矿房,第二步回采矿柱。回采矿房时,自下向上水平分层进行,随着工作面向上推进,逐层充填采空区,并留出继续上采的工作空间。充填体维护两帮围岩,并作为上采的工作平台。崩落的矿石落在充填体的表面上,用机械方法将矿石运至溜井中。矿房采到最上面分层时,进行接顶充填。矿柱则在采完若干矿房或全阶段采空后,再进行回采。矿房的充填方法,可用干式充填、水力充填或胶结充填。

3)上向倾斜分层充填采矿法。这种方法与上向水平分层充填采矿法的区别是,用倾斜分层回采,在采场内矿石和充填料的动搬主要靠重力。这种方法只能用干式充填。

4)下向分层充填采矿法。这种方法适用于开采矿石很不稳固或矿石和围岩均很不稳固,矿石品位很高或价值很高的有色金属或稀有金属矿体。这种采矿方法的实质是从上往下分层回采和逐层充填,每一分层的回采工作是在上一分层人工假顶的保护下进行的。回采分层水平或与水平成 $4° \sim 10°$ 或 $10° \sim 15°$ 倾角。倾斜分层主要是为了充填直接顶,同时有利于矿石运搬,但凿岩和支护作业不如水平分层方便。

5)分采充填采矿法。当矿脉厚度小于 $0.3 \sim 0.4\ m$ 时,只采矿石工人无法在其中工作,必须分别回采矿石和围岩,使其采空区达到允许工作的最小厚度($0.8 \sim 0.9\ m$),采下的矿石运出采场,而采掘的围岩充填采空区,为继续上采创造条件,这种采矿法就为分采充填采矿法。

6)方框支架充填采矿法。开采薄矿脉过去多采用横撑支柱或木棚支架采矿法。在矿体厚度较大、矿石和围岩极不稳固、矿体形态极其复杂、矿石贵重等条件下,这种采矿方法是开采薄矿脉的有效方法。

2.煤矿井下采矿方法

煤矿井下采矿方法是指采煤系统与采煤工艺的综合及其在时间、空间上的相互配合。

(1)定义

1)采煤系统:是指采区内的巷道布置系统以及为了正常生产而建立的采区内用于运输、通风等目的的生产系统,通常由一系列准备巷道和回采巷道构成。

2)采煤工艺:在采煤工作面内各道工序按照一定顺序完成的方法及其配合称为采煤工艺。由于煤层的自然赋存条件和采用的采煤机械不同,完成采煤工作各道工序的方法也就不同,在进行的顺序、时间和空间上必须有规律地加以安排和配合。

(2)采煤方法种类

采煤方法种类很多,目前世界主要产煤国家使用的采煤方法,总的划分为壁式和柱式两大类。这两种不同类型的采煤方法,无论是采煤系统还是回采工艺,都有很大的区别。

1)壁式体系采煤法

壁式体系采煤法的特点是煤壁较长,工作面的两端巷道分别作为入风和回风、运煤和运料用,采出的煤炭平行于煤壁方向运出工作面。我国多采用壁式采煤法开采煤层。根据煤层厚度不同,对于薄及中厚煤层,一般采用一次采全厚的单一长壁采煤法;对于厚煤层,一般是将其分成若干中等厚度的分层,采用分层长壁采煤法。按照回采工作面的推进方向与煤层走向的关系,壁式采煤法又可分为走向长壁采煤法和倾斜长壁采煤法两种类型。

①缓倾斜及倾斜煤层单一长壁采煤法

缓倾斜及倾斜煤层单一长壁采煤法所采用的回采工艺主要有炮采、普通机械化采煤(高档普采)和综合机械化采煤3种类型。在选择回采工艺方式时,应结合矿山地质条件、设备供应状况、技术条件以及技术管理水平和采煤系统统一考虑。

炮采工作面回采工序包括破煤、装煤、运煤、推移输送机、工作面支护和顶板控制六大工序。

普通机械化采煤是用浅截式滚筒采煤机落煤、装煤,利用可弯曲刮板输送机运煤,使用单体液压支柱(或摩擦金属支柱)和铰接顶梁组成的悬臂式支架支护的采煤方法。

综合机械化采煤是指采煤的全部生产过程,包括落煤、装煤、运煤、支护、顶板控制以及回采巷道运输等全部实现机械化的采煤方法。

②综合机械化放顶煤开采技术

我国放顶煤开采主要是指长壁综合机械化放顶煤开采(简称综放开采)。综放开采的实质是沿煤层底部布置一个长壁工作面,用综合机械化方式进行回采,同时充分利用矿山压力作用(特殊情况下辅以人工松动方法),使工作面上方的顶煤破碎,并在支架后方(或上方)放落、运出工作面的一种井工开采方式。

2)柱式体系采煤法

柱式体系采煤法的特点是煤壁短,呈方柱形,同时开采的工作面数较多,采出的煤炭垂直于工作面方向运出。

柱式体系采煤法分为 3 种类型:房式、房柱式及巷柱式。房式及房柱式采煤法的实质是在煤层内开掘一些煤房,煤房与煤房之间以联络巷相通,回采在煤房中进行,煤柱可留下不采;或在煤房采完后,再回采煤柱。前者称为房式采煤法,后者称为房柱式采煤法。

(3)常用采矿方法

我国目前常用的煤矿井下采矿方法主要有:

1)走向长壁采煤法:薄及中厚煤层长壁工作面沿走向推进的采煤方法。

2)倾斜长壁采煤法:缓倾斜薄及中厚的煤层长壁工作面沿倾斜推进的采煤方法。

3)大采高一次采全厚采煤法:厚煤层沿走向或倾斜面推进的采煤方法。

4)放顶煤长壁采煤法:开采 6 m 以上缓斜后缓斜厚煤层时,先采出煤层底部长壁工作面的煤,随即放采上部顶煤的采煤方法。

5)掩护支架采煤法:在急斜煤层,沿走向布置采煤工作面,用掩护支架将采空区和工作空间隔开,向倾斜推进的采煤方法。

6)倾斜分层走向(倾斜)长壁下行垮落采煤法:在缓斜煤层,沿走向(倾斜)布置采煤工作面,分层推进的采煤方法。

7)台阶采煤法:在倾斜煤层的阶段或区段内,布置下部超前的台阶形工作面,并沿走向推进的采煤方法。

8)水平分层采煤法:急斜厚煤层沿水平面划分分层的采煤方法。

9)斜切分层采煤法:急斜厚煤层中沿与水平面成 $25° \sim 30°$ 的斜面划分分层的采煤方法。

10)房柱式采煤法:沿巷道每隔一定距离先采煤房直至边界,再后退采出煤房之间煤柱的采煤方法。

11)房式采煤法:沿巷道每隔一定距离开采煤房,在煤房之间保留煤柱以支撑顶板的采煤方法。

12)仓储、巷道长壁采煤法:急斜煤层中将落采的煤暂存于已采空间中,待仓房内的煤体采完后,再依次放出存煤的采煤方法。

13)倾斜分层长壁上行填充采煤法、刀柱式采煤法、水力采煤法。

(4)采煤方法选择

采煤方法是地下采煤时,区段或采煤条带内的巷道布置方式和回采工艺及其相互配合的总称。按巷道布置方式和回采工艺的特点,可分为壁式采煤法和柱式采煤法两大类。

选用何种采煤方法,应视煤层地质条件和开采的经济条件而定,以最大限度地满足工作安全、产量大、效率高、煤质好、成本低和煤炭回采率高等要求。

适宜的采煤方法是建设高产高效矿井的关键。影响采煤方法的因素很多,概括起来主要有地质构造、煤层埋深、煤层赋存状况、煤层厚度及硬度、煤层结构、顶底板条件、煤质条件及矿井生产能力等。

3.油气开采方法

油气的开采作业环境有陆地和海上两种,两者方法原理大致相同。不同的油气开采方法其过程大多是一致的,都需经历测井、钻井、开采、油气集输工艺流程。

(1)开采方法

油气开采方法通常是指把流到井底的油气采到地面所用的方法,基本上可以分为两大类:一类是依靠油气藏本身的能量,使油气喷到地面,叫作自喷采油法;另一类是借助外界能量将油气采到地面,叫作人工举升采油法,或者叫作机械采油法。目前,我国石油开采以人工举升采油为主。不同的地质情况、不同的油品性质采用不同的人工举升采油法。由于不同油气藏的构造和驱动类型、深度及流体性质等之间存在差异,其开采方式也有所不同。通常气藏以自喷的形式开采,开发后期部分气藏采用排液采气。

1)自喷采油法

即当油藏压力高于井内流体柱的压力时,油藏中的石油通过油管和采油树自行举升至井外的石油开采方法。石油中大量的伴生天然气能降低井内流体的密度,降低流体柱压力,使油井更易自喷。油层压力和气油比(中国石油矿场习称油气比)是油井自喷能力的两个主要指标。油、气同时在井内沿油管向上流动,其能量主要消耗于重力和摩擦力。在一定的油层压力和油气比的条件下,每口井中的油管尺寸和深度不变时,有一个充分利用能量的最优流速范围,即最优日产量范围。必须选用合理的油管尺寸,调节井口节流器(常称油嘴)的大小,使自喷井的产量与油层的供油能力相匹配,以保证自喷井在最优产量范围内生产。

为使井口密封并便于修井和更换损坏的部件,自喷井井口装有专门的采油装置,称为采油树。自喷井管理方便,生产能力高,耗费小,是一种比较理想的采油方法。很多油田都采取早期注水、注气(见注水开采)保持油藏压力的措施,延长油井的自喷期。

2)人工举升采油法

即人为地向油井井底增补能量,将油藏中的石油举升至井口的方法。随着采出石油总量的不断增加,油层压力日益降低;注水开发的油田,油井产水百分比逐渐增大,使流体的密度增加,这两种情况都使油井自喷能力逐步减弱。为提高产量,需采取人工举升法采油(又称机械采油),它是油田开采的主要方式,特别在油田开发后期,分为气举采油法和泵抽采油法两种。

①气举采油法

气举采油法是将天然气从套管环隙或油管中注入井内,降低井中流体的密度,使井内流体柱的压力低于已降低了的油层压力,从而把流体从油管或套管环隙中导出井外。气举采油法又分为连续气举和间歇气举两小类。多数情况下,采用从套管环隙注气、油管出油的方式。气举采油要求有比较充足的天然气源;不能用空气,以免爆炸。气举的启动压力和工作压力差别较大,在井下常需安装特制的气举阀以降低启动压力,使压缩机在较低压力下工作,提高其效率。在油管外的液面被压到气举阀以下时,气从孔进入油管,使管内液体与气混合,喷出至地面。管内压力下降到一定程度时,油管内外压差使该阀关闭。管外液面可继续下降。油井较深时,可装几个气举阀,把液面降至油管下,使启动压力大为降低。

采用气举采油法时气举井中产出的油、气经分离后,气体集中到矿场压缩机站,经过压缩送回井口。对于某些低产油井,可使用间歇气举法以节约气量,有时还循环使用活塞气举法。

气举采油法有较高的生产能力,井下装置简单,没有运动部件,井下设备使用寿命长,管理方便。虽然压缩机建站和敷设地面管线的一次投资高,但总的投资和管理费用与抽油机、电动潜油泵或水力活塞泵比较是最低的。气举采油法应用时间较短；单位产量能耗较高，又需要大量天然气；只适用于有天然气气源和具备以上条件的地区内有一定油层压力的高产油井和定向井。当油层压力降到某一最低值时，便不宜采用，效率较低。

②泵抽采油法

泵抽采油法又叫深井泵采油法，是在油井中下入抽油泵，把油藏中产出的液体泵送到地面的方法，简称抽油法。深井泵采油法依据所用的抽油泵动力传动方式分为有杆泵采油和无杆泵采油两小类，有杆泵采油分为游梁式深井泵采油和螺杆泵采油等，无杆泵采油主要有电潜泵采油、水力活塞采油和射流泵采油等。

有杆泵采油是采用最常用的单缸单作抽油泵，其排油量取决于泵径和泵的冲程、冲数。有杆泵分杆式泵、管式泵两类。一套完整的有杆泵机组包括抽油机、抽油杆柱和抽油泵。

抽油机：主要是把动力机（一般是电动机）的圆周运动转变为往复直线运动，带动抽油杆和泵，抽油机有游梁式和无游梁式两种。前者使用最普遍，我国一些采油场使用的链条抽油机属后一种。

抽油杆柱：是连接抽油机和抽油泵的长杆柱，长逾千米，因交变载荷所引起的振动和弹性变形，使抽油杆悬点的冲程和泵的柱塞冲程有较大差别。抽油泵的直径和冲程、冲数要根据每口油井的生产特征进行设计计算来优选。在泵的入口处安装气体分离装置——气锚，或者增加泵的下入深度，以降低流体中的含气量对抽油泵充满程度（体积效率）的影响。

有杆抽油泵：是一个自重系统，抽油杆的截面增加时，其载荷也随之增大。各种材质制成的抽油杆的下入深度都是有极限的，要增加泵的下入深度，主要须改变抽油杆的材质、热处理工艺和级次。根据抽油杆的弹性和地层流体的特征，在选择工作制度时，要选用冲程、冲数的有利组合。有杆泵的工作深度在国外已超过 3 000 m，抽油机的载荷已超过 25 t。泵的排量与井深有关，有些浅井日排量可以高达 400 m^3，一般中深井可达 200 m^3，但抽油井的产量主要取决于油层的生产能力。有杆抽油机泵组的主要优点是结构简单，维修管理方便，在中深井中泵的效率为 50% 左右，适用于中、低产量的井。目前世界上有 85% 以上的油井用机械采油法生产，其中绝大部分用有杆抽油泵。

无杆抽油泵：适用于大产量的中深井或深井和斜井。在工业上应用的是电动潜油泵、水力活塞泵和水力喷射泵。

(2)海上油气开采特点

在内海、大陆架和深海海域开采石油和天然气，原理与陆上油气田开发大致相同，但钻井、采集、贮存、输送等工程设施与陆地上有根本区别。常使用定向钻井技术以扩大平台的开采面积。

海上油气田开采受其环境条件的限制，技术范围比陆上广，难度大。海底石油的开采过程包括钻生产井、采油气、集中、处理、贮存及输送等环节。海底油气生产与陆地上油气生产不同的是要求海上油气生产设备体积小、重量轻、自动化程度高、布置集中紧凑。一个全海式的生产处理系统包括油气计量、油气分离稳定、原油和天然气净化处理、轻质油回收、污水处理、注水和注气系统、机械采油、天然气压缩、火炬系统、贮油及外输系统等。

供海上钻生产井和开采油气的工程措施主要有以下几种：

1）人工岛，多用于近岸浅水中，较经济。

2）固定式采油气平台，其形式有桩式平台（如导管架平台）、拉索塔式平台、重力式平台（钢筋混凝土重力式平台、钢筋混凝土结构混合的重力式平台）。

3）浮式采油气平台，其形式又可分为可迁移式平台（又称活动式平台），如自升式平台、半潜式平台和船式平台（钻井船）；不可迁移的浮式平台，如张力式平台、铰接式平台。

4）海底采油装置，采用钻水下井口的办法，将井口安装在海底，开采出的油气用管线直接送往陆上或输入海底集油气设施。

4. 水气矿产开采方法

对于赋存于地下岩土介质构造、裂隙、孔隙（洞）中的地下水、天然矿泉水、地热（水）、硫化氢气等水气矿产资源，其开采方法同前述的油气能源矿产开采方法大致相同。一类是依靠水气藏本身的能量，使水气涌出到地面，叫作泉采；另一类是借助外界能量将水气采到地面，叫作井采。目前，我国地下水资源的开采方法以井采为主，有的泉采也会因周边地下水资源的过度开采，造成地下水位严重下降而后期转为井采。

6.3　开采方案对比研究

矿产资源破坏价值鉴定不仅包括对没有办理合法开采手续、没有进行矿产开发规划设计的非法采矿进行鉴定，还包括对合法开采的企业或个人采取破坏性采矿方式开采矿产资源进行鉴定。破坏性采矿是指由于没有按照国土资源主管部门审查认可的矿产资源开发利用方案采矿，导致应该采出但因矿床破坏已难以采出的矿产资源折算的价值，因此在进行破坏性采矿造成矿产资源破坏的价值鉴定工作中，主要是通过对矿床开采活动中实际开采方案进行调查、研究、判断、确认，并与批准的合理、合规、节约、保护性开采方案进行对比研究，用以确定非法采矿案件发生过程中破坏矿产资源范围、程度，也对企业或个人合法开采活动中是否存在破坏性采矿行为进行科学研判。

第 7 章　地质工作方法研究

矿产资源破坏价值技术鉴定工作须通过对前人成果资料收集、野外实地调查、数据处理、图件编绘,以取得的地质勘测成果作为基础资料,为矿产资源破坏量的估算提供地质依据。

7.1　资料收集及研究

地质工作开展前需要全面、系统地收集相关资料,包括收集案件情况资料、区域地质资料、工作区矿产勘查资料、工作区地形地貌资料、邻近区域矿业权设置信息资料、同类合法生产矿山(井)矿床开采技术条件及矿石加工技术性能等资料,必要时还需购买特定时间的矿产航片、卫片资料。在充分收集、分析、利用前人资料的基础上,确定有必要开展的采空区野外地质调查、矿产品外围地质调查工作。

7.1.1　案件情况资料

1.收集掌握案件情况

收集案件卷宗资料,摸清涉案矿体形成的采空区位置、范围及大小,了解涉案开采区开采矿种、开采方式、采矿方法、矿产品数量、流向、用途、价格、价值,涉及的矿业权设置、位置情况等。

如涉案矿体形成的采空区、矿产品由以往多方、多次开采造成,还应收集落实相应责任界定的人证、物证、书证材料。

2.确定工作区范围

根据案件情况资料反映,结合详细咨询和了解,可以确定涉案开采区范围边界的,直接将涉案开采区范围边界适当外延作为工作区范围边界,进行相关资料的收集工作;无法通过咨询确定涉案开采区范围边界的,应组织专业技术人员前往涉案开采区进行野外踏勘,大致确定涉案开采区范围边界,将开采区的范围边界适当外延作为工作区范围边界。

7.1.2　地质矿产资料

1.区域地质资料

收集 1∶50 000∼1∶200 000 区域地质、矿产资料,大致了解工作区及外围一定范围内的地层、构造、岩浆岩及矿产特征。

2.工作区地质资料

通过资料收集,结合必要的野外地质踏勘取得的资料,综合工作区地形地质、地貌特点、矿床分布等资料的研究,基本掌握工作区范围内地层、构造、岩浆岩、矿产资料。

(1)矿产地质资料

收集涉及工作区范围的 1∶2 000∼1∶50 000 矿产地质图,将其放大至 1∶500 或 1∶1 000,作为野外工作用地质底图,地质底图应完全包含工作区范围。内容主要有坐标网、地层界线及代码标注、构造线及标注、岩浆岩体及代码、蚀变类型、矿产分布等。

（2）地形地貌资料

收集涉及工作区范围正式出版的 1∶10 000 地形图,将其放大至 1∶500 或 1∶1 000,作为野外工作用地形底图,地形底图应包含工作区范围。内容主要有坐标网、地形等高线及高程标注、高程点位及标注、自然地理（如河流湖泊、山头山沟）、人造建筑（如村庄、水库、道路）等。

7.1.3　矿业权设置及生产矿山资料

1. 地理位置

大致掌握工作区的行政管辖和交通位置、地理坐标（收集交通位置插图,图中应标有所在县、乡和工作区名称）。

2. 矿业权设置

查阅并收集工作区及外围一定范围内的矿业权情况。如在工作区范围内或周边 50 m 范围内存在有矿业权的（包括过期的）,须收集矿业权登记证书资料,地质矿产类报告、矿山开发利用方案及相应评审、备案材料,掌握矿业权与工作区的叠合关系。

3. 矿产勘查资料

如开采区以往提交过地质勘查报告,通过资料收集大致查明矿体形态及空间分布、矿石的质量特征、资源储量估算结果等。

（1）矿体形态及空间分布

查明工作区所采矿体的地质赋存部位和分布范围,以及矿体的形态、大小、厚度、产状、规模及矿体变化情况。

（2）矿石质量

查明矿石的颜色、结构构造、矿物成分、含量及变化情况。根据矿石基本分析结果描述矿石有用成分的化学特征。如有组合分析,则根据矿石组合分析结果,描述矿石组合分析成分的化学特征。

（3）围岩特征

查明矿体围岩上、下盘围岩的岩性、矿物成分及其与矿体的接触关系。如有夹层,查清矿体内夹层的岩性、矿物成分、厚度、数量以及矿体完整性。

（4）资源储量

对于涉案矿体形成的采空区范围完全重叠于原地质勘查报告估算的（333）类型及（333）类型以上的资源储量估算范围内的,收集原始报告中的资源储量估算过程中估算参数及数据表格。

4. 同类生产矿山资料

如在工作区附近有合法生产矿山的,还应收集采矿权名称及开采矿种,矿石质量品位（发热量）、体重（密度）等资源储量估算参数,矿床开采技术条件及矿石选冶、加工技术性能的生产指标核定、执行情况。

7.1.4　矿产航片、卫片资料

矿产资源破坏案件鉴定中,如涉案矿体形成的采空区、矿产品由以往多方、多次开采造成,在落实的人证、物证、书证无法界定责任范围时,还应向相关部门申请购买矿产资源破坏时间结点的航片、卫片资料。

利用收集到的航片、卫片资料进行矿产资源破坏范围的取证研究,结合遥感影像技术、计算机地理信息制图技术,确定不同时间结点露天采坑采掘推进线的位置关系,厘清不同涉案方的责任范围。详细技术方案见本书相关章节内容。

7.2　采空区地质调查

矿产资源破坏价值鉴定工作中,原则上必须对案件中形成的采空区进行野外地质调查工作。野外地质调查须在鉴定申请单位执法人员指界下开展采空区现状调查,采用地质技术手段对地表露天采坑、矿井地下采场进行实地勘测,以实现对矿产资源破坏量的估算。

在采空区地质调查工作中,应注意对现场全貌及重点部位进行拍照,并予以适当标注和说明。采空区现场照片对于后期的内业资料整理、对比分析、综合研究十分必要。

7.2.1　地质调查手段选择

1. 工作用手图

根据工作区范围内收集的区域地质、矿产地质、地形地貌资料以及邻近的矿业权资料(有则收集),结合采空区形态、分布状况测量成果,经研究后用地质作图法将地质、矿产、矿业权、采空区内容叠置后清绘在原始地形底图上,作为野外工作用手图。

2. 仪器、工具及野外记录介质

野外测量仪器为 GPS、RTK、全站仪、陀螺仪、钢尺,地质工具包括地质锤、罗盘、放大镜、三角板、钢卷尺、皮尺和手执 GPS 等,记录介质采用统一制式野外地质记录本。

3. 地质调查工作手段的选择

采空区地质调查工作手段的选择应根据涉案矿种类型及案情复杂程度确定,原则上能够满足技术鉴定工作中矿体开采动用范围的圈定、开采动用资源储量估算要求即可。

通常采用的野外地质调查工作手段为地表地质简测(地下开采时为地表地质草测和地下井巷工程导线地质测量)、地表矿体采空区剖面地质测量(地下开采时为地下矿体采空区剖面地质编录)、开采工作面素描编录、化学样及体重(密度)样采集等。开采点(区)的地质调查一般不采用工程揭露的手段,只有在现状调查难于获取资源/储量估算中的矿石或矿产品时,才使用少量洛阳铲(赣南钻)进行揭露。

7.2.2　与以往矿产勘查成果对比

1. 条件

如工作区以往提交过相应矿产地质勘查报告,且矿体的开采动用范围重叠于原地质勘查报告估算的(333)类型及(333)类型以上的资源/储量估算范围内的。

2. 具体的野外工作方法

用收集来的勘查工作原报告中的地形地质图或勘探线剖面图作为野外工作手图;通过野外工程测绘、地质点定位方法来确定矿体动用范围,将采空区及矿体动用范围边界展绘在地形地质图或勘探线剖面图上;然后在资源储量估算图上圈定矿体开采动用范围界线,运用储量分割的方法进行涉案矿体开采动用资源储量的估算。

3. 记录要求

采用统一印制的野外地质记录本作为记录介质。地质点记录格式与地表地质简测的记录格式一致,主要有点号、点位(X、Y、H)、点性、地质描述等。

定点侧重确定本次开采被破坏矿体动用范围的边界点,主要记录矿体动用范围边界点位置、被破坏的情况等。通过追索定点和点间观察描述,最终圈定涉案矿体开采动用范围边界线。

4. 质量要求

(1)边界点密度要求

采空区及矿体动用范围边界点一般沿矿体采空区边界线 20 m 左右定一个点,当采空区范围较小时,可加密至 10 m 左右。

(2)边界点精度要求

地表采空区及矿体动用范围边界点位置用 RTK、全站仪测量。相对附近平面控制点误差小于 0.05 m,标高相对误差小于 0.1 m。

地下采空区及矿体动用范围边界点位置可通过确定井口位置,然后从井口开始,用导线测量的方法确定。

7.2.3 地表地质简测(草测)

1. 目的

地质简测属地质填图,目的是测定地表采空区及矿体的动用平面位置范围,了解矿体和围岩的地质特征,以及矿体采掘破坏情况等。

(1)适用于算术平均法估算资源储量的,侧重于反映不同采空区位置、范围及与矿体关系。

(2)适用于块段法估算资源储量的,侧重于测定矿体动用的范围边界圈闭线,获取矿体动用范围的水平投影面积。

当涉案矿体为地下开采时,采用地表地质草测,主要了解工作区岩性和矿体的地质特征,达到作工作区地形地质图的目的。

2. 方法

采用路线追索和穿越观察定地质点的方法进行填图。大致按野外工作用手图上设计好的追索或穿越的路线,进行观察与地质定点,并将已定的路线和地质点的地质特征记录在野外地质记录本上。另外,在野外工作用手图上标记观察路线和地质点,以及观察的简要地质内容。

地质点主要定在地表采空区内的矿体动用范围边界线上以及地质体、矿体的界线上。

如有多次采矿,则须在采空区范围内,根据本次开采矿体动用范围的责任分割界线点,圈出本次开采矿体的动用范围边界。分割界线点的确定方法:一是可用地质依据来观察确定分割边界的,定地质点记录地质依据,如新老采坑边界、特殊地质标记等;二是用指定证据来确定责任分割边界的,须定地质点记录指定证据,如证据不充分的,则不属于本技术要求适用的范围。

3. 地质点记录要求

采用统一印制的野外地质记录本来记录,地质点记录的文字记录页格式为点号、点位、点性、地质描述、点间描述等,其主要记录内容为:

(1)点号:D + 数字组成,从 1 开始按顺序编号(如 D1)。

（2）点位：记录该地质点位置的高斯直角坐标，即 X、Y、H。

（3）点性：主要有采空区形态碎部点、矿体动用范围边界点、地质体分界点、矿体点、构造点、采掘区边界点、矿体动用范围责任分割界线点等。

（4）地质描述：描述该地质点观察的地质现象，主要有：

1）采空区形态碎部测量点：用于圈定矿山动用矿体时采掘工程形成的采空区范围，应用 RTK 及全站仪测定的采空区形态碎部点，仪器自动记录、保存、导出，不再做文字记录。

2）矿体动用范围边界点：测定矿体动用范围的边界点位置，记录该点的矿体特征（主要记录矿体厚度大小、产状、矿石颜色、结构构造、主要矿物成分及含量等），以及矿体被破坏的情况等。如有围岩，则记录矿体与围岩分界面特征和产状，简单记录围岩特征等。

3）地质体分界点：主要有矿体与围岩的分界点、填图单元地质体之间的分界点等，观察记录该分界点上分界面的特征及产状，分别描述分界面两侧的矿体和地质体特征（主要记录地质体岩性定名、颜色、结构构造、主要矿物成分和含量以及产状、矿化蚀变等）。

4）矿体点：主要是针对薄矿体，记录矿体特征（主要为矿体厚度大小、产状、矿石颜色、结构构造、主要矿物成分及含量等）、顶底板围岩（地质体）特征、矿体与顶底板围岩接触关系等特征。

5）构造点：如矿体采空区内有错断矿体的断层，则定地质点记录该断层的厚度、产状、错动方向、错距以及断层充填物等特征。

6）采掘区边界点：大致测定地表采掘区边界点位置，简单记录采掘情况等。

7）矿体动用范围分割界线点：如有多次采矿，则在矿体采空区内，定出本次开采的矿体动用范围分割界线点，记录分割的地质依据或指定证据。

（5）点间描述：简单记录该地质点到下一个地质点之间路线观察的地质内容。

另外，在野外工作用手图上，标出该地质点的位置及点号，该地质点到下一个地质点观察路线以及所观察的地质内容。如矿体采空区边界线、矿体和地质体界线产状、岩性代号等。

4. 质量要求

（1）采空区形态碎部点的密度要求：采空区形态碎部点一般沿采空区边界线 20 m 左右定一个点，如采空区范围较小，可适当加密至 10 m 左右。

（2）矿体动用范围边界点的密度要求：一般沿矿体动用范围边界线 10 m 左右定一个点，如矿体动用范围较小，可适当加密至 5 m 左右。

（3）采空区形态与矿体动用范围边界点的定位精度要求：用 RTK、全站仪测量。相对附近平面控制点误差小于 0.05 m，标高相对误差小于 0.1 m。

（4）地表地质草测时的质量要求：因为没有参与资源储量估算，所以质量要求中的地质点密度可适当放稀，点位精度也可适当放宽，达到作工作区地形地质图的目的。

7.2.4　地表采空区剖面地质测量

1. 目的

适用于开采块段法估算资源储量的情形，目的是在剖面上确定矿体与围岩（覆土）边界范围，获取动用的矿体平均厚度（垂直厚度或水平厚度）、平均品位（发热量）、矿石平均体重(密度)参数。

2. 方法

在采空区内沿矿体动用范围的长轴方向,按一定间距布设平行剖面线,进行剖面测量和编录取样。剖面线方位应大致垂直矿体动用范围长轴方向,并尽量垂直矿体走向。

单个剖面的起止导线点应定在矿体动用范围边界线之外的 5~20 m 处,并做好标记。用皮尺罗盘测量和记录每条导线的导线号、方位、坡角、长度。

逐导线测量采掘(或地形)线在剖面上的位置;逐导线观察确定各地质体(或与矿体)之间的分界面在采掘(或地形)线上的位置点和在导线上的分隔点读数;按地质体(或矿体)在导线上的分隔起止点读数,进行地质描述;对露天采坑内残余矿体进行取样分析。最终获取剖面上矿体动用范围边界圈闭线和矿体断面平均厚度、平均品位(发热量)等参数。

3. 剖面地质测量记录要求

采用统一印制的野外地质记录本来记录。分为文字记录页的地质描述和厘米网格素描页的信手剖面素描草图。

(1)文字记录页地质描述记录要求

文字记录页地质描述的主要内容:剖面地质测量编号,剖面导线起点位置,导线号、导线方位、坡角、导线长度,逐导线地质描述,剖面导线终点位置。

1)剖面地质测量编号:用 PM + 数字,从 1 开始按顺序编号(如 PM1)。

2)剖面导线起点位置:记录剖面导线起点的高斯直角坐标,即 X、Y、H 值。

3)导线号、导线方位、导线坡角、导线长度:如 $0-1$,$120°$,$-12°$,21.23 m。

4)逐导线地质描述:按地质体(或矿体)在该导线上的分隔起止点读数进行地质描述。地质描述主要有:导线上的该地质体(或矿体)分隔起止点读数(如 $0~5.25$ m);地质体(或矿体)定名(如浮土、铁矿体、砂岩等);岩性特征(如颜色、结构构造、矿物成分及含量、矿化蚀变、层理产状等);与下个记录的地质体(或矿体)的接触关系(如接触面性质、接触面产状等),其他地质现象等。

如在该导线上的残余矿体露头上布设了化学样品,则记录样品号(从 H1 起,连续编号)、布样位置(导线上的布样起止点读数,如 $5.26~6.26$ m)、样长、化学分析品位等。

然后逐导线重复 3)和 4),一直到剖面导线终点。

5)剖面导线终点位置:记录剖面导线终点的高斯直角坐标,即 X、Y、H 值,可用导线测量的计算值。

另外,在野外工作用手图上,标出该剖面的导线起止点位置,用直线连接起止点画出剖面导线标记剖面号,并根据该剖面地质测量资料,圈出采空区边界线、矿体界线及产状、地质体界线等内容。

(2)厘米网格素描页信手剖面素描草图作图要求

主要内容:图名、比例尺、剖面导线起点位置、导线点、导线方位和坡角、逐导线信手素描、剖面导线终点位置、布样样品分析结果表、图例等。

1)图名:放在图的上面中间,与文字记录的剖面编号一致,并在后加上"信手剖面图"五个字,如 PM1 信手剖面图。

2）比例尺：放在图名的下面，比例尺为 1：100 或 1：200。

3）剖面导线起点位置：与文字记录导线起点位置（X、Y、H）一致，放在图的左上角，为剖面地质测量导线起点 0 号点位置坐标。0 号点放在图左边中间的适当位置，便于下一步作图。

4）导线点、导线方位和坡角：从起点 0 号点作图位置开始，在每个导线点上标记导线点点位和编号，然后向上引一条铅垂直线，在适当的位置向右转画半箭头平行线，线上方标该导线点到下导线点测量的方向，线下方标该导线点到下导线点测量的坡角。

5）逐导线信手素描：按每个导线素描。主要内容有导线点连线、导线点点位标记及编号，采掘（地形）线、采掘（地形）线上的各地质体（或与矿体）之间分界点，按界面产状向地下画的分界线，标记分界面的产状等。

矿体、地质体等花纹，可用代号或文字来标记。

根据实测的矿（地质）体产状等资料，在剖面采掘区范围内，按作图法的原则，圈出矿体采空区边界线，达到最终圈闭矿体采空范围边界线的目的。

如在该导线上的残余矿体露头上布设了化学样品，则画出布样样长铁轨花纹线，标记样品编号（从 H1 开始，连续编号）。

如有多次采矿，则在该导线上的矿体采空区范围内，按地质依据或指定证据，画出涉案开采矿体的责任分割线，并在该导线的地质描述中加记确定分割线的地质依据或指定证据等。如指定的分割线证据不充分，则不属本技术要求适用的范围。

6）剖面导线终点位置：与文字记录终点位置（X、Y、H）一致，放在图的右上角，为剖面地质测量导线终点的位置坐标。

7）布样样品分析结果表：放在布样导线的下面或附近，表头格式为样品号、采样位置（导线号、导线上布样起止位置）、样长、样品质量、化学分析品位等。

8）图例：放在图的适当位置的空白处，大致对主要的岩性花纹、特殊线型、特别标识等进行注解，主要参考《1：50 000 区域地质矿产调查工作图式图例》。

4. 质量要求

（1）剖面线线距要求：剖面线线距一般为 40～80 m。如矿体采空区较小，可适当加设辅助剖面线。

（2）剖面起点、终点位置精度要求：剖面起点、终点位置用 RTK、全站仪测量，相对附近平面控制点误差小于 0.05 m，标高相对误差小于 0.1 m，剖面中央位置可用导线测量计算值结合两端位置数据校正。

（3）导线测量的精度要求：导线应尽量贴近地形线和采掘线，要求皮尺拉直，皮尺读数误差小于 0.01 m，罗盘读数误差小于 1°。

（4）布样要求：布样线方向与导线方向尽量平行，导线与露头矿体尽量贴近，间隔尽量不大于 1.0 m。

样品应布穿整个矿体，并在矿体顶底板围岩中各布设 1～2 个样。单个样品样长一般为 1～2 m，可以为矿体真厚度 1 m 的换算值。对矿体肉眼鉴定标志不明显的，可连续多布几个样。

（5）厘米网格素描页信手剖面素描草图作图精度要求：导线点在厘米网格图上相对

位置误差不超过 5 mm,导线坡度误差不超过 5°。

7.2.5 地下巷道及采空区导线地质测量

1. 目的

测定地下矿体采空区边界位置、范围大小等,了解地下矿体的矿化情况、采掘情况等。

(1)适用于算术平均法、块段法估算资源储量的,侧重于反映不同采空区位置、范围及与矿体关系。

(2)适用于地质块段法估算资源储量的,侧重于测定地下矿体采空区的范围边界圈闭线,获取地下矿体采空区的投影面积。

2. 方法

采用从井口到地下采空区沿巷道导线测量的方法,测量井口位置、巷道位置、矿体采空区边界位置等,并简单记录沿途的地质矿化情况以及采掘情况等。

导线起点为井口,井口导线点编号为 0 点,向下导线点按顺序编号,用全站仪测量导线的方位、坡角、长度。沿该导线观察各类地质(矿)体分界面的位置读数,并简单描述各地质(矿)体的地质特征以及采掘特征等,如该导线出现采空区,则在采空区导线上,按 10~20 m 的间距选择某些点为原点(矿体采空区在导线上的起点和终点须为原点),测定该原点到采空区及矿体上方和下方边界点的方位、坡角、距离,从而确定采空区中矿体动用范围边界的位置,达到圈闭地下矿体动用范围的目的。然后重复逐导线地质测量,直到巷道终点。

3. 地下巷道导线地质测量记录要求

采用统一印制的野外地质记录本来记录。文字记录页记录格式为:地下巷道导线地质测量编号,井口位置,导线号、导线方位、坡角、长度,逐导线简单地质描述,巷道终点位置。其记录的主要要求如下:

(1)地下巷道导线地质测量编号:用 XD + 数字,从 1 开始按顺序编号(如 XD1)。

(2)井口位置:为巷道在地表开掘的位置,应在地表做好标记,并用 RTK 测量该标记点的高斯直角坐标,即 X、Y、H 值。

(3)导线号、导线方位、导线坡角、长度(如 0 - 1,120°, - 12°,16.50 m)。

(4)逐导线简单地质描述:按地质体(或矿体)在该导线上的分隔起止点读数,进行简单地质描述。主要有地质体(或矿体)分隔起止点读数(如 0~5.25 m)、地质体(或矿体)定名、简单岩性特征、地质体(或矿体)产状等。

当在该导线上有地下矿体采空区时,则应在该导线上增加记录矿体采空区边界点的位置描述。主要有:原点编号(如①)在该导线上的读数(如 3.56 m);上方矿体采空区边界点(如上采空区边界点),测定的方位、坡角、距离(如 30°、70°、7.5 m);下方矿体采空区边界点(如下采空区边界点),测定的方位、坡角、距离(如 0°、 - 90°、1.5 m)。然后依次记录第二原点……

然后逐导线重复(3)和(4),一直到巷道终点。

如有多次采矿,则在矿体动用范围内,确定出本案的责任分割线位置,并记录分割点确定的地质依据或指定证据。如指定证据不充分的,则不属本技术要求适用的范围。

(5)巷道终点位置:巷道终点位置的高斯直角坐标,即 X、Y、H 值。

另外,在野外工作用手图上,应标出井口位置及巷道编号、巷道位置,画出矿体采空区范围和矿体动用范围边界线等地表投影内容。

4. 质量要求

(1)井口位置精度要求:用 RTK 仪器测量,结合地形地物地貌确定,标高可参考野外手图上的地形高程。平面相对误差小于 0.05 m,标高相对误差小于 0.1 m。

(2)导线测量精度要求:用皮尺和罗盘测量,要求皮尺尽量拉直,读数误差小于0.01 m,罗盘读数误差小于 1°。

7.2.6 地下采空区剖面地质编录

1. 目的

适用于开采块段法估算资源储量的情形,目的是测定地下采空区中矿体动用范围在剖面上的边界位置,获取剖面上动用矿体的矿体平均厚度(垂直厚度或水平厚度)、平均品位(发热量)、矿石平均体重(视密度)等参数。

2. 方法

在地下巷道导线地质测量中已测的矿体采空区范围内,按一定间距布设剖面,进行地下采掘区剖面地质编录。

剖面方位应尽量沿矿体采空区长轴方向或垂直矿体走向,如布设了多个剖面,则各剖面方位应尽量平行。

具体方法是:将布设好的剖面与地下巷道导线地质测量的某段导线上的交点,作为该剖面布设原点(如矿体或采空区较大,则以该原点为起点,沿剖面方向布设辅助导线),沿剖面线方向(沿辅助导线方向),测量该剖面上的矿体采空区边界和范围大小;素描编录矿体采空区一帮的残余矿体和顶底板围岩等地质特征;对残余矿体取样分析;获取单工程矿体的厚度和平均品位(品级)、剖面上矿体采空区的断面面积和断面平均品位(品级)等参数。

3. 地下剖面地质编录记录要求

采用统一印制的野外地质记录本来记录。分为文字记录页地质描述和厘米网格素描页素描作图。

(1)文字记录页地质描述记录要求

文字记录页地质描述的主要内容:地下矿体采空区剖面地质编录编号、原点位置、地质描述等。

1)地下矿体采空区剖面地质编录编号:用所在的地下巷道导线地质测量编号 + - + PM + 数字,从 1 开始按顺序编号(如 XD1 - PM1)。

2)原点位置:记录该剖面原点在地下巷道导线地质测量导线上的交点位置,格式为:地下巷道导线地质测量编号 + , +该原点所在的导线号 + 导线 + , +该剖面原点在导线上读数(如 XD1,1 - 2 导线,5.65 m)。

记录该剖面原点的高斯直角坐标,即 X、Y、H 值,为井口坐标与巷道导线测量数据的计算值。

3)地质描述:按主体素描图中采掘区一帮的已素描编号的矿体及顶底板围岩等,从①开始顺序逐个进行地质描述。矿体描述的主要内容有矿体大小、厚度、与顶底板围岩接触关系及产状,矿石的颜色、结构构造、矿物成分及含量等。顶底板围岩描述有定名、颜色、结构构造、矿物成分、矿化蚀变等。

另外,在野外工作用手图上标明该剖面原点的位置、剖面线、剖面编号、矿体采空区范围边界线、产状等内容。

(2)厘米网格素描页素描作图要求

厘米网格素描页素描作图的主要内容:图名、比例尺、原点位置、原点方位(辅助导线点方位、坡角)、主体素描图、布样和样品分析结果表、图例等。

1)图名:放在图的上方中间,与文字记录剖面编号一致,并在后加"剖面图"三字(如 XD1 – PM1 剖面图)。

2)比例尺:放在图名下面,比例尺为 1:50 或 1:100。

3)原点位置:放在图的左上角,应标上文字记录中的导线测量的剖面原点位置(如 XD1,1–2 导线,5.65 m)和原点计算的高斯直角坐标(X、Y、H)。

4)原点方位(辅助导线点方位、坡角、导线长):在素描图中的原点(或辅助导线点)位置,向上引一条铅垂直线,在上方适当的位置向剖面作图方位(或下一导线方向)画半箭头水平线,线的上方标该剖面的方位角(或该辅助导线点的导线方位角),线的下方标该辅助导线点的导线坡角。

5)主体素描图:放在图幅的中央,主要内容有矿体采空区边界范围、一个边帮上的矿体及顶底板围岩素描内容等。

另外,还有剖面原点及标识(如有辅助导线点,标识导线点,并连接导线标识导线长),以及地下采掘边界线。在采掘边界线的一帮,确定矿体和顶底板围岩或地质体分界点,按矿体或地质体产状向外画分界线、标识矿体或地质体产状等。对矿体或地质体充填花纹,并对其进行地质描述编号(从①开始,从左到右或从上到下连续编号)。

根据观察的矿体及产状等资料,在该剖面采掘区范围内,按地质作图法的原则,圈出该剖面地下矿体动用范围边界闭合线。

在采掘区边界一帮已素描的地下残余矿体上布设了化学样品,按样长画铁轨花纹线,标识样品编号(从 H1 开始,连续编号)。

如有多次采矿,则在地下矿体采空区范围内,画出本案开采矿体的责任分割线,并记录该分割线划定的地质依据或指定证据,指定证据不充分的,则不属本技术要求适用的范围。

6)布样和样品分析结果表:在主体素描图的左边或下面,附布样和样品分析结果表,表头格式为样号、样长、样品质量、化学分析品位等。

7)图例:放在图的右边或下面,对主要矿体(或岩性)花纹、特殊线型、特别标识等进行注解,主要参考《1:50 000 区域地质矿产调查工作图式图例》。

4. 质量要求

(1)地下矿体采空区剖面地质编录密度要求

地下矿体采空区长度小于 50 m 的,布设 1~2 个剖面;长度大于 50 m 的,一般相距 50 m 增加一个剖面。

(2)布样要求

布样线尽量与矿体产状面垂直,布设在矿体采空区已素描的一帮的残余矿体上,单个样品样长一般为 1～2 m,可按真厚度 1 m 的换算值适当放长样长。对矿体肉眼鉴定标志不明显的,可在矿体顶底板围岩中各布设 1 个样。

7.2.7　开采工作面素描编录

1. 目的

主要适用于采空区内被采矿体绝大部分已被采掘工程揭穿,且矿体厚度较薄较稳定,可用块段法估算资源储量的情形。目的是获取采空区中开采矿体产状、矿体平均厚度(垂直厚度或水平厚度)、平均质量品位(品级)、矿石平均体重等参数。

2. 方法

如采掘工程在地表,则在采空区范围内按一定网度选择揭穿矿体厚度的残余矿体露头点,进行地表矿体露头素描编录及取样。

如采掘工程在地下,则在地下巷道导线地质测量中的地下采空区范围内按一定间距选择揭穿矿体厚度的残余矿体露头点,进行地下矿体露头素描编录及取样。

如采掘工程中的风化壳残余矿体难于采样,可在采空区边缘附近,采用洛阳铲(赣南钻)揭露矿体,进行编录取样。

3. 记录要求

采用统一印制的野外地质记录本来记录。分为文字记录页的地质描述和厘米网格素描页的素描作图。

(1)文字记录页地质描述主要内容:矿体露头(工程)点素描编录编号、位置(X、Y、H)、地质描述等。

1)矿体露头(工程)点素描编录编号:如为地表矿体露头,用 LT + 数字,从 1 开始按顺序编号(如 LT1)。如为地下矿体露头,用 PLT + 数字,从 1 开始按顺序编号(如 PLT1)。如为揭露工程点,则按探矿工程代号 + 数字,从 1 开始顺序编号(如 GNZK1)。

2)位置:素描编录原点的高斯直角坐标,即 X、Y、H 值。

如为地表矿体露头点或揭露工程点,用定地质点的方法,确定原点的高斯直角坐标。

如为地下矿体露头点,则记录该地下矿体露头点所在的地下巷道导线地质测量编号、导线号、导线读数位置点,并依据该地下巷道导线地质测量的数据,计算出地下矿体露头素描编录的导线读数位置点的高斯直角坐标。如导线读数位置点距地下矿体露头素描编录的原点位置较远,则记录导线读数位置点到原点的方位、坡角、距离,并延伸计算出地下矿体露头素描编录的原点高斯直角坐标(X、Y、H)。

另外,在野外工作用手图上,标明该点的位置及编号,画出地质(矿)体界线,标明地质(矿)体代号、产状等。

3)地质描述:按主体素描图中编号的矿体和顶底板围岩,从①开始顺序编号,并逐个进行地质描述。矿体描述的主要内容有矿体大小、厚度、与顶底板围岩接触关系及产状,矿石的颜色、结构构造、矿物成分及含量等。顶底板围岩描述有定名、颜色、结构构造、矿物成分、矿化蚀变等。

如为洛阳铲(赣南钻)工程,则从施工的起点开始,分段记录矿体或地质体地质特征(定名、颜色、结构构造、矿物成分、矿化蚀变、与下层的接触关系等)。如 0～2.35 m,为浮土,颜色为……;2.35～5.36 m,为全风化层,颜色为……;等等。

（2）厘米网格素描页素描作图主要内容：图名、比例尺、位置、方位、主体素描图、布样和样品分析结果表、图例等。

1）图名：放在图的上方中间，与文字记录素描编录点编号一致，并在后加"剖面素描图或平面素描图或柱状图"等字（如 LT1 平面素描图）。

2）比例尺：放在图名下面，比例尺为 1∶50 或 1∶100 或 1∶200。

3）位置：为素描原点位置，放在图的左上角，与文字记录位置（X、Y、H）一致。如为矿体露头素描，一般用布样起点位置作为素描原点位置；如为施工工程，则工程起点为素描原点位置。

4）方位：放在图的右上角，为矿体露头素描剖面图或平面图的方位。

5）主体素描图（或探矿工程柱状图）：放在图的中央，主要内容有矿体及顶底板围岩、矿体与顶底板围岩的分界线等、矿体和顶底板围岩充填花纹及对应的地质描述编号（从①开始，从左到右或从上到下连续编号）等、矿体产状和可能的围岩产状等。

布设布穿矿体的化学样，按样长画铁轨花纹线，标识样号（从 H1 开始，连续编号）。如为施工工程，则按编录取样资料，作工程柱状图。

6）布样和样品分析结果表：放在主体素描图的左边或下面，表头格式为样号、样长、厚度（垂直厚度或水平厚度）、样品质量、化学分析品位等。

7）图例：放在图的右边或下面，对岩性花纹、特殊线型、特别标识等进行注解，主要参考《1∶50 000 区域地质矿产调查工作图式图例》。

4. 质量要求

（1）矿体露头（工程）素描编录点的密度要求

一般不超过调查矿种行业规范中所规定的第三勘探类型基本工程间距的 2 倍，即（333）类型资源储量网度要求。

一般沿矿体动用范围边界（地下时沿地下矿体揭露的巷道范围），长度小于 50 m 的，布设 1~2 个点，长度大于 50 m 的，按相距 50 m，增加一个点。

（2）矿体露头（工程）素描编录点的位置精度要求

用 RTK、全站仪测量，结合地形地物地貌确定，标高可参考野外手图上的地形高程。平面绝对误差小于 0.05 m，标高相对误差小于 0.1 m。

（3）布样要求

如矿体倾角小于 45°（煤矿采用 60°）的，布样线采用铅垂线；如矿体倾角大于 45°（煤矿采用 60°）的，布样线采用与矿体倾向方向平行的水平线。如矿体露头难于布成铅垂或水平样时，可沿真厚度方向布真度样，并换算为垂直厚度或水平厚度，列于素描图中的布样样品分析结果表中。

样品应布穿整个矿体，并在矿体顶底板围岩中各布设 1~2 个样。单个样品样长一般为 1~2 m，可以为矿体真厚度 1 m 的换算值。

如为施工工程，则按该工程的取样要求进行布样，一般单个样品样长为 1~2 m。

7.2.8　化学样品采集及分析

1. 化学样品采集

刻槽取样在地表采空区剖面地质测量、地下采空区剖面地质编录、矿体露头素描（工程)编录中的矿体露头上布设的采样线上采取。采样样长为布设的样品长度,采样刻槽断面一般为 10 cm×3 cm,当矿石成分变化不大时,可用 5 cm×2 cm,实际采样样重与理论样重的误差不超过 15%,并按照相关规定装袋编号。

赣南钻(人力冲击取样钻)岩芯样:从开孔(井口)位置开始采样,样长 1～2 m。表土层、全风化层和半风化层应分层采取。所采样品在采样现场先混拌均匀,然后采用对角线法进行缩分,重复数次,直到满足质量要求(不小于 1.5 kg),并按相关规定装袋编号。

2. 送样

样品采集后,应送具有地质勘查资质类别中的地质实验测试资质的实验室进行化验分析。

3. 样品分析

(1)基本分析样项目

根据野外调查确定的矿种,按相应矿种技术规范的基本要求确定基本分析项目。

(2)组合分析样

一般情况下不做组合分析。若需做组合分析,则确定好组合分析项目,并从基本分析样中的副样提取组合分析样,按同一矿石类型、同一采空区样品组合而成。每一个参加组合样的样品提取样重,按该样品的样长比例来分配确定,然后合并一起成为组合样。

7.2.9　体重(密度)样采样与测试

1. 采样条件

(1)以体积为单位评价价值的,不采体重(密度)样。

(2)若被采矿体矿石类型简单、体重(密度)变化范围较小,可直接采用同种类型矿石体重(密度)的平均值,不采体重(密度)样。

(3)若调查范围内的矿石在附近有同类矿床可类比的,可不采体重(密度)样,直接引用附近同类矿床的体重(密度)值并说明出处,不采体重(密度)样。

(4)若被采矿体矿石类型复杂、体重(密度)变化范围较大,附近又无同类型矿床可类比,则须采体重(密度)样。体重(密度)样分为大体重样和小体重样两种。

2. 大体重样

适用于风化壳和松散沉积或堆积的矿层。每个工作区采 1～2 件,在工作区已调查取样的施工工程或残余矿体(已被编录或已测剖面,且品位已达矿体要求)附近的未被破坏的矿体或破坏不大的残余矿体中采取,采样规格一般不小于 50 cm×50 cm×50 cm,在实地晒干后称重,直接测得体重值。

3. 小体重样

适用于埋藏成岩后的坚固矿石。每个矿石类型采 3～5 件,在工作区残余矿体(已被编录或已测剖面,且品位(发热量)已达矿体要求)上采取,大小一般为 3 cm×4 cm×5 cm～4 cm×5 cm×6 cm,质量一般为 100～400 g。用封蜡法测体重。

4. 体重(密度)样采集及测试记录

记录介质为野外记录本,按填图地质点的方法来记录,格式为:点号(Dtz+顺序号)、位置(采样点位置)、点性(大体重样或小体重样)、地质描述(采样和测试描述)等。

地质描述主要内容:体重样采样的矿体层位及品位、采样规格(大体重样为测量的采坑大小尺寸,小体重样为采出样品大小尺寸)、样品体积(大体重直接测量采坑求得矿石体积,小体重用封蜡法测得矿石和蜡的总体积)、样品质量(大体重晒干后称得矿石质量,小体重用天平称得封蜡前矿石质量和封蜡后矿石和蜡的总质量)、测试结果(计算体重(密度)值:大体重为 $d_矿 = m_矿 \div v_矿$,小体重为 $d_矿 = m_矿 \div [v_总 - (m_总 - m_矿) \div d_蜡])$)等。

7.3 矿产品地质调查

涉案矿产品是指非法采矿、破坏性采矿案件涉及的矿岩材料,这些矿产品实物既包括开采后尚未运出坑口的生产原矿(或荒料)、手选精矿,也包括运出坑口进行贮存或销售的生产原矿(或荒料)、机选精矿(或加工板材)及尾矿(渣)。

由于采空区回填、安全条件、技术手段等方面原因,矿产资源破坏案件中形成的采空区无法进行野外地质调查与实地勘测,或矿体动用范围无法确定时,可采用矿产品地质调查的手段开展矿产资源破坏价值的评估工作。矿产品地质调查法是通过对矿产资源破坏违法案件中矿产品生产或堆积进行地质调查或证据确认,以物证、书证材料为基础,实现对矿产资源破坏量的估算。在矿产品地质调查工作中,应注意对矿产品堆积现场或遗迹全貌及重点部位进行拍照,并予以适当标注和说明。现场照片对于后期的内业资料整理、对比分析、综合研究十分必要。

7.3.1 矿产品物证调查

矿产品物证调查是针对矿产品堆积体的位置、形态、规模、矿种、质量、品位、松散程度等进行地质调查、证据确认过程,是通过间接方法对非法采矿、破坏性采矿案件造成的矿产资源破坏价值进行鉴定。

1. 矿产品物证

矿产品物证是指矿产资源破坏案件涉及的采空区开采出来的矿产品实物材料,这些矿产品实物材料既包括开采后尚未运出坑口的生产原矿(或荒料)、手选精矿,也包括运出坑口进行贮存或销售的生产原矿(或荒料)、机选精矿(或加工板材)及尾矿(渣)。

2. 物证地质调查

(1)目的

矿产品物证地质调查,目的是查清矿产资源破坏案件中获取的矿产品原矿(或荒料)、机选精矿(或加工板材),以及选矿处理后的尾矿(渣)存放形式、堆放位置、贮存范围、数量及岩矿经济技术指标情况等,为案件中矿产资源破坏量的估算提供数据资料。

(2)调查方法

矿产品物证地质调查工作由案件鉴定申请单位组织,由技术鉴定机构利用 RTK、全站仪、小钢尺等工具对堆放的各个矿堆(垛)的原矿、精矿或加工后的板材进行位置、形态、规模、矿种、品位、品级、体重(堆密度)、松散程度等测量、采样、测试工作。

(3)取样方法

矿产品取样包括化学样、品级样、体重样,取样工作按矿堆(垛)数量及类型分别采集,每个矿堆(垛)至少采取样品 1 件,由矿堆(垛)上均匀分布的样品采集点组成。如果矿产品堆放高度超过 20 m,可借助洛阳铲或砂钻设备工具进行穿透采样,按深度 10 m 左右布设 1 个采集点。各采集点上所采集的样品在采样现场混拌均匀后,首先进行矿产品(松散物)堆密度的测量,然后采用对角线法进行缩分,并按相关规定装袋编号送检。

(4)记录要求

采用统一印制的野外地质记录本作为记录介质。矿堆(垛)形态测量点记录格式与地表地质简测的记录格式一致,主要有点号、点位(X、Y、H)、点性、地质描述等。定点侧重确定涉案矿产品堆积体的形态范围的边界点,主要记录矿产品堆积体的形态范围边界点位置、部位、产品类型的情况等。通过追索定点和点位描述,最终圈定各个涉案矿产品堆积体形态范围边界线。

(5)质量要求

1)形态点密度要求

矿堆(垛)形态范围边界点一般沿矿堆(垛)边界线 5 m 左右定一个点,当矿堆(垛)范围较小时,可加密至 2.5 m 左右。

2)形态点精度要求

矿堆(垛)形态范围边界点位置用 RTK、全站仪测量。平面绝对误差小于 0.05 m,标高相对误差小于 0.1 m。

3)样品采集要求

样品采集点按 10 m × 10 m × 10 m 左右的空间间距均匀布设,缩分的化学样品质量要求不小于 1.5 kg。

7.3.2　矿产品书证调查

矿产品书证调查是在所收集的案卷资料基础上,针对矿产品生产、选冶、加工环节涉及的矿种、数量、质量等进行地质调查、证据确认过程,是通过间接方法对非法采矿、破坏性采矿案件造成的矿产资源破坏价值进行鉴定。

1. 矿产品书证

矿产品书证是指非法采矿、破坏性采矿案件涉及能够反映矿产品以往数量情况的书面材料,这些反映矿产品的书面材料既包括矿产品坑口生产、以往贮存、销售记录的私文书证,也包括行政部门、司法机关在案件办理过程中依法、依规形成的公文书证。

这些反映以往矿产品数量、质量情况的书证材料由案件申请鉴定单位提供复制件,材料上要注明"经核对,与原件相符"字样,签名或盖章后,加注提供日期。矿产品书证材料复制件与原件具有同等法律效力。

2. 以往贮存情况书证地质调查

书证调查包括对涉案坑口生产、以往贮存、销售的数量、质量情况的调查,其中坑口生产、销售的数量、质量情况调查由具执法资格的相关行政、司法机关依法执行,以往矿产品贮存情况的书证查证工作由技术鉴定机构依据相关规范、规定,通过对贮矿场矿堆(垛)残留遗迹开展地质调查来完成。

(1)目的

矿产品以往贮存量书证地质调查,目的是查清矿产资源破坏案件中获取的矿产品原矿、精矿、尾矿(渣)存放遗迹位置、范围、规模,以及残留矿产品经济技术指标情况等,为案件中矿产资源破坏量的估算提供数据资料。

（2）调查方法

矿产品以往贮存量书证地质调查由案件鉴定申请单位组织,由技术鉴定机构利用RTK、全站仪等工具对堆放的各个矿堆(垛)、板材库进行相关测量工作。

残留矿产品取样包括化学样、品级样、体重样,取样工作按矿产品类型分别采取,每种产品类型样品质量不小于 1.5 kg,按相关规定装袋编号送检。

（3）记录要求

采用统一印制的野外地质记录本作为记录介质。矿堆(垛)位置、范围测量点记录格式与地表地质简测的记录格式一致,主要有点号、点位(X、Y、H)、点性、地质描述等。定点侧重确定涉案矿产品堆积体的范围边界点,主要记录矿产品堆积体的范围边界点位置、部位、产品类型的情况等。通过追索定点和点位描述,最终圈定各个涉案矿产品堆积体范围边界线。

（4）质量要求

1）形态点密度要求

矿堆(垛)遗迹的形态范围边界点一般沿矿堆(垛)遗迹边界线 5.0 m 左右定一个点,当矿堆(垛)遗迹范围较小时,可加密至 2.5 m 左右。

2）形态点精度要求

矿堆(垛)遗迹形态范围边界点位置用 RTK、全站仪测量。平面绝对误差小于0.05 m,标高相对误差小于 0.1 m。

3）样品采集要求

矿堆(垛)遗迹范围较大、残留矿产品较多时,地质样品采集点按 10 m × 10 m 间距均匀布设;矿堆(垛)遗迹范围较小或残留矿产品较少时,地质样品采集点遵循均匀布设即可。

7.3.3 矿产品人证调查

矿产品人证调查包括贮矿场及矿堆(垛)及遗迹的现场指认、矿堆(垛)遗迹的现场指界。

1.贮矿场及矿堆(垛)及遗迹的现场指认

在由案件鉴定申请单位组织的矿产品物证、书证地质调查工作中,由负责案件审办的行政执法人员根据案情调查确认的涉案矿产品贮矿场及矿堆(垛)或贮矿场及矿堆(垛)遗迹,并向技术鉴定机构专业技术人员进行现场指认、情况介绍、签字确认、拍照留存,再由技术鉴定机构专业人员利用仪器设备进行相关勘测工作。

2.矿堆(垛)遗迹的现场指界

在由案件鉴定申请单位组织的矿产品书证地质调查工作中,由负责案件审办的行政执法机构提供的案件当事人或第三方证人,对涉案矿堆(垛)遗迹范围的责任划分分割界线、以往矿产品堆放高度上责任划分分割界线进行现场指界、情况介绍、签字确认、拍照留存。再由技术鉴定机构专业人员利用仪器设备进行相关勘测工作。

7.4 成果数据处理

运用资料收集、地质调查等技术手段获取的采空区及矿产品地质成果数据资料,可作为矿产资源破坏案件中开采动用矿体或形成矿产品的质量品位计算依据。

7.4.1 矿体矿石质量品位确定

根据矿产资源矿种类型确定动用矿体资源的质量品位参数,金属矿产和非金属矿产一般需要确定矿体厚度、品位、体重参数,煤、泥炭矿产一般需要确定矿体厚度、体重参数,石料、黏土矿产一般需要确定矿体体重参数,石材、砂石矿产一般不需要确定矿体质量品位参数。动用矿体的质量品位参数确定要结合采空区中动用矿产资源储量估算方法进行。下面以金属非金属矿产常见的断面法与块段法进行详细介绍,其他矿产根据具体矿种从简。

1. 断面法矿体质量品位的确定

(1)单工程矿体厚度和平均品位

1)单工程矿体厚度

单工程矿体厚度为单工程中达到边界品位样品厚度的算术平均值。

$$h_j = \frac{\sum h_i}{n}$$

式中　h_j——单工程矿体总厚度,m;

　　　h_i——单工程中够品位样品厚度,m;

　　　n——单工程中够品位样品数量。

2)单工程矿体平均品位

在圈定的单工程矿体中,通过样品的厚度加权平均求得。

$$c_j = \frac{\sum (h_i \times c_i)}{\sum h_i}$$

式中　c_j——单工程矿体平均品位,g/m;

　　　c_i——单个样品品位,g/m。

(2)单剖面矿体断面面积和平均品位

1)断面面积

在资源储量估算剖面图上,用作图软件直接读取矿体采空区断面面积(S)。

如有多次采矿的,则根据资源储量估算剖面图上圈定本次非法开采的矿体动用范围边界线,再用绘图软件直接量取本次开采的矿体开采动用断面面积(S)。

2)矿体断面平均品位

在资源储量估算剖面上,用涉及该矿体采空断面的所有单工程,通过单工程矿体厚度加权求得。

$$c_k = \frac{\sum (h_j \times c_j)}{\sum h_j}$$

式中　c_k——矿体断面平均品位,g/m;

　　　h_j——单工程矿体厚度,m。

(3)相邻剖面线间距和矿体块段平均品位计算

1)相邻剖面线间的距离

相邻剖面线间的距离(L):在地形地质图上,根据确定的相邻平行剖面线,用作图软件直接量取相邻剖面线间的距离。

如为边缘剖面线,则在边缘剖面线外侧的矿体开采动用范围边界最远点作平行剖面线的辅助剖面线,用作图软件直接量取边缘剖面线至辅助剖面线间的距离。

2)块段平均品位

①相邻剖面间块段:矿体块段平均品位用断面面积加权求得。

$$c_d = \frac{S_k \times c_k + S_{(k+1)} \times c_{(k+1)}}{S_k + S_{(k+1)}}$$

式中　c_d——矿体块段平均品位,g/m;

S_k——相邻剖面上的断面面积,m^2。

②剖面边缘块段:缘剖面线上的矿体断面平均品位。

$$c_d = c_k$$

(4)矿石体重

1)以体积为单位进行矿产资源破坏量估算的,无须采用矿石体重指标参数。

2)以矿石量、矿物量(氧化物量、金属量)来估算矿产资源破坏量的,则须采用矿石体重指标参数。

①如矿体矿石类型简单、变化范围较小,或调查范围附近有同类矿床可类比的,则可直接采用同种简单矿石类型体重的平均值;或引用附近同类矿床的矿石体重值,在文字叙述中说明出处和依据。

②如须采集矿石体重样的,则用所采矿石体重样的平均值。在文字叙述中要详细说明采样类型(松散和破碎的矿石采大体重样,坚硬的矿石采小体重样)、采样个数、采样及体重测量的方法(体积、重量的测量方法)、测量结果(体积、重量、体重值等)、矿石体重平均值。

2. 块段法矿体质量品位的确定

矿体倾角小于或等于45°的,采用水平投影估算资源储量;矿体倾角大于45°的,采用垂直纵投影估算资源储量。

(1)单工程矿体厚度和平均品位

与断面法单工程矿体平均厚度(h_j)、平均品位(c_j)计算方法和公式相同。

(2)矿体块段平均厚度、平均品位

1)块段平均厚度

用参与该块段估算的所有单工程厚度,经算术平均求得。

$$h_d = \frac{\sum h_j}{n}$$

式中　h_d——矿体块段平均厚度,m;

h_j——单工程矿体平均厚度(水平厚度或铅直厚度),m;

n——参与块段资源储量估算的单工程个数。

2)块段平均品位

用参与该块段估算的所有单工程,通过单工程矿体厚度加权求得。

$$c_d = \frac{\sum (h_j \times c_j)}{\sum h_j}$$

式中 c_d——矿体块段平均品位,g/m。

(3)体重

与断面法矿体体重测量方法相同(参见相关章节内容)。

7.4.2 贮矿场矿产品质量品位

根据外围矿产品地质调查工作,利用贮矿场各矿堆(垛)或遗迹上所采集的样品测试结果,进行矿产品质量品位参数确定。下面以金属矿产和非金属矿产进行详细介绍,其他煤、泥炭、石料、黏土、石材、砂石矿产根据具体矿种从简。

1.矿产品平均品位

(1)矿堆(垛)矿品平均品位计算

在矿产品存贮量测(推)算平面图上,利用圈定的矿堆(垛)范围所采样品的品位算术平均求得。

$$c_j = \frac{\sum c_i}{n}$$

式中 c_j——矿堆(垛)矿产品平均品位,g/m;

c_i——矿堆(垛)上各样品品位,g/m;

n——矿堆(垛)上采集样品数量。

(2)贮矿场矿产品平均品位计算

在贮矿场矿产品贮存量测(推)算平面图上,利用圈定的各矿堆(垛),通过矿堆(垛)体积加权求得。

$$c_k = \frac{\sum (v_j \times c_j)}{\sum v_j}$$

式中 c_k——贮矿场矿产品平均品位,g/m。

v_j——矿堆(垛)体积,m³。

2.矿产品体重(密度)

(1)以体积为单位进行矿产品贮存量测(推)算的,无须采用体重(密度)指标参数。

(2)以矿石量、矿物量(或氧化物量、金属量)来估算矿产资源破坏量的,则须采用体重(密度)指标参数。在贮矿场矿产品贮存量测(推)算平面图上,利用圈定的矿堆(垛)范围所采样品体重(密度)的算术平均求得。

$$\rho_k = \frac{\sum \rho_j}{m}$$

式中 ρ_k——贮矿场矿产品体重,kg/m³。

ρ_j——矿堆(垛)矿产品体重,kg/m³。

m——矿堆(垛)数量。

7.5 技术图件编绘

矿产资源破坏价值技术鉴定工作中通过资料收集、地质调查、数据处理,利用这些成果资料进行相关技术图件的编绘工作,图件类型根据案情、涉案矿种复杂程度、采用的地质调查手段,最大程度满足矿产资源破坏量的估算目的即可。

7.5.1　工作区地形地质图

1. 方法

以正式出版的 1:10 000 地形图扫描并矢量化,逐网格校正后放大至 1:500 或 1:1 000 作为地形地理底图,工作区位置应为大地实际位置。

在做好的地形地理底图上,按野外地质调查的各项工作实际资料,将野外工作手图上的内容精确地展绘在地形地理底图上,形成工作区的地形地质图。

2. 比例尺

比例尺以 1:500 或 1:1 000 为主,工作区范围较大时,可采用 1:2 000。

3. 底图主要内容

(1)比例尺、图框、方里网及坐标注记。

(2)地形等高线(计曲线标注高程)、高程点及高程注记、地貌、水系、自然水塘等,居民点及地名注记、道路、水库、其他工矿设施等。

4. 地质主要内容

(1)根据地表地质简测(草测),标出边界点(采空区、矿体动用区)、分界点(矿体、地质体)、构造点等的位置及编号;圈连采空区边界圈闭线、矿体动用范围边界圈闭线、矿体界线、地质体及构造界线等;对地质体、矿体、断层构造等应标记填图单元代号,并对矿体(地质体、断层)分界面等标注分界面产状符号(走向倾向及倾角度数)。

(2)根据地下开采地下巷道导线地质测量及地下矿体采空区剖面地质编录资料,标出井口位置、巷道位置及编号、地下采掘区剖面地质编录的剖面线及编号,并按实际观察测量编录的内容,标出地下采空区、矿体动用区边界范围水平投影闭合线。

(3)根据矿体露头(工程)素描编录资料,标出矿体露头(工程)素描编录点的位置以及编号,并据此修正矿体动用范围边界圈闭线等。

(4)根据地表矿体采空区剖面地质测量的资料,标出剖面地质测量的起始点位置,大致居中按平行剖面总体方向画剖面线,标记剖面线编号,并按剖面实测的资料,修正该剖面线上的采空区范围边界线、矿体动用范围边界线、矿体和地质体分界线及产状等。

(5)如采有体重(密度)样,则根据所采体重(密度)样的资料,标出体重(密度)样的采样位置及编号和体重(密度)值。

(6)如有多次采矿,应在相应的矿体采空区内,圈定出本次开采的采空区或矿体动用范围边界圈闭线。

(7)按图式图例要求进行图件整饰,如图名、比例尺、图例、责任表等。

7.5.2　采空区地质剖面图编绘

1. 主要内容

(1)图名

放在图的上面中间,与采空区调查文字记录的剖面编号一致,如 PM1 剖面图。

(2)比例尺

放在图名的下面,比例尺为 1:500 或 1:1 000。

（3）剖面起点位置

与文字记录导线起点位置（X、Y、H）一致，放在图的左侧，为剖面地质测量导线起点 0 号点位置坐标。0 号点放在图左边的适当位置，便于图件进一步编绘。

（4）导线点、导线方位和坡角

从起点 0 号点作图位置开始，在每个导线点上标记导线点点位和编号，然后向上引一条铅垂直线，在适当的位置向右转画半箭头平行线，线上方标该导线点到下导线点测量的方向，线下方标该导线点到下导线点测量的坡角。

（5）编绘内容

逐导线素描，按每个导线素描，按导线点连线、导线点点位标记及编号。采掘（地形）线、采掘（地形）线上的各地质体（或与矿体）之间分界点，按界面产状向地下画的分界线，标记分界面的产状等。矿体、地质体等花纹，可用代号或文字来标记。

根据实测的矿（地质）体产状等资料，在剖面采掘区范围内，按作图法的原则，圈出矿体采空区边界线，达到最终圈闭矿体动用范围边界线的目的。

如在该导线上的残余矿体露头上布设有化学样品，则画出布样样长及花纹线，标识样品编号。

如有多次采矿，则在该导线上的矿体采空区范围内，按地质依据或指界证据，画出本次开采的矿体开采责任分割界线，并在该导线的地质描述中加记确定分界线的地质依据或指界证据等。

（6）剖面终点位置

与文字记录终点位置（X、Y、H）一致，放在图的右上角，为剖面地质测量导线终点的位置坐标。

（7）布样样品分析结果表

放在布样导线的下面或附近，表头格式为样品号、采样位置（导线号、导线上布样起止位置）、样长、样品质量、化学分析品位等。

（8）图例

放在图的适当位置的空白处，大致对主要的岩性花纹、特殊线型、特别标识等进行注解，主要参考《国家基本比例尺地图图式　第 1 部分：1∶500　1∶1 000　1∶2 000 地形图图式》。

2. 质量要求

（1）平行剖面线线距要求

剖面线线距一般为 40～80 m。如矿体采空区较小，可适当加设辅助剖面线。

（2）剖面起点位置精度要求

用 GPS、皮尺和罗盘测量，结合地形地物地貌确定，标高可参考野外工作用手图上的地形高程。平面绝对误差小于 5 m，标高相对误差小于 2 m。剖面终点位置可用导线测量计算值。

（3）导线测量的精度要求

导线应尽量贴近地形线和采掘线，要求皮尺拉直，皮尺读数误差小于 0.01 m，罗盘读数误差小于 1°。

（4）布样要求

布样线方向与导线方向尽量平行，导线与露头矿体尽量贴近，间隔尽量不大于 1 m。样品应布穿整个矿体，并在矿体顶底板围岩中各布设 1~2 个样。单个样品样长一般为 1~2 m，可以为矿体真厚度 1 m 的换算值。对矿体肉眼鉴定标志不明显的，可连续多布几个样。

（5）厘米网格素描页信手剖面素描草图作图精度要求

导线点在厘米网格图上相对位置误差不超过 5 mm，导线坡度误差不超过 5°。

7.5.3 采空区矿体动用资源储量图编绘

利用采空区地质调查成果资料进行矿产资源破坏价值鉴定需要编绘的图件有资源储量估算剖面图或资源储量估算投影图，下面详细介绍制图方法及编制内容。

1. 矿体开采动用范围的圈定

在进行采空区空间形态范围测量时，对于现场能够直接分清动用矿体顶底面界线的固体能源矿产、黑色有色金属矿产、非金属矿产，直接利用测量仪器确定矿体动用空间范围；对于现场无法分清动用矿体界线的金属矿产、非金属矿产，利用测量仪器测定矿体上化学基本分析样品刻槽采取始点、终点位置（并绘制相应观察点或采样点的素描图），待样品分析结果报出后依据矿种类型的工业指标圈定矿体动用空间范围。

非法采矿、破坏性采矿破坏的矿产资源储量是指通过采空区实测估算出矿体动用部分矿产资源消耗量中的可采储量，包括实际采出的矿石量与因非法采矿或破坏性采矿造成矿体中无法采出的可采储量。因此，对于因非法开采、破坏性开采中造成矿体边角部位的残余矿体部分无法单独组织矿山开采时，应将采空区外围这部分的残余矿体圈入矿体动用范围。

2. 矿体动用资源储量估算剖面图

（1）方法

根据工作区剖面地质测量的每条剖面方向，综合矿体产状和采空区形态，确定总体平行剖面的方向。对每条单独剖面，根据标出剖面地质测量的导线点位置，按大致居中的原则，按平行剖面的总体方向画出并确定剖面线。

将地表采空区剖面地质测量（或地下采空区剖面地质编录）的剖面素描图成果，按所成图的比例尺精确进行缩放，作成资源储量估算剖面图。剖面线一般是从西到东（正北时从南到北）方向。

（2）比例尺

比例尺为 1∶100、1∶200 或 1∶500。

（3）主要内容

1）比例尺，剖面起止点坐标（X、Y、H），剖面方位箭头和剖面方位值标注，高程标记线和该线高程值标注，剖面方位交角最大的坐标网线和该网线坐标值标注。

2）地表剖面：地形线、采掘线、矿体、地质体、断层等分界线及产状数值标注，矿体、地质体、断层等岩性充填花纹、填图单元代号等。

地下剖面：采掘线，采掘线一帮的矿体和顶底板围岩以及涉及的断层等地质体分界线及产状数值标注，矿体和顶底板围岩等岩性充填花纹、填图单元代号等。

3）按剖面每个连续采样的实际位置，标注连续采样样品花纹和样号。对每个连续采样地段,按单工程来圈连矿体,并就近标注该单工程矿体的厚度和平均品位。

在剖面的除上方的适当空白处,须用表格的形式,列出该剖面的全部采样样品和化学分析结果。

4)在剖面图上,按地质作图法圈定采空区及矿体动用范围边界线,并标注该采空区的矿体动用范围断面面积和矿体断面平均品位。

如为多次采矿,则在矿体采空区内,圈定本次开采的采空区及矿体动用范围边界线,并标注该采空区的矿体动用范围断面面积和矿体断面平均品位。

5)可将平行的各剖面按一定顺序作在一张图上(有可能的话),并附资源储量估算汇总表。总表的表头为块段编号、剖面矿体动用范围断面面积、剖面矿体断面平均品位、剖面间距、体积、体重(密度)、矿石量、块段矿体平均品位、矿物量(或氧化物量、金属量)等。

6)按图式图例要求进行图件整饰,如图名、比例尺、图例、责任表等。

(4)剖面平面图主要内容

剖面导线测点与剖面线相距较大时,需作剖面平面图。主要内容为在剖面下面,剖面线和剖面方位交角最大坐标网线、导线点位置和导线点编号、导线等。

3.矿体动用资源储量估算投影图

(1)方法

当矿体倾角≤45°时,资源储量估算采用水平投影图;当矿体倾角>45°时,资源储量估算采用垂直纵投影图。

将地表地质简测矿体采空区边界点、矿体露头(工程)素描编录点,按投影线的方向投影到水平投影图上(或投影到垂直纵剖面图上),作成资源储量水平投影图(或垂直纵投影图)。

如为垂直纵投影图,剖面方向一般是从西到东(正北时从南到北)方向。

(2)比例尺

比例尺为1:100、1:200或1:500。

(3)主要内容

1)图框。平面图投影时为平面方里网及坐标注记;垂直纵投影图时为剖面方位箭头和剖面方位、高程标记线和高程值标注以及剖面方位交角最大的坐标网线及坐标值标注等。

2)矿体动用范围边界点等的投影位置和点号。矿体露头(工程)素描编录点的投影位置和编号,并标注该点的单工程矿体垂直(水平)厚度和矿体平均品位。

3)圈定矿体动用范围边界投影线。如有多次采矿,则在矿体动用范围内,圈闭本次开采的矿体动用范围边界投影线。

4)可将整个矿体动用范围投影区作为一个块段,如投影区过大,可按规范要求在矿体动用范围投影区内再细分块段。标注每个块段的块段编号、面积、平均厚度、体积、体重(密度)、矿石量、矿物量(或氧化物量、金属量)等,并列出资源储量估算的结果总表。

5)按图式图例要求进行图件整饰。如图例、比例尺、责任表等。

7.5.4　矿体采出矿产品贮存量图编绘

利用矿产品地质调查成果资料进行矿产资源破坏价值鉴定需要编绘的图件有矿堆

(垛)矿产品贮存量测算图或矿堆(垛)矿产品贮存量推算图,下面详细介绍制图方法及编制内容。

1.矿堆(垛)矿产品贮存量测算图

(1)方法

由于矿产品一般呈自然堆放,矿堆(垛)矿产品贮存量测算采用水平投影图。

将矿堆(垛)形态测量取得的矿产品堆积体顶点、顶面底盘范围边界点,按投影线的方向投影到水平投影图上,作成矿产品贮存量测算水平投影图。

(2)比例尺

比例尺为 1:100、1:200 或 1:500。

(3)主要内容

1)图框。平面图投影时为平面方里网及坐标注记。

2)矿堆(垛)顶、顶线、顶面、底盘范围边界点等的投影位置和点号。矿产品质量品位取样位置及品位、品级、体重(密度)数据。

3)圈定矿堆(垛)顶、顶线、顶面、底盘范围边界投影线。如有多责任方堆放,则在圈定矿堆(垛)顶、顶线、顶面、底盘范围内,圈定涉案责任方堆放的矿产品责任分界投影线。

4)可将圈定的整个矿堆(垛)范围投影区作为一个块段,如矿堆(垛)规模过大,且顶面或底盘形态复杂,可按实际情况将矿堆(垛)范围投影区内再细分块段。标注每个块段的块段编号、面积、平均高度、体积、体重(密度)、矿石量、矿物量(或氧化物量、金属量)等,并列出矿产品测算的结果总表。

5)按图式图例要求进行图件整饰。如图例、比例尺、责任表等。

2.矿堆(垛)矿产品贮存量推算图

(1)方法

由于矿产品一般呈自然堆放,矿堆(垛)矿产品贮存量推算也采用水平投影图。

将矿堆(垛)遗迹范围测量取得的矿产品堆积体底盘范围边界点,按投影线的方向投影到水平投影图上,作成矿产品贮存量推算水平投影图。

(2)比例尺

比例尺为 1:100、1:200 或 1:500。

(3)主要内容

1)图框。平面图投影时为平面方里网及坐标注记。

2)矿堆(垛)底盘遗迹范围边界点的投影位置和点号。矿产品质量品位取样位置及品位、品级、体重(密度)等数据。

3)根据证人证言确定的矿堆(垛)平均高度,利用矿产品自然安息角参数,推测矿堆(垛)顶、顶线、顶面位置范围边界投影线。

4)将圈定的整个矿堆(垛)范围投影区作为一个块段,标注面积、平均高度、体积、体重(密度)、矿石量、矿物量(或氧化物量、金属量)等。

5)按图式图例要求进行图件整饰。如图例、比例尺、责任表等。

第 8 章　破坏量估算方案研究

非法采矿、破坏性采矿违法案件情况复杂,违法时间断续,现场状况混乱,矿石矿渣堆放、矿产品贮销情况复杂,矿业权设置、演化等差别较大,要求矿产资源破坏量的估算工作必须从案情实际出发,制订切实可行的估算方案,正确采用估算方法、准确确定估算参数、合理选取计算公式来开展鉴定工作。

8.1　估算方法研究

根据非法采矿、破坏性采矿违法案件中矿石的开采、采出岩矿石的堆积、矿产品贮存销售情况,正确采用矿产资源破坏量估算方法开展技术鉴定工作。矿产资源破坏量的估算方法有直接估算方法、间接估算方法、组合估算方法。

8.1.1　直接估算法

矿产资源破坏量直接估算法是在矿产资源破坏价值鉴定工作中,根据非法采矿、破坏性采矿违法活动形成的采空区进行野外地质调查与矿体开采动用范围界线圈定结果,结合矿产资源相关参数、指标,直接估算出矿产资源破坏量。

1. 矿体开采动用范围圈定原则

(1)露天开采

露天开采中采空区的矿体开采动用范围圈定时,应依据矿体动用空间范围,结合采空区形态、矿体规模、产状等因素,将矿山开采预留的边帮中的不合理占用矿体部分谨慎圈入。

(2)地下开采

地下开采中采空区的矿体开采动用范围圈定时,不能将由于地质条件和水文地质条件(如断层和防水保护矿柱、技术和经济条件限制难以开采的边缘或零星矿体或孤立矿块等)因素矿体开采必须占用的矿体部分,以及由于预留永久矿柱(如边界保护矿柱、其他不能开采的保护矿柱等)所占用的矿体部分圈入,其他的不合理占用矿体部分据实际情况谨慎圈入。

2. 矿体开采动用资源储量的估算模型

采空区矿体动用空间范围资源储量的估算一般采用几何模型和数字模型,几何模型包括算术平均法、地质块段法、开采块段法、断面法。

(1)算术平均法

算术平均法的基本特点是不划分矿体块段,用简单的算术平均法计算各种参数的平均值,即把采空区边帮测控点揭露的矿体铅垂厚度、品位(发热量)、体重(密度)等数值,用算术平均法加以平均,分别求出其算术平均铅垂厚度、平均品位、平均体重(密度),然后按矿体开采范围线圈定的矿体动用面积,算出矿体动用部分的体积、矿石量。其实质是将整个形状不规则的矿体变为一个厚度和质量一致的板状体来估算整个矿体的资源储量。

1）适用条件

对于采空区形态简单，矿体动用空间范围不大，矿体厚度、矿石质量类型变化小，开采条件相对简单的矿床（如普通建筑用砂矿、石料、黏土、石材等矿产），可采用算术平均法估算采空区内矿体动用空间范围的体积、矿石量。

2）估算过程

首先根据采矿工程分布图上圈定的矿体动用范围量算出矿体动用部分的投影面积，然后利用采空区边帮上动用矿体的厚度值来估算矿体动用部分的平均厚度，估算出采空区内矿体动用体积，最后根据矿石平均体重（密度）、平均品位（发热量）估算出动用矿石量、矿物量（或氧化物量、金属量）。

算术平均法所利用的图件一般为矿体水平投影图或垂直纵投影图（矿体走向或倾角变化较大时，利用的图件为矿体水平投影展开图或垂直纵投影展开图），若是在矿体水平投影图上量算矿体动用部分的投影面积，矿体平均厚度要利用铅垂厚度；若是在矿体垂直纵投影图上量算矿体动用部分的投影面积，矿体平均厚度要利用水平厚度。

（2）地质块段法

地质块段法是将矿体按不同矿石类型、工业品级、资源储量类型、矿山工程技术条件及水文地质条件、矿床开采次序等把矿体分成不同的块段，在每个块段内采用厚度、品位（发热量）、体重（密度）平均法分别估算各块段的资源储量，各块段资源储量之和即为该矿体或矿床的资源储量。显然，地质块段法与算术平均法的原理基本相同，差别在于地质块段法是在块段内应用算术平均法。划分块段时，应综合考虑各方面的因素，不宜分得太零乱，而且应使每个块段都有相当数量的工程控制。

1）适用条件

地质块段法具有算术平均法的所有优点，同时又弥补了算术平均法不能划分块段的缺点。它可用于任何大小、形状和产状的矿体，尤其适合于层状、似层状、透镜状矿体（如金属、非金属、能源等矿产）。因此，该法在勘查工作中应用较广。

2）估算过程

首先在投影图上划分块段，然后求出每个块段的面积、平均厚度、品位（发热量）和体重（密度）等，再根据块段的投影面积和平均厚度估算每个块段的体积，最后根据每个块段的平均体重（密度）和平均品位（发热量）估算块段矿石量及矿物量（或氧化物量、金属量）。

（3）开采块段法

开采块段法是应用采掘工程把矿体切割成不同的适合矿山开采的层状或矩形块段，并利用块段周边采掘工程所获得的矿体取样资料，采用厚度、品位（发热量）、体重（密度）平均法估算开采块段资源储量的方法。

1）适用条件

对于采空区形态复杂、矿体厚度变化大、开采条件相对复杂的矿床，可采用开采块段法估算采空区内矿体动用空间范围的体积、矿石量。如金属、能源矿产，均可采用开采块段法进行矿体动用资源储量的估算。

2)估算过程

首先应用采矿工程(采矿台阶或沿脉坑道、盲井、上下山等)将采空区内矿体动用范围分割成若干个空间单元,以此作为块段进行矿体动用小范围的单元体积估算,然后通过数理统计估算出采空区内矿体动用总体积,然后据矿石体重(密度)指标估算矿体动用总矿石量。

①对于露天开采台阶划分的开采块段体积估算,不仅需要矿体动用空间范围测绘成果资料中的上、下采矿平台面内缘矿体界线,还需要借助作图法在剖面图推断出上、下采矿平台面外缘矿体界线,从而圈定并量算出块段顶、底面的水平投影面积;再利用上、下采矿台阶高程实测成果估算出台阶的高度,进而估算出露天采坑各块段的体积。

②对于地下采场采切工程划分的开采块段体积估算,利用坑道、盲井、上下山等沿脉井巷工程外边帮围圈的空间范围水平投影或垂直纵投影面积,再利用块段周边沿脉采切工程揭露矿体铅垂厚度或水平厚度的加权平均值,从而估算出地下采场各块段的体积。

③对于底面深度悬殊的水下塘坑,用不同深度底面划分的开采块段体积估算,其估算过程与露天开采台阶划分的开采块段体积估算相同。

(4)断面法

利用揭露矿床地质特征的地质剖面把矿体截为若干个块段,根据矿体上各断面取样的质量品位成果资料,分别估算这些块段资源储量,然后统计汇总矿体资源储量的估算方法,称为断面法。如果断面为铅垂方向剖面,其估算方法称为垂直断面法,若是水平方向剖面(如中段平面),其估算方法称为水平断面法;如果断面间彼此平行,称为平行断面法,否则称为不平行断面法。

1)适用条件

断面法作为厚度较大的金属、非金属矿体采用的资源储量估算方法,其应用目前仍较广泛,对于缓倾斜厚度适中矿体资源储量估算方法通常采用垂直断面法;对于厚大矿体或陡倾斜矿体、矿柱、网脉体矿床,通常采用水平断面法进行资源储量估算。

2)估算过程

水平断面法与垂直断面法估算过程及方法基本类似,下面分别介绍平行断面法与不平行断面法进行资源储量估算的过程。

①平行断面法估算过程

a.利用矿体上地质剖面测算出矿体在各个断面上的截面积;

b.根据断面将矿体截取的块段形态,选取相应体积估算公式(见相关章节详细内容),估算出矿体各块段形态体积;

c.利用矿体断面上的取样成果资料,估算各块段的矿产资源储量;

d.根据各块段估算整个矿体或矿体动用部分资源储量。

②不平行断面法估算过程

不平行断面法常采用的是断面控制距离法,实质上是利用矿体上各断面的面积乘以控制距离,估算不平行断面间块段体积时要采用辅助线作图法(见图8-1)。

a. 利用矿体上地质剖面Ⅰ、剖面Ⅱ上矿体截线与矿体边界线交点 a_1、b_1 和 a_2、b_2，连接交点 a_1、a_2 和 b_1、b_2 成线段，取交点 a_1、a_2 中间点 c 和 b_1、b_2 中间点 c'。

b. 连接中间点 c、c'，将矿体相邻两剖面间块段在平面上分割成两部分，面积分别为 $S_1{}'$、$S_2{}'$。

c. 根据矿体相邻断面的面积 S_1、S_2，分别估算出被分割的两部分体积：

$$V_1 = S_1 \times \frac{S_1{}'}{l_1}, V_2 = S_2 \times \frac{S_2{}'}{l_2}$$

式中　l_1——地质剖面Ⅰ上 a_1、b_1 的长度，m；

　　　l_2——地质剖面Ⅱ上 a_2、b_2 的长度，m。

d. 估算出相邻剖面间的不平行断面块段的体积：

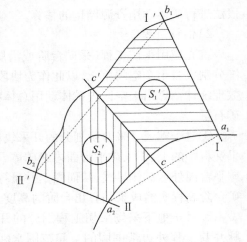

图 8-1　断面控制面积法简化图

$$V = V_1 + V_2$$

e. 根据各块段估算整个矿体或矿体动用部分资源储量。

(5)数字模型法

对于勘查开采条件相对简单的矿产，可利用高密度封闭测量成果点进行数据建模，采用计算机数字模型估算矿体动用空间范围的体积、矿石量。

注意：由于矿产资源破坏价值鉴定结论作为非法采矿、破坏性采矿违法案件证据材料，关系到违法人是否涉嫌犯罪司法界定，遵循谨慎原则，在采用数字模型进行矿体动用资源储量估算时，应同时采用几何模型进行验证。两种模型估算结果采用原则：误差小于5%时，采用估算结果大的模型；误差大于5%且小于10%时，采用估算结果小的模型；误差大于10%时，查明原因，采用正确的估算模型。

3. 资源储量估算工业指标采用标准

(1)根据涉案矿种类型，有相应行业地质勘查规范的，采用规范中的一般工业指标的边界品位下限、最小可采厚度下限和夹石剔除厚度上限中的单一指标圈连矿体动用范围。

(2)如涉案的矿种类型无相应行业地质勘查规范，又需利用矿石化学品位圈连矿体动用范围的，则采用《矿产资源工业要求手册》(2014年修订本)中的一般工业指标的边界品位下限、最小可采厚度下限和夹石剔除厚度上限中的单一指标圈连矿体动用范围。

(3)无须用矿石化学品位圈连矿体的，结合野外地质测量、素描编录，用地质作图法直接圈连矿体动用范围。

4. 矿产资源储量类型的确定

(1)矿产资源储量类型

参考《固体矿产资源/储量分类》对资源储量分类要求，根据矿产资源开采过程中矿体采掘工程揭露的资源储量可靠程度、相关的可行性评价阶段及所获不同经济意义，划分固体矿产资源储量类别。

1)探明的经济基础储量(111b)：是指探采工程在三维空间上详细圈定了矿体，肯定了矿体的连续性,详细查明了矿床地质特征、矿石质量和开采技术条件,能够证实其开采是经济的。

2)探明的经济可采储量(111):是指探明经济基础储量中的可采部分,其将设计、采矿中的合理损失部分扣除,估算的可采储量可信度高。

3)探明/控制的经济基础储量(121b/122b):是指探采工程基本上圈定了矿体三维形态,能够较有把握地确定矿体的连续性,详细/基本查明矿床地质特征、矿石质量、开采技术条件,能够说明其开采是经济的。

4)探明/控制的预可采储量(121/122):是指探明/控制的经济基础储量的可采部分,其将设计、采矿中的合理损失部分扣除,估算的可采储量可信度较高。

5)探明/控制的经济资源量(331/332):是指在勘查工作程度已达到勘探/详查阶段要求的地段,地质可靠程度为探明/控制的,可行性评价仅做了概略研究,经济意义尚未明确的,估算的资源量可信度较高,可行性评价可信度低。

6)推断的经济资源量(333):是指利用探采工程有限的空间数据推测矿体三维形态,地质可靠程度为推断的,可行性评价仅做了概略研究,经济意义尚未明确的,或者资源量只是根据有限的数据估算的。其估算的资源量可信度低,可行性评价可信度也低。

(2)资源储量类型的确定

在矿产资源破坏价值鉴定工作中,根据开采工程形成的露天采坑、地下采场等采空区规模及对矿体揭露程度,采空区边帮上残留矿体形态、产状、规模、连续性,矿石类型、组构、质量特征,矿床开采技术条件等,结合矿产资源勘查规范中资源储量类型与不同矿种的勘查工程间距(网度)要求,综合各种因素,多方位、多角度确定采空区动用的矿产资源储量类型。

8.1.2 间接估算法

间接估算法是对于安全条件差等采空区无法进行实测时,或进行破坏性采矿案件价值鉴定时,通过外围矿产品地质调查,对矿产资源破坏违法案件中矿产品坑口生产量、矿产品贮销量进行证据收集或实地调查,以物证、书证为基础对矿产资源破坏活动中获取的矿产品数量进行估算,以此估算出矿产资源采出量。间接估算法包括矿产品坑口生产量估算法、矿产品贮销量估算法。

1. 矿产品坑口生产量估算法

矿产品坑口生产量又称坑口生产矿岩量,既包括从矿体上采下来的矿石成分,也包括开采过程中混入的围岩、夹石等(废)石成分。

利用行政或司法手段,通过询问、收集非法采矿、破坏性采矿活动中的生产规模、生产周期证据,或通过搜查、查封矿山生产台账、劳务支付等凭证资料,以此计算出非法采矿、破坏性采矿期间矿产品的坑口生产量。

2. 矿产品贮销量估算法

矿产品贮销量指的是矿产品贮存量、矿产品已经销售量,这里的矿产品可以是采矿活动中直接生产的矿岩量,也可以是采矿后经过人工初选或机械精选过的、废石成分排除后的矿石量或矿石中有用组分量。

矿产品贮销量估算要运用测绘技术与行政、司法手段相结合的办法,首先通过行政、司法调查掌握非法采矿、破坏性采矿活动中所获矿产品的贮存、销售情况,然后分别对存贮场、销售地的矿产品数量进行测量与估算,最后累加出矿产资源破坏违法期间的矿产品贮销总量。

（1）矿产品贮存量

1）现场贮存

对于非法采矿、破坏性采矿活动中获取的矿产品尚未处理部分,通过行政、司法手段查封或没收矿产品,然后向技术鉴定机构指认该批矿产品贮存现场及存放范围,再由鉴定人员对贮存现场的矿产品堆积体逐一进行矿堆(垛)体积估算与数量估算。

2）以往贮存

对于非法采矿、破坏性采矿活动中获取的矿产品已经处理部分,通过对矿产品贮存遗迹范围或由证人现场指界的矿产品堆积体底盘范围测量,结合矿产品残留遗迹高度、证人指界矿产品堆积高度来确定的矿堆(垛)平均高度,再由鉴定人员对曾经存放的矿产品进行矿堆(垛)体积估算与数量估算。

注意:遵循谨慎原则,在采用数字模型进行矿产品贮存量估算时,同时采用几何模型进行验证,两种模型估算结果采用原则参见矿体动用资源储量估算原则。

（2）矿产品销售量

对于非法活动中获取的矿产品已经销售部分,通过行政、司法手段收集非法采矿、破坏性采矿中矿产品的销售台账、交易单据、财务结算凭据,统计、分析、计算出非法活动期间矿产品的销售数量。

8.1.3　组合估算法

组合估算法就是在矿产资源破坏同一案件中,对于非法采矿、破坏性采矿活动中造成矿产资源动用量、采出量估算时,同时采用矿产资源直接估算法、矿产品坑口生产量或贮销量间接估算法。非法采矿案件应用组合估算法起到数据参考、印证、校对作用,破坏性采矿案件应用组合估算法通过比对确定矿产资源破坏量(在后面章节中再详细介绍)。

8.2　估算指标参数的确定

矿产资源破坏量估算工作的质量取决于估算参数是否准确。如果矿产资源破坏价值鉴定工作区内以往曾经开展过地质矿产工作,应用前人工作成果与本次鉴定范围所涉及的矿床特征进行比对和研究,能够利用矿体前期工作取得的技术指标参数尽量采用;如果以往没有进行过相关地质矿产工作,需要根据矿床地质特征、开采条件、采空区现状等实际情况测算出技术指标参数。

8.2.1　矿体开采动用范围、矿堆(垛)范围

1. 矿体开采动用块段(断面)、矿堆(垛)或遗迹范围投影面积(S)

矿产资源破坏量估算需要测算出矿体开采动用范围,以及划分的块段面积、矿体截断面面积、矿堆(垛)底部或底部遗迹面积等,首先确定在野外鉴定工作中根据现场测定的露天采坑开采台阶的顶盘揭露的矿体范围、地下采场开采硐区揭露的矿体开采动用范围、矿产品堆积体底盘及遗迹范围,然后在内业数据处理时通过计算机专业软件将上述范围

投影在相应图件上,所需的面积数据运用地理信息系统在储量估算图上分块段造区后直接量取。

2. 矿体厚度、矿堆(垛)高度(L)

对于在采空区边帮、矿柱上能分清动用矿体顶、底板界线的矿体,以实际测量出的厚度作为动用矿体的厚度;对于采空区边帮、矿柱上无法分清矿体顶、底板界线的矿体,以边帮、矿柱上矿体刻槽采样分析结果来确定矿体的厚度。矿体厚度的测控点个数根据采掘工程所揭露的矿体形态、产状、规模及地形特征等综合研究确定,尽量均匀分布。

(1)露天采坑

对于露天采坑中所采矿种为矿化连续的简单矿种,或者是露天采坑没有揭穿矿体顶板、底板的,矿体厚度为矿体开采形成的台阶平盘平均高程与该处原地形比较的铅垂深度平均值,然后减去矿体覆盖层的平均厚度,作为露天采坑中矿体的铅垂厚度。

对于露天采坑中的采矿台阶揭穿了矿体顶板、底板界线的,利用采矿台阶顶盘上圈定矿体界线测控点的平均高程减去底盘上圈定矿体界线测控点的平均高程,作为矿体在该采矿台阶上的铅垂厚度。

(2)地下采场

地下采场中的矿体厚度为测控点附近采场边帮工作面(顶面)揭露的矿体顶板界线高程减去采场边帮工作面(底面)揭露的矿体底板界线高程,作为该测控点矿体的厚度。利用地下采场中各测控点处矿体顶板、底板界线的高程差平均值作为该采场的矿体厚度值。如果是地下采场形成的空区规模较大、所采矿种为矿化连续性较差的复杂矿种,矿体厚度的确定要辅助相应的剖面图进行估算。

(3)矿堆(垛)高度

对于矿产资源开采后矿产品堆积形成的矿(砂)垛,用矿产品堆积体顶部各测点高程平均值作为矿堆(垛)顶面高度,用矿产品堆积体底盘外周各测点高程平均值作为矿堆(垛)底面高度,用矿堆(垛)顶、底面高度差作为矿产品堆积成的矿堆(垛)高度。

对于矿堆(垛)的矿产品已经处理,仅有矿产品贮存遗迹的,矿堆(垛)高度根据现场矿产品残留遗迹高度、收集到的案卷资料证人证言指界高度,结合邻近区域同类矿产品常规堆积高度等多方面综合确定。

3. 覆盖层厚度(d)

矿体上覆的风化岩土层厚度主要根据露天采坑边帮上矿体的顶板界线来确定。覆盖层厚度主要根据野外调查、实地勘测成果来确定,当矿石与风化覆盖层界线明显时,由地质专业技术人员现场根据岩性及岩石的结构、构造等特征来划分界线,并由测量技术人员利用全站仪进行定位测量;对于矿石与覆盖层界线不明确的,则需要借助地质布样技术手段来控制。

8.2.2　矿石(矿产品)质量品位、品级

1. 矿石(矿产品)品位(c)

矿石(矿产品)品位指单位体积或单位质量矿石中有用组分或有用矿物的含量,是衡量矿床经济价值的主要指标,一般以质量百分比表示。对于矿产资源破坏价值鉴定工作

中需要确定矿石(矿产品)品位的,应参照有关规范采集相应样品进行化学基本分析,送检测试应按相关规范要求进行。

样品采集位置根据实际情况而定,可采自采空区的边帮或顶板、底板,也可采自采空区附近,还可采自尚未销售的矿产品堆积体中。样品采集要求具最大可能的代表性,矿体上样品位置按相应矿种勘查规范网度要求布置,矿产品堆积体采样数量原则上要求同一类型矿石至少采集3件,尽最大可能使所采集的样品具有反映矿石(矿产品)质量特征的代表性。样品采集位置标示在相应图件上,样品测试应由有资质的测试单位进行测试。

(1)刻槽法

刻槽取样大致沿岩矿体厚度方向按一定规格刻取其碎块、粉末作为样品。常用规格有5 cm×2 cm、7 cm×3 cm、10 cm×3 cm、10 cm×5 cm,样槽规格、样品长度视矿种、矿化均匀程度、地质情况不同而异。

(2)拣块法

在采空区边帮或顶板、底板上敲取一定规格的块体作为样品,或者在矿产品堆积体上中挑选不同类型、不同矿化程度的矿石进行组合。

2. 发热量(Q_b)

煤的发热量又称煤炭大卡,是煤炭在氧弹中燃烧时产生的热量(热值、大卡),煤炭的发热量是检验煤炭质量的主要因素,也是煤炭计价的重要环节,所以煤炭发热量的测定与煤炭发热量的计算不容忽视。我国测定煤的发热量,大部分的实验室都采用环境恒温式氧弹热量计直接进行,称为弹筒发热量,是根据输入硫、氢、全水分、分析水仪器自动计算出煤的高位发热量、低位发热量及收到基低位发热量。

(1)煤的高位发热量(Q_{gr})

即煤在空气中大气压条件下燃烧后所产生的热量。实际上是由实验室中测得的煤的弹筒发热量减去硫酸和硝酸生成热后得到的热量。煤的弹筒发热量是在恒容(弹筒内煤样燃烧室容积不变)条件下测得的,所以又叫恒容弹筒发热量。由恒容弹筒发热量折算出来的高位发热量又称为恒容高位发热量。而煤在空气中大气压下燃烧的条件是恒压的(大气压不变),其高位发热量是恒压高位发热量。恒容高位发热量和恒压高位发热量两者之间是有差别的。一般恒容高位发热量比恒压高位发热量低8.4~20.9 J/g,实际中当要求精度不高时,一般不予校正。煤炭发热量是煤炭质量分析的重要指标,因此做好煤炭指标中发热量的测定结果的准确性分析工作具有非常重要的理论和实际意义。

(2)煤的低位发热量(Q_{net})

即煤在空气中大气压条件下燃烧后产生的热量,扣除煤中水分(煤中有机质中的氢燃烧后生成的氧化水,以及煤中的游离水和化合水)的汽化热(蒸发热),剩下的实际可以使用的热量。同样,实际上由恒容高位发热量算出的低位发热量,也叫恒容低位发热量,它与在空气中大气压条件下燃烧时的恒压低位热量之间也有较小的差别。

(3)高位发热量与低位发热量的区别

区别在于燃料燃烧产物中的水呈液态还是气态,水呈液态是高位热值,水呈气态是低位热值。低位热值等于从高位热值中扣除水蒸气的凝结热。燃料大都用于燃烧,各种炉窑的排烟温度均超过水蒸气的凝结温度,不可能使水蒸气的凝结热释放出来,所以在能源利用中一般都以燃料的应用的低位发热量作为计算基础。各国的选择不同,日本、北美各国均习惯用高位热值,而中国、俄罗斯、德国及经济合作与发展组织是按低位热值换算的,有的国家两种热值都采用。煤和石油的高低位热值相差约 5%,天然气和煤气为 10% 左右。

3. 建筑用砂石、饰面石材品级

建筑用砂石、饰面石材矿石的质量等级可根据违法点附近 10 km 范围内收集到的同层位岩石的矿山砂石、饰面石材质量等级测试数据作类比,没有类比的需要在地质调查工作中采集矿石的理化性能检测样品。

(1)建筑用卵石和碎石

按硫酸盐及硫化物含量、岩石坚固性、抗压强度、碎石压碎指标、碱集料反应等质量技术指标分为三个类别:Ⅰ类,宜用于强度等级大于 C60 的混凝土;Ⅱ类,宜用于强度等级 C30~C60、抗冻抗渗及其他要求的混凝土;Ⅲ类,宜用于强度等级小于 C30 的混凝土。三类建筑用卵石和碎石的质量和技术要求、颗粒级配参见相关国家标准。

(2)建筑用石料

一般工业、民用建筑用石料按硫酸盐及硫化物含量、岩石抗压强度、碎石压碎指标、坚固性、碱集料反应等质量技术指标分为Ⅰ类、Ⅱ类、Ⅲ类三个等级。公路用建筑用石料在前面检测项目基础上需加测磨光值、磨耗值、冲击值等质量技术指标,分为高速(包括一级公路)和其他公路两个等级;铁路用建筑用石料按岩石抗压强度、吸水率,碎石压碎指标、坚固性等质量技术指标,分为 C30~C45 下部结构、C50 预制箱梁两个等级。

(3)饰面石材

按饰面石材的颜色、花纹(包括存在的缺陷)特征等质量技术指标,分为 A 类、B 类、C 类、D 类四个等级。A 类为优质饰面石材,具有相同的、极好的加工品质,不含杂质和气孔;B 类特征接近 A 类,但加工品质比前者略差,有天然瑕疵,需要进行小量分离、胶粘和填充;C 类加工品质存在一些差异,瑕疵、气孔、纹理断裂较为常见,修补这些差异的难度中等,通过分离、胶粘、填充或者加固这些方法中的一种或者多种即可实现;D 类特征与 C 类大理石的相似,但是它含有的天然瑕疵更多,加工品质的差异最大,需要用同一种方法进行多次表面处理。

4. 矿石体重、密度(ρ)

(1)矿石体重

矿石体重(密度)是自然状态下矿石单位体积的质量,以矿石质量与其体积之比表示。按矿石体重的测定方法,可分为小体重和大体重。小体重是按阿基米德原理测定的,大体重是以凿岩爆破的方法,在现场测定爆破后的空间体积和矿石质量来确定的。实际工作中,通常以小体重测定为主,用少量大体重进行检查。当两者差别较大时,则以大体重修正小体重,然后参与矿产资源储量估算。

小体重能类比利用的采用类比值,无法类比或情况特殊的,应进行采样测定,并根据矿种和实际情况,考虑是否有必要进行岩矿湿度和孔隙度测试。小体重样品的采集要求按照矿石不同的自然类型和品位(发热量)、品级在地表和地下采掘工程中分别采取,同时要考虑到样品分布的代表性。在采空区或矿产品中用拣块法采取,同一类矿石取样 1组 3 块,并要考虑到样品分布的代表性。小体重样品要求规格为 $60 \sim 120 \ cm^3$,一般采用封蜡排水法进行测定。

(2)煤矿石真密度及视密度

矿石视密度又称为矿石的容重或体重,视密度是计算矿产资源储量的重要指标。不能用纯矿物的视密度值来进行煤矿资源储量估算,因为它不能代表矿物层的特征,应采用煤矿物层平均灰分下的视密度值进行资源储量估算。

据有关资料,纯煤真密度(t/m^3):褐煤一般为 $1.26 \sim 1.46$,烟煤为 $1.3 \sim 1.4$,无烟煤变化范围较大,可为 $1.4 \sim 1.9$。纯煤真密度是指去除矿物质和水分后煤中有机质的真密度。常用纯煤真密度来区分煤的煤化程度,煤岩组成、煤化程度、煤中矿物质的成分和含量是影响密度的主要因素。在矿物质含量相同的情况下,煤的密度随煤化程度的加深而增大;同一变质程度的煤,不同煤岩组分的密度也不同,惰质组密度最大,镜质组较小,壳质组最小;煤中矿物质的密度一般比煤中有机质的密度大得多(如黄铁矿密度为 5.0,石英密度为 2.65,黏土密度为 $2.4 \sim 2.6$ 等),因此煤的密度随煤中矿物质含量的增高而增高,尤其是硫铁矿含量越高的煤,其密度也越高。

煤的真密度和视密度测试方法原理是一样的,但对测试样品的粒度和质量要求不一样,真密度样品为小于 $0.2 \ mm$ 的分析煤样 $2 \ g$,视密度样品为 $13 \sim 10 \ mm$ 的分析煤样 $20 \sim 30 \ g$,必须有 $1.0 \ kg$ 的块煤才能保证制出 $20 \sim 30 \ g$ 的分析样品。由于煤的硬度小且易碎,在制样时灰分较高的碳质泥岩、暗煤容易保留下来,而较脆的亮煤可能会碎裂到 $10 \ mm$ 以下,不能参与视密度的测试,这样会导致视密度值偏高,因此必须在测视密度的同时,测试该样品的灰分和水分,便于了解换算,以正确地应用所测值。而真密度测试样品的粒度小,代表性好,所需样品数量少,视密度需要的样品有一定粒度且数量较大,在勘探时有时难以满足要求(多数是煤数量够,但粒度不够),因此可通过测试真密度来计算视密度。经过测试对比,与实测符合较好。

5.含矿率、含砂率、荒料率、含煤系数(k)

(1)含矿率

含矿率又称含矿系数,是反映矿体特性的标志之一,是指工业矿化地段中有用组分达到工业价值矿体部分在整个矿化地段中所占的比例,用以表示矿体的矿化连续程度及矿化强度。矿化连续,含矿率为 1;含矿率越小,矿化越不连续,矿化强度越小。含矿率可以按矿床或矿体、矿段、块段分别确定。

含矿率技术指标用于某些矿产资源储量的估算,目的是去除无矿地段的影响,以提高矿产资源储量估算精度。对于一些矿化连续程度很低,达到工业坐标地段分布极不规则、在资源储量估算时难以分别圈定的矿体,则必须引用含矿率来校正矿产资源储量估算结果,使之更加切合矿床的实际情况。

含矿率指标的取值方法有两种:一是用工程控制的工业矿体与矿化地段(带)长度、面积或体积之比;二是用工业矿石质量与单位体积开采量之比。鉴于后者涉及矿石与夹石比重存在差异,矿产资源破坏鉴定工作中主要以采空区边帮矿体控制的面积比作为含矿系数。

（2）含砂率

含砂率指泥沙混合物中不能通过 203 目筛孔（或粒径大于 0.074 mm）的固相颗粒所占泥沙体积的百分数。砂矿的含砂率应根据测试（试验）数据确定,含砂率常由一套筛砂装置（含砂量计）来测定。

（3）荒料率

荒料率又称成块率,是指从开采的同一范围的原岩总体积中所获得的石材荒料（或建筑石料、工业原料有块度要求的块料）体积的百分率。荒料率 = 获得的荒料体积/开采的原岩总体积 ×100%。饰面石材矿产勘查中应用的荒料率指标分理论荒料率、试采荒料率。矿山生产实际获得的荒料为实际荒料率。

1）理论荒料率

理论荒料率又称体图解荒料率。即根据有代表性的节理、裂隙发育程度,在素描图绘制的特定叠合图上,按照生产工艺、市场需求确定的荒料规格设计裁制荒料的方法,求出矿体的荒料率。

2）试采荒料率

试采荒料率是在矿体图解荒料率测定点中,选择能代表矿区节理裂隙、层面、色斑色线发育情况的一个点进行试采求得的荒料率。试采体积一般不小于 50 ~ 100 m³。

（4）含煤系数

含煤系数是指一定地区中煤层总厚度与含煤岩系总厚度之比,用"%"表示。含煤系数用来表示一定地区内含煤的丰富程度,由于同一地区内含煤岩系总厚度和煤层总厚度都可以有变化,所以含煤系数只能近似地反映含煤性。

8.2.3　矿山采选加工指标

矿床的开采、矿产品选矿、加工处理核定技术指标参数应参考类似矿山经法定程序批准的矿山设计或矿产资源开发利用方案确定,或者以国土资源主管部门核定技术指标确定,实际技术指标按相关要求进行实际测算。

1. 采矿回采率、采矿损失率

（1）采矿回采率（α）

采矿回采率是指计算区域内可采储量或实际采出储量占矿体开采动用资源储量的百分比。采矿回采率还可根据计算范围的大小,分为工作面回采率、采区回采率和矿床（体）回采率。

采矿回采率与开采利用资源储量、可采储量、设计开采损失储量、实际采出储量、实际开采损失储量等的关系,用下式表示。

1）设计采矿回采率

$$设计开采回采率 = \frac{可采储量}{开采利用资源储量} = \frac{设计开采利用资源储量 - 设计开采损失储量}{设计开采利用资源储量}$$

注意:①设计开采损失储量 = 设计占用资源储量 + 设计采矿损失储量,其中设计占用资源储量包括采空区的边帮、保护性矿柱占用的矿产资源储量,设计采矿损失储量是指在采矿过程中与采矿方法、采矿和放矿作业质量有关的储量损失;设计开采利用资源储量 = 设计占用资源储量 - 工程压覆占用资源储量,即工程压覆占用的矿产资源储量不属于设计开采动用资源储量的范畴。

②采区回采率最低要求:对于露天开采,要求采矿回采率大于等于90% ~95%。对于地(井)下开采,煤矿采矿回采率要求:薄煤层大于等于85%、中厚煤层大于等于80%、厚煤层大于等于75%;非煤矿产有国家规定回采率指标的,按照规定指标确定,无规定指标的按照大于等于85% ~90%取值。

2)实际采矿回采率

$$实际开采回采率 = \frac{实际采出储量}{开采利用资源储量} = \frac{实际利用资源储量 - 实际开采损失储量}{实际利用资源储量}$$

(2)采矿损失率(β)

采矿损失率是指计算区域内设计开采损失储量和采矿损失储量与采矿活动中所开采利用资源储量的百分比,它是采矿回采率的逆指标,这两个指标都是用于表示地下矿产资源的开采利用程度,采矿损失率的大小与采矿回采率成反比关系。

1)矿产资源开采损失类型

在矿产资源开采过程中,在采空区及附近矿体中的未采下和已采下未运出的矿产资源统称为损失,损失分为采矿损失和非采矿损失。

采矿损失是指在采矿活动中与采矿方法、采矿和放矿作业质量有关的储量损失。它包括回采范围内未能采下和不能回收的残矿及各种矿柱、边坡的矿石损失,以及已落矿但未能放出或运出采空区,遗留在充填料中,或在运输途中散落等储量损失。

非采矿损失(又称设计损失)是指与开采方法及开采条件无关的储量损失,主要包括因地质、水文条件、开采技术条件、安全条件等因素造成无法开采的储量损失,或因保护地表和地下工程而留下的永久保安矿柱造成的储量损失。

2)计算公式

$$开采损失率 = 1 - 开采回采率 = \frac{采矿损失储量}{开采利用资源储量}$$

2. 矿石贫化率(γ)

矿石贫化率反映工业矿石开采后品位的降低程度,是指矿石在开采过程中,由于各种原因致使采出矿石的平均品位通常比矿体平均品位降低,一般用百分比表示。矿石贫化率主要用于检查采矿工作质量和分析采矿方法是否合理。

(1)贫化类型

1)设计贫化

采矿设计允许将矿体中一部分岩石和矿化夹层与矿石一起采出,引起采出矿石品位降低称为设计贫化。设计规定的混采矿石和矿化夹层应参与工业品位计算,并列为工业矿量,不作贫化处理。

2)开采贫化

在矿床开采过程中,由于开采工艺、方法、操作致使矿石中混入废石、溶解或因富矿散失等,引起采出矿石品位下降,称为开采贫化。

(2)计算方法

矿石贫化率的计算通常用矿体上矿石自然状态的地质平均品位、采出的矿石岩岩石平均品位差,再与矿体上矿石地质平均品位、围岩平均品位差之比。矿石贫化率的计算方法有两种:

1)理论贫化率

$$矿石理论贫化率 = \frac{矿石平均品位 - 采出矿岩产品平均品位}{矿石平均品位 - 围岩平均品位}$$

2)实际贫化率

$$矿石实际贫化率 = \frac{混入围岩夹石量}{工作面(矿体或采区)采出矿总量}$$

第一种方法通常适用于露天开采的矿场;井下开采矿山亦可采用此法计算矿石贫化率,待采矿结束后再用第二种方法计算总贫化率。凡采用第二种方法计算时,须注意用相应的采出矿量作为母项,用已算出的贫化率反求子项。

注意:对煤、泥炭、石材、石料及砂石、黏土等矿产,无须考虑废石混入问题,不计算矿石贫化率。

3. 选矿回收率、饰面石材板材率(ε)

(1)选矿回收率

选矿回收率是指选后矿产品(一般指精矿)中所含被回收有用成分的质量占入选原矿(包含混入岩石矿产品)中该有用成分质量的百分比,是考核和衡量矿山企业选矿技术、管理水平和入选矿石中有用成分回收程度的重要技术经济指标。煤矿须经洗选工艺的为洗精煤回收率。石材开采矿山有加工板材工艺的称为板材成材率。

1)实际回收率

选矿回收率是选矿中的一项重要技术经济指标。一般在保证精矿质量要求的前提下,精矿中某一有用成分的回收率越高,说明此种有用成分被回收得越完全。

$$实际回收率 = \frac{产率 \times 精矿品位}{原矿品位} \quad (其中:产率 = \frac{精矿量}{原矿量})$$

2)理论回收率

由于实践中产率的测量较困难,常用理论回收率替代实际回收率。

$$理论回收率 = \frac{精矿品位 \times (原矿品位 - 尾矿品位)}{原矿品位 \times (精矿品位 - 尾矿品位)}$$

实际回收率考虑了选矿过程中有用成分的损失;理论回收率未考虑损失,故实际回收率低于理论回收率。

（2）饰面石材板材率

饰面石材板材率是指荒料经加工后所获得的具有一定尺寸规格的抛光的板材面积，通常以 m^2/m^3 表示。一般要求中档饰面石材的板材率不小于 $18\ m^2/m^3$；在其他技术经济条件相近的情况下，对于高档饰面石材矿的板材率要求可相应降低，对一般档次的饰面石材矿的板材率可相应提高。

$$饰面石材板材率 = \frac{获得的具有一定尺寸规格的抛光板材面积}{被加工荒料体积}$$

8.2.4　其他相关指标

1. 矿产资源储量可信度系数（K_x）

参考《矿业权评估指南》矿业权评估收益途径评估方法和参数及其对于"矿业权评估计算中资源储量处理"的修改说明等规定，资源储量应结合（预）可行性研究、矿山设计或开发利用方案进行项目经济合理性分析后分类处理，属经济的基础储量（包括予可采储量、可采储量）全部参与评估计算，不应采用可信度系数折算；属边际经济和次边际经济的不参与评估计算，具体为：

（1）估算的（111b）、（121b）、（122b）经济基础储量或（111）、（121）、（122b）可采储量全部参与评估计算，估算的（2M11）、（2M21）、（2M22）边际经济基础储量或（2S11）、（2S21）、（2S22）次边际经济资源量不参与评估计算。

（2）探明的或控制的内蕴经济资源量（331）、（332）：应在经济意义分析的基础上，属经济的全部参与评估计算，属边际经济和次边际经济的不参与评估计算。

（3）推断的内蕴经济资源量（333）：（预）可行性研究、矿山设计或矿产资源开发利用方案中未予设计利用，但资源储量在矿业权有效期（或评估年限）开发范围内的，可信度系数在 0.5～0.8 范围中取值，具体取值应按矿床（总体）地质工作程度、推断的内蕴经济资源量（333）与其周边探明的或控制的资源储量关系、矿种及矿床勘探类型等确定。矿床地质工作程度高的，或（333）资源量的周边有高级资源储量的，或矿床勘探类型简单的，可信度系数取高值；反之，取低值。

（4）预测的资源量（334）：其估算的资源量地质可靠程度很低，综合各方意见并参考国外处理方式，预测的资源量不参加计算。

（5）无须做更多地质工作即可供开发利用的地表出露矿产（如建筑材料类矿产），估算的资源储量均视为（111b）或（122b），全部参与评估计算。

2. 矿产品遗贮存量可信度系数

参考矿产资源储量可信度系数确定办法，对于矿产品堆（垛）遗迹高度数据处理时，根据实测遗迹反映矿产品堆（垛）原始形态的程度，采用推断系数经验值 0.5～0.8。

3. 岩土可松性系数（K_s）

岩土可松性系数是指岩土松动后形成矿产品体积与岩土未松动时原始自然体积的比值，是反映可松程度的系数。

（1）岩土分类

根据 2003 年颁布实施的国家标准《建设工程工程量清单计价规范》（GB 50500—

2003）的规定，土壤及岩石分为八大类，详情见表 8-1。

表 8-1　岩石及土壤的分类

岩土分类	岩土名称	密度 （kg/m³）	开挖方法 及工具	抗压强度 （MPa）	坚固系数
一类岩土 （松软土）	砂土；粉土；冲击砂土层；疏松的种植土；淤泥（泥炭）	600～1 600	用锹、锄头挖掘，少许用脚蹬	—	0.5～0.6
二类岩土 （普通土）	粉质黏土；潮湿的黄土；夹有碎石、卵石的砂；粉土混卵（碎）石；种植土；填土	1 100～1 600	用锹、锄头挖掘，少许用镐翻松	—	0.6～0.8
三类岩土 （坚土）	软及中等密实黏土；重粉质黏土；砾石土；干黄土；含有碎石卵石的黄土、粉质黏土；压实的填土	1 750～1 900	主要用镐，少许用锹、锄头挖掘，部分用撬棍	—	0.8～1.0
四类岩土 （砂砾坚土）	坚硬密实的黏性土或黄土；含碎石、卵石的中等密实的黏性土或黄土；粗卵石；天然级配砂石；软泥灰岩	1 800～1 950	整个先用镐、撬棍，后用锹挖掘，部分用楔子及大锤	—	1.0～1.5
五类岩土 （软石）	硬质黏土；中密的页岩、泥灰岩、白垩土；胶结不紧的砾岩；软石灰岩及贝克石灰岩	1 100～2 700	用镐或撬棍、大锤挖掘，部分使用爆破方法	24～40	1.5～4.0
六类岩土 （次坚石）	泥岩；砂岩；砾岩；坚实的页岩、泥灰岩；密实的石灰岩；风化花岗岩、片麻岩及正长岩	2 000～2 900	用爆破方法开挖，部分用风镐	40～80	4.0～10
七类岩土 （坚石）	大理岩；辉绿岩；玢岩；粗、中粒花岗岩；坚实的白云岩；砂岩、砾岩、片麻岩、石灰岩、微风化安山岩、玄武岩	2 500～3 100	用爆破方法开挖	80～160	10～18
八类岩土 （特坚石）	安山岩；玄武岩；花岗片麻岩；坚实的细粒花岗岩、闪长岩、石英岩、辉长岩、辉绿岩、玢岩、角闪岩	2 700～3 300	用爆破方法开挖	160～250	18～25 以上

（2）岩土的可松性

岩土的可松性是指在自然状态下的岩土，经过开采挖掘后体积因松散而增加，后虽然振动夯实仍不能恢复到原来的体积，这种性质称为岩土的可松性。根据《建设工程量清单计价规范》（GB 50500—2003），岩土的可松性程度用可松性系数表示，岩土可松性系数一般通过现场实测确定，即选定能代表该采场（或岩层、中段、区域）岩土特性的地点，将工作面修平进行采掘，用测得其原岩土体积和可松（通过爆破或机械采掘）体积来进行计算：

最初可松性系数：　　　　　　　　$K_s = V_2 \div V_1$

最终可松性系数：　　　　　　　　$K_s' = V_3 \div V_1$

式中　K_s——岩土的最初可松性系数，%；

　　　K_s'——岩土的最终可松性系数，%；

　　　V_1——土在天然状态下的体积，m^3；

　　　V_2——土在松散状态下的体积，m^3；

　　　V_3——土经压实后的体积，m^3。

岩土可松性对土石方的平衡调配、场地平整土石方量的计算，基坑（槽）开挖后的留弃土方量计算、矿山开采岩矿方量估算以及确定岩土方运输等都有着密切的关系，不同类别岩土的可松性系数见表8-2。

表8-2　不同类别岩土的可松性系数

岩土类别		体积增加百分数（%）		可松性系数 K_s	
		最初	最终	最初	最终
一类岩土（松软土）	种植土除外	8～17	1～2.5	1.08～1.17	1.01～1.03
	种植土、泥炭	20～30	3～4	1.20～1.30	1.03～1.04
二类岩土（普通土）		14～28	1.5～5	1.14～1.28	1.02～1.05
三类岩土（坚土）		24～30	4～7	1.24～1.30	1.04～1.07
四类岩土（砂砾坚土）	泥炭岩、蛋白石除外	26～32	6～9	1.26～1.32	1.06～1.09
	泥炭岩、蛋白石	33～37	11～15	1.33～1.37	1.11～1.15
五类岩土（软石）		30～45	10～20	1.30～1.45	1.10～1.20
六类岩土（次坚石）		30～45	10～20	1.30～1.45	1.10～1.20
七类岩土（坚石）		30～45	10～20	1.30～1.45	1.10～1.20
八类岩土（特坚石）		45～50	20～30	1.45～1.50	1.20～1.30

4. 自然安息角（θ）

自然安息角简称安息角，是指散料在堆放时能够保持自然稳定状态的最大角度（单边对水平面的角度），又称为休止角。散料在这个角度形成锥形堆积体后，再往上堆加同类的散料就会自然溜下，仍然保持这个角度，也就是说堆积体增加高度，须同时增大底面积。在土堆、煤堆、粮食的堆放中，经常可以看见这种现象，不同种类的散料自然安息角各不相同。

粒子安息角又称粒子静止角或堆积角，是粒子通过小孔连续地落到水平板上时堆积成的锥体母线与水平面的夹角。许多粒子安息角的平均值为35°～40°，其与粒子种类、粒径、形状和含水率等因素有关。同一种粉尘，粒径越小，安息角越大；表面越光滑或越接近球形的粒子，安息角越小；粒子含水率越大，安息角越大。粒子安息角是粒子的动力特性之一，是通过矿产品遗迹推算贮存量的重要参考依据。粒子安息角可通过查表确定。

常见原矿、精矿的矿产品与常见砂石、黏土的自然安息角见表 8-3、表 8-4。

表 8-3　常见原矿、精矿的矿产品自然安息角

序号	物料名称	堆密度（t/m³）	自然安息角（°）	序号	物料名称	堆密度（t/m³）	自然安息角（°）
1	无烟煤	0.7~1.0	27~45	14	镁砂（块）	2.2~2.5	40~42
2	烟煤	0.8~1.0	35~45	15	粉状镁砂	2.1~2.2	45~50
3	褐煤	0.6~0.8	35~50	16	铜矿	1.7~2.1	35~45
4	泥煤	0.29~0.5	45	17	铜精矿	1.3~1.8	40
5	泥煤（湿）	0.55~0.65	45	18	铅精矿	1.9~2.4	40
6	焦炭	0.36~0.53	50	19	锌精矿	1.3~1.7	40
7	无烟煤粉	0.84~0.89	37~45	20	铅锌精矿	1.3~2.4	40
8	烟煤粉	0.4~0.7	37~45	21	铁烧结块	1.7~2.0	45~50
9	粉状石墨	0.45	40~45	22	平炉渣（粗）	1.6~1.85	45~50
10	磁铁矿	2.5~3.5	40~45	23	高炉渣	0.6~1.0	50
11	赤铁矿	2.0~2.8	40~45	24	铅锌碎渣	1.5~1.6	42
12	褐铁矿	1.8~2.1	40~45	25	干煤灰	0.64~0.72	35~45
13	锰矿	1.7~1.9	35~45	26	煤灰	0.7	15~20

表 8-4　常见砂石、黏土的自然安息角

土壤名称	砂石、土壤自然安息角（°）			土壤颗粒（mm）
	干土	潮土	湿土	
砾石	40	40	35	2~20
卵石	35	45	25	20~200
粗砂	30	32	27	1~2
中砂	28	35	25	0.5~1.0
细砂	25	30	20	0.05~0.5
黏土	45	35	15	0.001~0.005
壤土	50	40	30	
腐殖土	40	35	25	

8.3　可采储量的估算

　　矿产资源破坏量的估算重点是可采储量的估算，通过对矿体开采动用矿产资源（采出矿产品）体积、矿石量和有用组分量的估算，结合确定的指标参数，以实现对违法采矿活动中可采储量消耗量和可采储量实际采出量的估算。

8.3.1 涉案矿体、矿堆(垛)体积

为精确地测算违法采矿活动中开采动用矿产资源,获得矿产品的体积,需要根据矿体、矿产品堆积体的形态特征,结合地质调查、数据处理技术手段,科学、合理选用体积估算模型与体积计算公式。其中选用几何模型体积计算公式如下。

(1)当估算体为层状或似层状时,用饼状体体积计算公式:

$$V = S \times L$$

式中　V——矿体或堆积体体积,m^3;

S——矿体或堆积体投影面积,m^2;

L——矿体或堆积体厚度、垂直高度,m。

(2)当估算体对应的顶底面近似平行时,有以下两种情况:

①当估算体对应的顶底面的面积差<40%时,用梯形台体体积计算公式:

$$V = \frac{L}{2}(S_1 + S_2)$$

式中　L——顶底面之间的平均距离,m;

S_1、S_2——顶底面面积,m^2。

②当估算体对应顶底面的面积差>40%时,用截锥体体积计算公式:

$$V = \frac{L}{3}(S_1 + S_2 + \sqrt{S_1 S_2})$$

(3)当估算体对应的两个侧面不平行时,用分割体体积计算公式:

$$V = V_1 + V_2 = S_1 \times \frac{S_1'}{L_1} + S_2 \times \frac{S_2'}{L_2}$$

式中　V_1、V_2——分割成的两部分体积,m^3;

S_1、S_2——中截线两侧断面面积,m^2;

S_1'、S_2'——中截线两侧截面面积,m^2;

L_1、L_2——中截线两侧断面截面交线长度,m。

(4)当估算体只有一个底面,若块(堆)体的尖灭端为一线时,用楔形体体积计算公式,有以下两种情况:

①若底面的轴长与尖灭线相等时,计算公式为:

$$V = \frac{L}{2}S$$

式中　L——底面与尖灭线间平均距离,m。

②若底面的轴长与顶端尖灭线不等时,计算公式为:

$$V = \frac{L}{3}S + \frac{L}{6}S \times \frac{a_o}{a_s}$$

式中　a_s——底面的轴长,m;

a_o——顶端尖灭线长,m。

(5)当估算体中只有一个底面,若块体的尖灭端为一点时,用角锥体体积计算公式:

$$V = \frac{L}{3}S$$

8.3.2　涉案矿体开采动用资源储量、实际采出矿产资源储量

在动用矿体、采出矿产品的体积估算的基础上,利用矿石质量品位、矿床采选指标等参数,进行动用矿产资源和采出矿产资源的矿石、有用组分估算。

1. 矿体开采动用资源储量

根据矿体开采动用范围的体积估算结果,结合矿体厚度、含矿(砂)率、含煤系数、荒料率、成块率、矿石质量品位(品级)、矿石体重、密度等技术指标,估算出违法采矿活动中开采动用矿产资源储量。下面以金属矿产为例详细介绍估算过程,其他矿产可参考执行。

（1）开采动用矿石体积

$$V_l = V_0 \times K_x \times k$$

式中　V_l——开采动用矿石的体积,m^3;

V_0——矿体开采动用空间范围体积,m^3;

K_x——资源储量类别可信度系数;

k——矿体含矿率、荒料率等,%。

（2）开采动用矿石重量

$$Q_l = V_l \times \rho$$

式中　Q_l——开采动用矿石重量,t;

ρ——矿石体重,t/m^3。

（3）开采动用有用组分重量

$$P_l = Q_l \times c$$

式中　P_l——开采动用矿石中有用组分重量,t;

c——矿石的品位,%。

2. 矿产品实际采出矿产资源储量

根据违法采矿活动中矿产品坑口生产量、矿产品贮存销售量或选后精矿量、尾渣量,利用矿产品质量品位(品级),矿产品堆密度等技术指标,再结合矿产品遗迹的可信度系数、矿石可松性系数、矿山开采矿石贫化率、选矿回收率、板材率、矿石体重、矿石品位(品级)等技术指标,估算出违法采矿活动中获取矿产品实际采出矿产资源储量。下面以金属矿产为例详细介绍估算过程,其他矿产可参考执行。

（1）实际采出矿石体积

当矿体中的矿石量单位为体积单位,矿石、围岩、精矿体重相差不大(由围岩、精矿引起矿产品体重变化可以忽略)时,可利用矿石的重量采矿贫化率(γ)、选矿回收率(ε)替代体积贫化率、回收率,否则体积贫化率(γ')、回收率(ε')用重量贫化率、回收率按如下公式进行修正。

$$\gamma' = \frac{\gamma \times \rho}{\gamma \times (\rho - \rho_y) + \rho_y}, \quad \varepsilon' = \frac{\varepsilon \times \rho \times \rho_y}{[\gamma \times (\rho - \rho_y) + \rho_y] \times \rho_j}$$

式中　ρ——开采矿体中矿石平均体重,t/m^3;

ρ_y——开采矿体围岩平均体重,t/m^3;

ρ_j——精矿体重,t/m^3;

ρ_w——尾矿体重,t/m^3。

1）矿产品未经选矿处理

$$V_c = V_0 \times \frac{1-\gamma}{K_s}$$

式中　V_c——实际采出矿石体积，m^3；

　　　V_0——实际采出矿产品体积，m^3；

　　　K_s——矿石可松性系数；

　　　γ——采区矿石贫化率，%。

2）矿产品已经选矿处理

$$V_c = \frac{V_j \times [c_j - \varepsilon \times (c_j - c_w)]}{c_w \times \varepsilon} \times \frac{1-\gamma}{K_s} \ 或 \ V_c = \frac{V_j \times c_j}{[c - \gamma \times (c - c_y)] \times \varepsilon} \times \frac{1-\gamma}{K_s}$$

式中　V_j——选后精矿体积，m^3；

　　　c_y——开采矿体围岩平均品位，%；

　　　c_j——选后精矿品位，%；

　　　c_w——选后尾矿品位，%；

　　　ε——选矿回收率，%。

（2）实际采出矿石重量

$$Q_c = V_c \times \rho = Q_z \times (1-\gamma)$$

式中　Q_c——实际采出矿石重量，t；

　　　Q_z——矿产品总重量，t；

　　　ρ——矿体中矿石平均体重或密度，t/m^3。

（3）实际采出有用组分重量

$$P_c = Q_c \times c$$

式中　P_c——实际采出矿石中有用组分重量，t；

　　　c——开采矿体中矿石平均品位，%。

8.3.3　矿体开采可采储量消耗量

在矿体开采动用资源储量、矿产品实际采出资源/储量估算的基础上，结合前文中确定的矿产资源储量可信度系数、采矿回采率核定指标与实际指标等参数，进行矿体可采储量消耗量、矿产品生产中可采储量消耗量与实际采出量的估算。下面以金属矿产为例详细介绍估算过程，其他矿产可参考执行。

1.采空区造成矿体可采储量消耗量

根据鉴定范围矿体开采动用资源储量估算结果，结合动用矿体的资源/储量类型的可信度系数、核定的采矿回采率指标，估算出违法采矿活动中采空区造成矿体可采储量消耗量。

（1）消耗可采矿石体积

$$V_x = V_d \times a_h$$

式中　V_x——消耗可采矿石的体积，m^3；

　　　V_d——开采动用矿体的体积，m^3；

　　　a_h——核定采矿回采率，%。

（2）消耗可采矿石重量

$$Q_x = V_x \times \rho = Q_d \times a_h$$

式中　Q_x——消耗可采矿石重量，t。

（3）消耗可采矿石中有用组分重量

$$P_x = Q_x \times c = P_d \times a_h$$

式中　P_x——消耗可采矿石中有用组分重量，t。

2. 矿产品生产中可采储量消耗量

根据违法采矿活动中获取的矿产品实际采出矿产资源/储量估算结果，结合采矿回采率核定指标与实际指标，进行矿产品生产中可采储量消耗量的估算。

（1）消耗可采矿石体积

$$V_x = (V_c \div a_s) \times a_h$$

式中　V_x——矿体开采动用范围消耗可采矿石的体积，m^3；

　　　V_c——采出矿石体积，m^3；

　　　a_s——实际采矿回采率，%；

　　　a_h——核定采矿回采率，%。

（2）消耗可采矿石重量

$$Q_x = V_x \times \rho = (Q_c \div a_s) \times a_h$$

式中　Q_x——消耗可采矿石重量，t。

（3）消耗可采矿石中有用组分重量

$$P_x = Q_x \times c = (P_c \div a_s) \times a_h$$

式中　P_x——消耗可采矿石中有用组分重量，t。

3. 矿产品生产中可采储量实际采出量

违法采矿活动中获取的矿产品实际采出矿产资源/储量估算结果，直接可以作为矿产品生产中可采储量实际采出量的估算结果。

8.4　矿产资源破坏量

非法采矿、破坏性采矿造成矿产资源破坏量的估算包括利用矿产资源开采动用量直接估算方法、利用矿体开采生产出来的矿产品数量间接估算方法，以及两种估算方法相结合的组合估算方法。在违法采矿案值鉴定中，要根据案件实际情况、违法性质、证据类型，结合采用的鉴定技术手段，选择适宜的矿产资源破坏量估算方案和问题处置方法。

8.4.1　非法采矿资源破坏量

对于非法采矿造成矿产资源破坏量，原则上根据实测的采空区范围、矿体开采动用范围圈定结果进行矿产资源破坏量的直接估算。若采空区无法实测、矿体开采动用范围圈定困难，矿产资源破坏量也可以利用非法采矿活动中矿产品生产数量或获取矿产品的贮销数量间接估算。

1. 采空区可以实测

对于采空区没有回填、塌落、水淹时，同时具备相关安全条件时，野外工作中采用采空区地质调查，根据采空区范围的实测和矿体开采动用范围的圈定，进行矿体开采动用资源储量估算,按照涉案责任方开采动用范围界线进行责任认定与矿产资源破坏量估算。

(1)采空区全部责任

对于案情简单,涉案采空区全部为同一涉案责任方的,对行政执法人员指认的采空区估算采用直接法估算出全区矿体开采动用资源储量、可采储量消耗量,将采空区造成矿体开采动用范围内全部可采储量的消耗量作为非法采矿案件中涉案责任方造成矿产资源破坏的数量。

(2)采空区部分责任

对于案情复杂,采空区经过多次、多方的非法开采,或涉及合法的采矿权设置区,需根据非法采矿案件的具体情况分别对待。

1)非法采矿责任界线不明确

对于非法采矿案件承办部门执法人员指认的采空区,涉案采空区是经过多方、多次非法开采,已经落实的涉案责任方只是非法采矿其中的一部分,而非法采矿案件承办部门指派的执法人员无法确定(可能由执法手段欠缺、行政执法监管不到位等原因造成)与以往非法采矿的分界线位置的,采用直接法估算法全区矿体开采动用资源储量、可采储量消耗量,将全部采空区的矿体开采动用范围可采储量消耗量作为非法采矿案件中涉案责任方造成矿产资源破坏的数量。案件存在其他涉案责任方落实、监管责任追查等遗留问题,待案件移送后由公安、司法机关补充侦查解决。

2)非法采矿责任界线明确

对于非法采矿案件承办部门执法人员指认的涉案采空区存在采矿权设置区、采空区内其他涉案责任方已查明确认的非法采矿案件,案件承办部门必须提供采矿权许可证(复印件加公章)或采空区违法责任界线指证图(图纸标定非法采矿范围和排除范围、指界人员签字、加公章)。技术鉴定机构按照采矿许可证载明的空间范围、生产规模(折算成可采矿石量),以及涉案采空区违法责任界线指证图中反映的责任外范围,对指认的采空区责任范围按下述具体情形区别对待。

①违法案件责任区外超过刑事追诉期或已接受处理的

对于指认的采空区存在的其他非法采矿涉案责任方,其他非法开采涉案责任方非法开采活动终止,且已超过刑事追诉期年限(露天采坑可借助卫星监拍照片资料为证、地下采场以证人笔录等为证),或已经被相关部门处理过(以接受处罚书证材料为证),仅对指认的采空区中涉案责任方采矿范围的矿体开采动用资源储量、可采储量消耗量估算,作为非法采矿案件中涉案责任方造成矿产资源破坏的数量。对责任区外非法采矿部分造成矿产资源破坏的数量不再估算。

②违法案件责任区外无法证明超过刑事追诉期且未接受处理的

对于指认的采空区存在的其他非法采矿涉案责任方,无法证明其非法开采活动终止超过刑事追诉期年限,也没接受过相关部门处理,如果其他涉案责任方已经落实到位,技术鉴定要并案处理,各涉案责任方非法开采造成矿产资源破坏数量要分别估算;如果其他涉案责任方没有落实,技术鉴定中首先对指认采空区造成矿体开采动用范围内全部可采储量消耗量进行估算,然后对责任落实部分进行局部可采储量消耗量的估算,分别作为其他涉案责任方和已落实的涉案责任方矿产资源破坏数量。

2. 采空区无法实测

对于采空区因回填、塌落、水淹等原因,或不具备相关安全条件时,可利用非法采矿活动中矿产品生产数量、涉案矿产品贮销数量间接进行责任认定与矿产资源破坏量估算。涉案责任方因非法采矿获取矿产品的生产、贮存、销售证据认定由案件承办部门负责调查落实。

(1)实际采矿回采率能够确定的

对于非法采矿活动中获取的矿产品,能够通过矿产品地质调查确定非法采矿实际采矿回采率指标参数的,可直接将前述中非法采矿活动获取矿产品生产中的可采储量消耗量作为非法采矿案件中涉案责任方造成的矿产资源破坏量。

(2)实际采矿回采率无法确定的

对于非法采矿活动中获取的矿产品,无法通过矿产品地质调查确定非法采矿实际采矿回采率指标参数的,根据获取矿产品实际采出的可采储量,结合非法采矿相对经规划设计合法开采正规矿山采矿的不合理损失率增加经验值 β_z(推荐采用区间指标 3% ~ 8%),估算出非法采矿活动中获取矿产品消耗的可采储量,以此作为非法采矿案件中涉案责任方造成的矿产资源破坏的数量。下面以金属矿产为例详细介绍估算过程,其他矿产可参考执行。

1)消耗可采矿石体积

$$V_x = V_c \times \left(1 + \frac{\beta_z}{1 - \beta_h - \beta_z} \right)$$

式中　V_x——矿体开采动用范围消耗可采矿石的体积,$\mathrm{m^3}$;

　　　V_c——实际采出矿石体积,$\mathrm{m^3}$;

　　　β_h——核定的采矿损失率,%;

　　　β_z——不合理损失率增加经验值,%。

2)消耗可采矿石重量

$$Q_x = V_x \times \rho = Q_c \times \left(1 + \frac{\beta_z}{1 - \beta_h - \beta_z} \right)$$

式中　Q_x——消耗可采矿石重量,t;

　　　Q_c——实际采出矿石重量,t;

　　　ρ——矿石平均体重或密度,$\mathrm{t/m^3}$。

3)消耗可采矿石中有用组分重量

$$P_x = Q_x \times c = P_c \times \left(1 + \frac{\beta_z}{1 - \beta_h - \beta_z} \right)$$

式中　P_x——消耗可采矿石中有用组分重量,t;

　　　P_c——实际采出矿石中有用组分重量,t;

　　　c——矿石平均品位,%。

注意:非法开采矿山造成矿产资源不合理损失既包括回采范围内能采而未采下和能回收而未回收的残矿及各种矿柱、边坡占用的可采储量,也包括已落矿能放出或运出采空区而未放出或运出,却遗留在采空区的充填料中的矿产品,还包括在运输途中由于不及时看管出现的散落遗失矿产品。

8.4.2　破坏性采矿资源破坏量

1. 主要矿产、伴生矿产资源破坏量

破坏性采矿造成行政许可范围内主要矿产、伴生矿产资源破坏量的估算就是通过技术手段,估算出采矿许可开采矿体在采矿活动中矿产资源损失量核定指标外的不合理损失增加量。

在破坏性采矿造成矿产资源破坏价值技术鉴定工作中,首先根据收集的矿山地质储量类报告矿产资源储量分布情况,以及矿山开发规划设计开采方案、技术指标,采用直接法估算出采空区造成矿体开采动用范围消耗的可采储量,然后采用间接法估算出获取矿产品实际采出的可采储量,最后用矿体开采过程中采空区造成的可采储量消耗量与生产矿产品实际采出的可采储量进行对比,二者差值作为破坏性采矿造成矿产资源破坏的数量。

2. 共生矿产资源破坏量

(1)对于必须同时采出的共生矿产资源而未采出造成矿产资源破坏的,按照共生矿产资源矿体开采动用范围的资源/储量估算结果,结合核定的采矿回采率指标估算出矿体开采范围的可采储量消耗量,作为共生矿产资源破坏的数量(参见非法采矿形成采空区造成矿产资源破坏量估算方法)。

(2)对于暂时不能开采而没有采取有效保护措施造成的矿产资源破坏,按照应该采取矿产资源保护措施而未采取措施影响共生矿产资源开采的范围,估算矿体开采动用矿产资源储量,结合核定的采矿回采率指标估算可采储量消耗量,作为共生矿产资源破坏的数量。

第 9 章　破坏价值评估方法研究

矿产资源破坏价值评估主要是根据矿产资源破坏量估算结果,依据矿产资源开采后形成的矿产品价格认定结论,结合矿产品的形成过程、形态变数、贫化富集,从而对非法采矿、破坏性采矿违法案件造成矿产资源破坏价值做出科学评估。

9.1　矿产品及其价格认定

9.1.1　矿产品概念

矿产品是指矿产资源经过开采或采选后,脱离自然赋存状态的实物产品。

矿产品源自地下矿产资源,具有多方面的使用价值:可作为工业原料经冶炼加工成各种制品,也可作为能源原料提供动力,还可作为建筑材料用于建筑,一些贵重金属和宝石可加工成高级饰品等。与其他产品不同,矿产品属初级产品。矿产品在进行生产之前,需要对可能的成矿地区进行地质调查、普查及勘探,才能进行矿山(井)设计和矿产品的生产。在矿产品的生产过程中,往往会伴随着对地下水系、上覆岩层、地表土地及其植被的破坏,同时其产生的废气、废渣和废水还会对大气、土地及地表水环境造成污染。

9.1.2　矿产品分类

1. 按性质和用途分类

矿产品按性质和用途可划分为四大类十一小类矿产品。

(1)能源矿产品

能源矿产品又称燃料矿产品、矿物能源,是由地质作用形成的,具有提供现实意义或潜在意义能源价值的天然富集物材料。固态的能源矿产品有煤、石煤、油页岩、铀、钍、油砂、天然沥青;液态的能源矿产品有石油;气态的能源矿产品有天然气、煤层气、页岩气。地热资源有液态、气态的。

(2)金属矿产品

金属矿产品是指从其中可以提取某种供工业利用的金属元素或化合物的岩矿材料。根据金属元素的性质和用途将其分为黑色金属矿产品,如铁矿和锰矿;有色金属矿产品,如铜矿和锌矿;轻金属矿产品,如铝镁矿;贵金属矿产品,如金矿和银矿;稀有金属矿产品,如锂矿和铍矿;稀土金属矿产品和分散金属矿产品等。

(3)非金属矿产品

非金属矿产品主要是指用于提取非金属元素或其化合物直接利用的岩矿材料。根据非金属元素的性质和用途将其分为冶金辅助原料非金属矿产品,如蓝晶石和普通萤石;化工原料非金属矿产品,如硫铁矿和盐矿;建材及其他非金属矿产品,如石灰岩和花岗岩;特种非金属矿产品,如水晶和云母。

(4)水气矿产品

水气矿产品包括地下水、矿泉水、气体二氧化碳、气体硫化氢、氦气和氡气 6 个矿产品。

2.按商业价值分类

矿产品按日常应用的商业价值分为甲类矿产、乙类矿产和水气矿产。

(1)甲类矿产品

甲类矿产品是指乙类矿产品和水气矿产品以外的矿产品。

(2)乙类矿产品

乙类矿产品是指用于普通建筑的砂、石、黏土矿产品。

(3)水气矿产品

水气矿产是指地下水、矿泉水矿产品。

3.按矿产资源开发利用阶段分类

按矿产品生产中的矿产资源开发利用阶段进行分类,分为原矿、精矿、尾矿、矿成品。

(1)原矿

顾名思义,原矿是指矿山或矿井开采出来而未经选矿处理或其他加工过程的岩矿石,既包括有用组分含量达到工业要求的矿石成分,也包括有用组分含量未达到工业要求的岩石成分,还可能包括少量的不含有用组分的废石。原矿中有用组分的质量分数,称原矿品位(发热量)。在煤矿开采中原矿称为原煤,在石材开采中原矿称为荒料。

除少数原矿可直接应用外,大都需经选矿处理或后期加工后才能被利用。在选矿处理过程中,习惯上也会把进入某一选矿作业阶段的原料称为原矿,但这里的原矿意义与矿山开采中的原矿不是同一个概念,不能混淆。

(2)精矿

精矿是指原矿经人工或机械选矿处理后,使有用组分得到富集的产品。品位(发热量)较低的矿产品经物理富集,如放射性分选、重力法选矿、浮选等选矿过程处理,获得一定产率的、品位(发热量)较高的矿产品,这部分富集了的矿产品即为精矿。

精矿是选矿厂的最终产品,由选矿厂最后作业得到的主、杂矿物化学组成、粒度及含水量都已达到国家标准,能够满足冶炼厂或其他工业过程要求的,叫作合格精矿。精矿是选矿中分选作业的产物之一,是其中有用组分含量最高的部分,是选矿的最终产品,如金精粉、铜精矿、铁精矿、钛精矿、钼精矿、精煤等。

(3)尾矿

尾矿是原矿选矿处理后得出的有用组分含量最低的副产品,当副产品中有用组分含量低于当前技术经济条件下不宜再分选时,称作最终尾矿。

但随着生产科学技术的发展,有用组分还可能有进一步回收利用的经济价值。尾矿并不是完全无用的废料,往往含有可作其他用途的组分,可以综合利用。实现无废料排放,是矿产资源得到充分利用和保护生态环境的需要。

(4)矿成品

将精矿或原矿进行冶炼、加工处理后得到的具用直接使用价值的商业产品称为矿成品,如成品金属、饰面板材、玉石饰品等。

9.1.3 矿产品价格

矿产品价格是指矿产资源开发、利用企业生产出来的原矿、精矿、尾矿、成品等产品的价格。由于受自然地理条件的影响,矿产资源的贫富程度、矿产品的品质好坏、矿山的地理位置以及交通运输条件等有所不同,生产同类矿产的不同企业,投入同量的劳动和资金所取得的矿产品的数量和质量往往也差别很大,甚至非常悬殊。

矿产品在未经开采时不包含人类劳动,没有"劳动价值",经过开采以后,成了人类劳动的产物,成为费用和效用的统一体而具有价值,进而具有价格。

由于受自然地理条件的影响,矿藏的地理位置、埋藏深度、品位(发热量)高低、品质、品级好坏有所差异,所以投入同量的劳动所取得的矿产品,其数量和质量差别很大,这就使得同一种矿产品所包含的费用、效用关系随资源条件不同而有所不同。这样,矿产品价格一般以劣等生产条件下的平均成本为基础,使劣等生产条件的生产者也能获得与其他部门大体平均的利润。中等和优等生产条件的生产者因此将获得级差收益。这种级差收益由于经营权的垄断,不会循着社会利润平均化的规律而消失。这是矿产品价格不同于一般工业制成品价格之处。

在整个产业链条中,原矿处于初始环节,其价格水平对于后续产品具有连锁效应,对于物价总水平具有重大影响。原矿与选、冶、加工后成品的比价直接影响到产业结构的合理与否;而各种矿产品之间的比价,对矿产资源的回采率、综合利用率等也都具有重大影响。

9.1.4 矿产品价格认定

在进行技术鉴定时,由案件申请鉴定单位负责提出矿产品价格认定申请,当地物价部门依据申请材料,通过市场调查,确定矿产品的市场平均价格,并出具《矿产品价格认定结论书》。

1. 价格认定申请

矿产品价格认定由非法采矿、破坏性采矿案件申请鉴定单位负责向当地物价部门提出申请,申请材料包括价格认定委托书和矿产品品质、品级证明。

(1)价格认定委托书

价格认定委托书包括价格认定标的物矿产品名称、类型、出处、用途,以及价格认定目的、基准日等。

(2)矿产品品质、品级证明

矿产品品质、品级证明材料由鉴定机构提供,可以是岩矿检测部门出具的被破坏矿种的矿产品品位(品级、发热量)测试报告,也可以是矿床、矿脉、矿体品位(品级、发热量)地质调查结果说明材料。

2. 价格认定要素

(1)价格认定标的物

1)标的物名称

价格认定标的物的名称由非法采矿、破坏性采矿案件价值鉴定机构根据国土资源部《关于进一步规范矿业权出让管理的通知》(国土资发〔2006〕12 号)附件(矿产勘查开采分类目录)中所列的三类矿产名称来确定。

2)标的物类型

用于价格认定标的物的矿产品必须是未经选冶、加工处理的涉案原矿或荒料,如果原矿中含有夹石、围岩等废石,在价格认定申请中提交的矿产品品质、品级证明材料中应特别注明矿石贫化率指标;如果是体积出现膨胀的砂石、黏土类矿产,应在价值评估中采用可松性系数指标。

(2)价格认定目的

价格认定目的是为矿产资源破坏案件承办部门(机关)查处非法采矿、破坏性采矿案件提供价格依据。

(3)价格认定基准日

在提请物价部门出具价格认定时,应明确认定结论对应的日期,即价格认定基准日。以确定矿产资源破坏案值为目的的价格认定,一般以违法犯罪时间(案发日)为价格认定基准日。在进行矿产资源破坏价值鉴定时,若矿产资源破坏行为发生的时段不明确或价格认定困难,可以根据行政主管部门立案调查日或公安、司法机关立案侦查日作为价格认定基准日。

3. 价格认定结论

《矿产品价格认定结论书》由当地物价部门出具,物价部门依据技术鉴定机构提供的被破坏矿种的品质、品级证明材料,按照一案一文单独认定矿产品税前的坑(井)口市场平均价格,即单价。

(1)矿产品价格

矿石矿产品价格指的是价格认定的标的物是未经采矿贫化的矿体上采集下来的矿石价格;矿岩矿产品价格指的是经采矿贫化(膨缩)、选冶加工处理形成的原矿、精矿、尾矿的价格。

(2)税前的坑(井)口价格

税前的坑(井)口价格指的是矿产品价格认定的单价组成部分,既不包含增值税、营业税、城建税等方面的税金部分,也不包含开采出来的矿产品从坑口、井口运往贮矿场、选矿场或收购方指定场所的装车、运输成本费用部分。

9.2　矿产资源破坏价值评估

矿产资源破坏价值评估主要是根据矿产资源破坏量估算结果,依据矿产资源开采后形成的矿产品价格认定结论,结合矿产品的形成过程、形态变数、组分贫化,从而对非法采矿、破坏性采矿违法案件造成矿产资源破坏价值做出科学评估。

非法采矿、破坏性采矿案件造成矿产资源破坏价值鉴定中的价值评估工作需根据案情和调查技术手段具体分析、研究,对于通过采空区调查法或矿产品调查法可以确定矿产资源破坏量的违法案件,可运用矿产品单价评估法进行破坏价值的评估;对于采空区惨遭破坏或因多方多期次违法开采的案件,无法通过地质专业技术手段确定矿产资源破坏量,通过借助公安、司法机关特殊手段能够获取案件销赃数额的案件,可运用可靠性评价法决定是否采信。

9.2.1　单价评估法

单价评估法就是根据当地物价部门出具的《矿产品价格认定结论书》中认定的矿产品单价(矿产品税前的坑(井)口市场平均价格),进行矿产资源破坏价值评估的方法。

1.不涉及矿石贫化、膨胀的矿产资源破坏价值评估计算公式

$$W = R \times P$$

式中　　W——矿产资源破坏价值,元;

　　　　R——矿产资源破坏量,m^3 或 t、kg;

　　　　P——矿产品价格,元/m^3 或元/t、元/kg。

本公式适用于进行价格认定的矿产品是在矿体上直接采集的矿石样品、石材荒料,或煤、泥炭、石煤和部分非金属矿产。

2.涉及贫化的矿产资源破坏价值评估计算公式

$$W = \frac{R}{1 - \gamma} \times P$$

式中　　γ——矿石贫化率,%。

本公式适用于进行价格认定的矿产品是在矿产品堆(垛)体中采集的金属、非金属矿产矿岩样品(矿产品中含有夹石、围岩等废石)。

3.涉及矿产品膨胀的矿产资源破坏价值评估计算公式

$$W = R \times K_s \times P$$

式中　　K_s——可松性系数。

本公式适用于进行价格认定的矿产品是已经采落下来的建筑用石料和砂石、黏土类矿产。

9.2.2　可靠性评价法

可靠性评价法就是针对通过刑事侦查等强制手段获取的非法采矿案件中销售额的认定数据,在公安、司法机关对调查出来的销赃数额无法确定能否反映矿产资源破坏案件事实时,矿产资源破坏价值技术鉴定机构借助地质勘测专业技术手段,通过对矿体赋存条件、开采技术条件研究成果,对其可靠性做出结论性科学评价。最后做出是否采用公安、司法机关做出的案值认定数据,作为采空区惨遭破坏或因多方多次非法采矿案件造成的矿产资源破坏价值的结论。

第 10 章 　新技术、新方法研究

　　矿产资源破坏价值鉴定工作重点在于矿产资源破坏量的勘测与估算,因此需根据科学技术发展水平,采用新技术、新方法对矿产资源的破坏量进行科学评估。

　　随着全球定位系统(GPS)、地理信息系统(GIS)、卫星遥感(RS)技术飞速发展,以及高新技术在测绘仪器上的应用,为非法采矿、破坏性采矿造成矿产资源破坏价值鉴定工作提供了新的技术手段与方法。通过对这些新技术、新方法的研究,结合矿产资源破坏价值鉴定实际情况,作为本书编者的河南省地矿局测绘地理信息院地质专业高级工程师南怀方,研制出确定矿产资源破坏范围的矿产卫片取证技术、基于数字高程模型的露天采坑矿产资源破坏量评估技术、基于三维激光扫描测量的地下采场矿产资源破坏量评估技术。

10.1 　矿产卫片取证技术

　　矿产资源破坏范围矿产卫片取证技术是编者在长期对卫星遥感影像应用中,通过对计算机地理信息制图技术的研究,结合矿产卫片在矿产资源破坏价值技术鉴定工作中的应用实践,通过系统归纳、分析总结、严谨治学、科学钻研,最终将科研成果呈现给读者。

10.1.1 　遥感技术及卫星遥感影像

1. 遥感技术及平台

(1)遥感技术

遥感技术是从地面到空间各种对地球、天体观测的综合性技术系统的总称。可从遥感集市平台获取卫星数据、由遥感仪器以及信息接受、处理与分析。

遥感技术是正在飞速发展的高新技术,已经形成的信息网络,正时时刻刻、源源不断地向人们提供大量的科学数据和动态信息。

(2)遥感平台

遥感平台是遥感过程中乘载遥感器的运载工具,它如同在地面摄影时安放照相机的三脚架,是在空中或空间安放遥感器的装置。主要的遥感平台有高空气球、飞机、火箭、人造卫星、载人宇宙飞船等。遥感器是远距离感测地物环境辐射或反射电磁波的仪器,除可见光摄影机、红外摄影机、紫外摄影机外,还有红外扫描仪、多光谱扫描仪、微波辐射和散射计、侧视雷达、专题成像仪、成像光谱仪等,遥感器正在向多光谱、多极化、微型化和高分辨率的方向发展。遥感器接收到的数字和图像信息,通常采用三种记录方式:胶片、图像和数字磁带。其信息通过校正、变换、分解、组合等光学处理或图像数字处理过程,提供给用户分析、判读,或在地理信息系统和专家系统的支持下,制成专题地图或统计图表,为资源勘察、环境监测、国土测绘、军事侦察提供信息服务。如我国已成功发射并回收了几十颗遥感卫星和气象卫星,获得了全色像片和红外彩色图像,并建立了卫星遥感地面站和卫星气象中心,开发了图像处理系统和计算机辅助制图系统。从"风云二号"气象卫星获取的红外云图上,我们每天都可以从电视机上观看到气象形势。

2. 卫星遥感影像

(1)卫星影像

卫星影像是地球卫星遥感影像的简称,是一种具有一定数学基础,由多幅地球卫星遥感影像图片按其地理坐标镶嵌拼接而成的影像图,真实地展现地面山河的壮丽景观,充分体现地球表面的地形地貌特征。

(2)卫星影像分辨率

航空摄影测量的实践可以用来借鉴分析卫星影像与成图比例尺的选择。这是因为二者的成图原理相似,并且航空摄影测量具有大量的实践经验和实验数据,是非常成熟的。航空摄影测量中没有直接给出对影像分辨率的要求,但可以通过对摄影仪物镜分辨率的要求和摄影比例尺来推断。航摄中航摄仪镜头分辨率表示通过航空摄影后在影像上能够分辨的线条的最小宽度(这里没有考虑软片和像纸的分辨率)。在航摄规范(GB/T 15661—1995)中规定航摄仪有效使用面积内镜头分辨率"每毫米内不少于 25 线对"。根据物镜分辨率和摄影比例尺可以估算出航摄影像上相应的地面分辨率 D,即 $D = M/R$。(其中 M 为摄影比例尺分母,R 为镜头分辨率)。根据航摄规范中"航摄比例尺的选择"的规定和以上公式,可得表 10-1。

表 10-1　成图、航摄比例尺及影像地面分辨率关系

成图比例尺	航摄比例尺	影像地面分辨率(m)
1:5 000	1:10 000 ~ 1:20 000	0.4 ~ 0.8
1:10 000	1:20 000 ~ 1:40 000	0.8 ~ 1.6
1:25 000	1:25 000 ~ 1:60 000	1.0 ~ 2.4
1:50 000	1:35 000 ~ 1:80 000	1.4 ~ 3.2

表 10-1 可以作为选择卫星影像分辨率的参考。顺便指出,从表中可以看出,虽然成图比例尺愈大,所需的影像分辨率愈高,但两者并不是成线性正比关系,而是非线性的。

(3)卫星影像技术发展及特点

卫星影像技术是一种具有一定数学基础,由多幅卫星遥感影像按其地理坐标镶嵌拼接而成的影像图的技术。早期是用月球像片制作的月面图。随着地球近极太阳同步轨道卫星如陆地卫星的出现,获得了具有近全球覆盖的遥感影像,才有可能编制大至国家级的各种比例尺卫星影像图。如美国两种季相的全国卫星影像图;中国 1:400 万卫星影像图;中国黄、淮、海平原地区卫星影像图以及各省(区)级、流域级卫星影像图等。

卫星影像图的编制多采用未经精密纠正的影像,精度较低,但工艺简单。故广泛应用于资源与环境的调查、研究,并作为基础图件编制各种专题图。卫星影像图最突出的优点是信息丰富,形象直观,其地理精度即各种自然要素之间的相关位置、空间分布模式以及满足于地学分析的一定位和量测精度,是其他普通线划地图所不能比拟的。此外,地表影像在极大的空间尺度上连续显示,有助于进行各种区域范围的宏观研究,如大地构造(用陆地卫星影像图)、绿被推移(用极轨道气象卫星影象)等。

（4）卫星地图

近年来，随着网络技术的飞速发展，卫星影像技术借助网络技术开发出来的卫星地图技术已渐渐融入到大众的生活中。无论是运营商还是普通大众，都对实景卫星影像有了新的认识和使用习惯。国内知名的百度、腾讯、高德、搜狗、360 等多家地图服务商都上线了卫星地图，通过图上的影像，用户可以清晰看到建筑物、街道、园林景观。

据了解，卫星地图产业链涵盖商用卫星运营方、卫星影像销售方及影像使用方等众多环节。而卫星影像使用方在拿到卫星原始影像数据后，还需要进行"选取原始图像、坐标校正、图片调色、拼接镶嵌、质检出图"等众多制作环节，准入的门槛非常高。

随着我国天绘、资三、高分等卫星的进入，国产中分卫星开始领衔市场，打破了国外卫星影像在国内市场一统天下的局面，其价格也随之有了明显下降。门槛低了，国内对于高分辨率卫星数据需求因此而大幅增长。2015 年，市场规模达到 7 亿～9 亿元，是 2007 年的 3～4 倍，但数据用量却扩大了不止三四倍。随着应用技术越来越成熟，卫星影像应用也更加丰富，从服务于政府、专业客户走向大众应用。互联网的发展，激发了卫星数据服务的网络化。

10.1.2　矿产卫片及卫片取证

1. 矿产卫片及卫片图斑

矿产卫片是利用卫星遥感监测等技术手段制作的叠加矿产资源监测信息及有关要素后形成的专题卫星影像图片，简称卫片。

矿产卫片图斑是在矿产资源管理中利用卫星监测影像资料圈定具有针对疑似涉及勘查、开采活动有关的矿产资源监测区域范围，图斑编定的序号，以行政区划代码为基础，由国土资源部统一编定。

2. 矿产卫片取证

利用不同时间结点上矿产卫片图斑范围变化情况，以监测矿产资源勘查、开采违法活动情况，以此作为制止、处罚违法活动的视听资料证据。

在矿产资源破坏量的鉴定工作中，往往发现由于矿产资源日常巡查不到位等原因，在发现矿产资源破坏违法行为时，矿产资源破坏量已经很大，且无法还原违法行为前矿产资源原始状态，这为涉嫌犯罪的非法开采矿产资源造成矿产资源破坏价值技术鉴定工作带来了困难。

为此，通过收集不同时间结点上的矿产卫片监测资料，反演矿产资源破坏活动的过程，划分矿产资源破坏违法活动中非法开采平面范围，再结合精密仪器实地勘测成果资料，来完成矿产资源破坏量的评估。

10.1.3　矿产卫片图件制作技术

利用卫星影像资料制作矿产卫片图件就是运用测量技术与地理信息技术相结合，将反映矿产勘查、开采动态信息的卫星影像资料作为矿产资源管理手段，便于国土资源主管部门开展执法活动，下面详细介绍矿产卫片制作技术。

1. 解算区域坐标系统转换参数

（1）基本原理

GPS 卫星星历是以 WGS – 84 大地坐标系为根据而建立的，所以 GPS 静态接收机使用的坐标系统是 WGS－84 坐标系统。目前,市面上出售的 GPS 静态接收机所使用的坐标系统基本是 WGS－84 坐标系统,而我们使用的地图资源大部分都属于 1954 北京坐标系(北京 54 坐标系)或 1980 西安国家大地坐标系(西安 80 坐标系)。不同的坐标系统给我们的使用带来了困难,于是就出现了如何把 WGS－84 坐标转换到 1954 北京坐标系或 1980 西安国家大地坐标系上来的问题。众所周知,不同坐标系之间存在着平移和旋转的关系,要使 GPS 静态接收机所测量的数据转换为自己需要的坐标,必须求出两个坐标系(WGS－84 和北京 54 坐标系或西安 80 坐标系)之间的转换参数。因此,如果最后希望得到的不是 WGS－84 坐标系数据,必须进行坐标转换,输入相应的坐标转换参数。只要用户计算出七个转换参数(DX、DY、DZ、EX、EY、EZ、DM)并按提示输入能做 RTK 的 GPS 接收机中,即可在 GPS 仪器上自动进行坐标转换,得出该点对应的北京 54 坐标系(或西安 80 坐标系)的坐标值。

(2)坐标系统转换参数计算方法

下面以西安 80 坐标系为例,求解 GPS 接收机坐标转换七参数的方法。

1)收集应用区域内高等级控制点资料

在应用 GPS 静态接收机工作的区域内(如一个县)找出四个(或以上)分布均匀的等级点(精度越高越好)或 GPS"B"级网网点,点位最好是周围无电磁波干扰,视野开阔,卫星信号强。这需要到当地的测绘管理部门(如本地测绘局、测绘院)抄取这些点的西安 80 坐标系的高斯直角坐标(x,y),高程 h 和 WGS－84 坐标系的大地经纬度$(B、L)$,大地高 H。

2)求坐标转换参数

将上述获得的控制点的坐标数据以一定的格式导入布尔莎模型下不同椭球间坐标系统转换软件进行转换,从而求解出 WGS－84 大地坐标系向西安 80 坐标系高斯直角坐标转换参数。转换参数求出后按提示输入 GPS 接收机的 RTK 中。只需经过这样一次设置,以后所有在该区域内测量时 GPS 所读出的坐标就为该点的西安 80 坐标系相应数据值。

3)参数检验

上述七个转换参数解算出来后,必须按提示分别输入 GPS 接收机的 RTK 中,同时输入工作区中央子午线经度。E 代表东经,投影比例参数为 1,东西偏差为 500 000,南北偏差为 0,并设单位为"毫米"。输入这些参数后,应拿到实地前面收集到的点位上进行检测,检验解算出来的七个参数是否正确。实地检测最好是在埋石控制点上进行,然后找出这些点的理论坐标与之比较,如比较结果超过仪器标称精度,则应重新测算转换参数或查找出现的问题。

2. 确定卫星影像图幅范围

(1)图廓直角坐标范围

根据矿产资源破坏价值鉴定工作需要确定工作区范围,规划出工作区的图廓范围西安 80 坐标系高斯直角坐标纵向、横向值域区间范围 $x(x_1,x_2)$ 与 $y(y_1,y_2)$,以此可以列出平面图廓 4 个角点对应的高斯直角坐标 $A_1(x_1,y_1,h)$、$A_2(x_1,y_2,h)$、$A_3(x_2,y_2,h)$、$A_4(x_2,y_1,h)$,其中 h 值取 0 或采用工作区高程均值均可。

(2)图廓大地坐标范围

根据前面解算出来的西安 80 坐标系的高斯直角坐标$(x、y)$、高程 h 和 WGS－84 坐标系的大地经纬度(B、L)、大地高 H 转换七参数,反算出平面图廓 4 个角点对应的 WGS-84 坐标系的大地经纬度区间范围 $B(B_1,B_2)$ 与 $L(L_1,L_2)$,可以此范围适当扩大以确定卫星影像图幅范围。

3. 下载卫星影像数据

(1)卫星影像数据来源

Google Earth(谷歌地球)是一款由 Google 公司开发的的虚拟地球仪软件,也是卫星影像数据资料的主要来源,是将卫星影像、航拍数据、地图和飞行模拟器整合在一起,布置在一个地球的三维模型上。其卫星影像主要来源于美国 Digital Globe 公司的 Quick Bird(快鸟)商业卫星、美国 EarthSat 公司(影像来源于陆地卫星 LANDSAT-7 卫星居多),航拍主要的来源有英国 BlueSky 公司(以航拍和 GIS/GPS 相关业务为主)、美国 Sanborn 公司(以 GIS 地理数据和空中勘测等业务为主)、美国 IKONOS 和法国 SPOT5 等。

由于 Google Earth 存在泄密性,因此备受争议。2017 年 6 月,谷歌发布全新的 Google Earth,新客户端将登陆桌面和 iOS、安卓移动平台。全新 Google Earth 拥有实用且更加直观信息化的界面,全新的地球 Google Earth 可以让用户在自己的家园和整个地球之间建立起情感联系,意识到地球是我们共同的家园。

(2)卫星影像的清晰度

快鸟卫星影像作为谷歌地球的数据源之一,是快鸟卫星从 450 km 外的太空固定轨道拍摄地球表面上的地物地貌等空间信息,最大成图比例尺可达 1:1 500 至 1:2 000,其影像分辨率高达 0.61 m。也就是说,一个宽度为 61 cm 的物品,在快鸟卫星影像中就以一个像素点存在。

Google Earth 融合多家全球顶尖商业卫星的影像数据,针对大城市、著名风景区、建筑物区域会提供分辨率为 1.0 m 和 0.5 m 左右的高精度影像,视角高度分别约为 500 m 和 350 m。提供高精度影像的城市多集中在北美和欧洲,其他地区往往是首都或极重要城市才提供。中国大陆有高精度影像的地区也非常多,几乎所有大城市都有。另外,大坝、油田、桥梁、高速公路、港口码头与军用机场等也是 Google Earth 的重点关注对象。

非热点区域有效分辨率至少为 100 m,通常为 30 m(例如中国大陆),视角海拔高度为 15 km 左右(宽度为 30 m 的物品在影像上就有一个像素点,再放大就是马赛克了)。

(3)卫星影像数据下载方法

在网络上搜索卫星地图下载器软件,按要求进行安装并运行即可,下面以成都水经软件有限公司研发的"万能地图下载器"为例介绍卫星影像数据下载方法。

1)选择地图类型

常用的地图类型主要是谷歌地球、历史影像、谷歌地图、矢量地图等几种,如果需选择百度、高德、天地图和必应等地图类型,只需要点击"更多"即可(见图 10-1)。

2)定位选择目标区域

这里以三峡大坝为例,在地名搜索栏中输入"三峡大坝"并点击搜索图标(见图 10-2),在查询结果中点击想要的目的地即可。另外,你还可以通过选择行政区划和坐标定位的方式找到目的地。

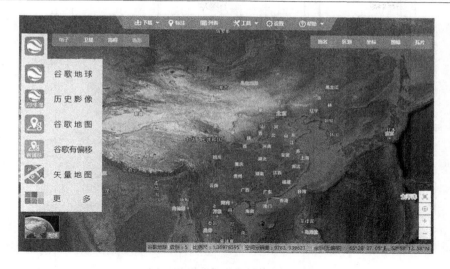

图 10-1　"地图类型选择"对话框

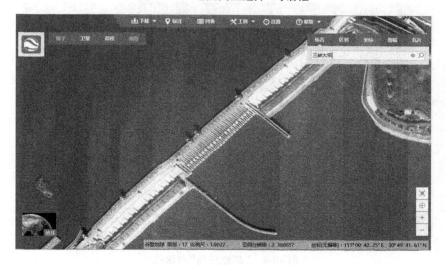

图 10-2　"目标区选择"对话框

　　针对行业用户,可以通过搜索图幅和显示图幅格网的方式找到需要下载的图幅。

　　针对开发人员,可以通过搜索瓦片和显示瓦片格网的方式找到需要下载的瓦片,需要说明的是在线显示的级别和瓦片行列号都是从 1 开始起算的。

　　3)卫星地图下载

　　点击顶部工具栏的"下载"按钮,然后点击"框选下载"之后,在地图区域中框选需要下载的范围(见图 10-3)。

　　如果选择的"屏幕范围",将会按当前屏幕显示的范围下载,另外也可以通过绘制多边型或导入面状的 DXF\SHP\KML\KMZ 文件的方式来确定下载区域。

　　在下载区域中双击,将显示新建任务对话框(见图 10-4),在该对话框中可以参考文件大小和打印尺寸等参数选择适合的级别,一般情况下选择 16 ~ 19 级。

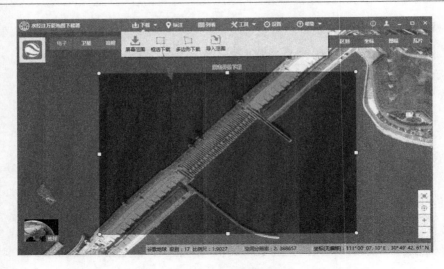

图 10-3 "下载范围选择"对话框

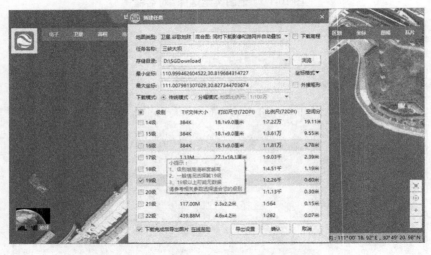

图 10-4 "新建任务"对话框

新建任务对话框中点击"确认"之后,将默认下载一张带有地名和路网的高清卫星影像地图。

针对专业用户,如果需要导出分块大图、瓦片或离线包的话,在点击"确认"按钮之前,需要点击"导出设置"预先设置好,下载完成之后将会按该设置进行自动导出(见图 10-5)。

4)查看地图下载结果

地图下载完成之后,会自动打开下载目录,如果图片较小可以直接双击打开,如果 2 GB 以上,建议用专业的 Global Mapper 或 ArcGIS 等专业软件打开(见图 10-6)。

5)其他地图数据下载

该软件除了可以下载谷歌高清卫星影像以外,还可以下载谷歌历史影像、谷歌高程等高线数据、矢量电子地图数据和其他如百度、高德等地图数据。下载的方法基本相同,这里只作一个简要说明。

图 10-5　"导出设置"对话框

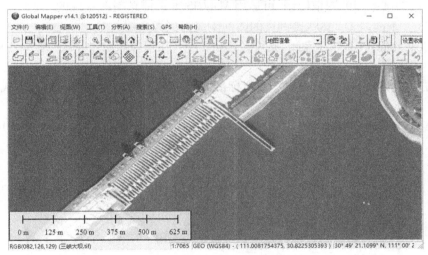

图 10-6　"地图下载结果查看"窗口

①谷歌历史影像数据下载：如果你很好奇自己周围一直以来发生了哪些变化，那么谷歌地球历史影像下载功能现在就可以带您回到过去。只需先切换到历史影像点击一下时间滑块，即可观察到城郊扩建、冰盖消融以及海岸侵蚀等变迁，探索大千世界的遥远边界，就在显示屏的方寸之间。

②谷歌高程等高线数据下载：在地图数据中点击"高程"，可切换显示高程渲染图，你也可以通过框选的方式下载高程数据，最后导出 KML\SHP\DXF\CASS 矢量数据等。

③矢量地图数据下载：如果你需要下载矢量地图，只需要切换到矢量地图，即可通过框选的方式下载矢量路网、矢量 POI 兴趣点、TIF 高程（DXF 等高线）和矢量建筑数据等。

④其他地图数据下载：如果你需要下载百度地图、高德地图、天地图、E 都市地图、搜狗地图、ArcGIS 地图和必应地图等其他地图数据时，只需要在地图类型中点击"更多"即可选择更多丰富的地图。

4. 卫星影像数据校准

（1）野外实地校正测量工作

由于用户下载的卫星影像数据是由多幅地球卫星遥感影像图片镶嵌拼接而成的影像图资料，难免与实地存在偏移差别，这需要通过精密仪器进行实地校正测量。

1）图廓角点位置放样

在工作区进行图廓角点位置放样工作，将西安 80 坐标系下高斯直角坐标 $A_1(x_1,y_1)$、$A_2(x_1,y_2)$、$A_3(x_2,y_2)$、$A_4(x_2,y_1)$ 对应的 4 个角点投放到大地实际位置点上，顺便测出各点对应的高程值 h_1、h_2、h_3、h_4，同时将这 4 个角点标注在前面下载的卫星影像图上。

2）地貌特征点测量

在工作区图廓范围内按一定密度（据图纸精度要求定）布署地貌特征点测量，地貌特征点一般要选择存在尖端地物上，如树根、墙角、路口、桥端等。在野外选点时，要求视野开阔、GPS 接收信号能力强。

（2）矩形图框绘制

工作区图廓范围的图框绘制，可运用 MapGIS 地理信息制图软件的"键盘生成矩形图框"来完成。下面以 1∶2 000 比例尺的图框生成为例做介绍：

1）打开 MapGIS 系统主菜单，选中"实用服务"，在下拉菜单中单击"投影变换"，进入投影变换子系统。

2）在投影变换子系统菜单栏"系列标准图框"下拉菜单中，选择"键盘生成矩形框"命令。

3）接着在系统弹出的"矩形图框参数输入"对话框中输入相应参数（见图 10-7）。

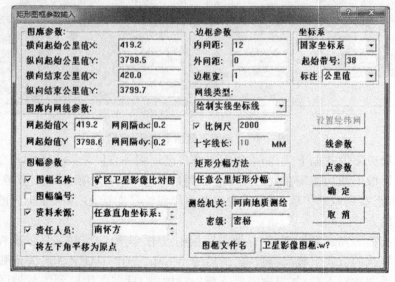

图 10-7　"矩形图框参数输入"对话框

①图廓参数：输入"图框左下角起始坐标值与右上角结束坐标值"（注意不要输入起始带序号）；

②边框参数：输入"内外间距及边框宽值"；

③坐标系:根据情况选用"用户坐标系"或"国家坐标系",根据具体分带键入起始带"序号",标注选用"公里值";

④图廓内网线参数:输入网起始值"x_1 和 y_2"及网间隔值"dx 和 dy"(以实际图纸中网格为 100 mm × 100 mm 为标准);

⑤网线类型:输入"绘制实线坐标线"及比例尺值"如 2 000";

⑥矩形分幅方法:选用"任意公里矩形分幅";

⑦点线参数设置:输入相应参数后分别按"确定"按钮;

⑧图框文件名:输入对应文件名称。

4)参数输入结束后,按"确定"按钮,系统弹出生成的矩形图框(见图 10-8),在空白处击鼠标右键,系统弹出"文件名选择"对话框,按下"Ctrl"键,逐一选择保存点、线、区图框文件。

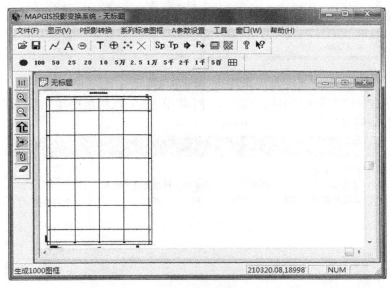

图 10-8　大比例尺任意分幅图框显示

(3)卫星影像数据校正

利用 MapGIS 地理信息制图软件绘制的图框线作为参考文件,运用 MapGIS 图像处理系统,可实现对卫星影像数据校正。

1)几个概念

①校正文件:是指需要进行几何校正和坐标参照处理的文件,校正文件仅包括 MSI 图像文件。

②参照文件:是指对校正文件进行处理作为标准参照的文件。参照文件包括作为参照的 MSI 图像文件、图元文件、图库文件。

③控制点:是影像校正功能中的主要处理对象,用户通过编辑校正文件中的控制点信息来完成校正功能。

2)影像文件格式转换

进行卫星影像校正前,需要对影像文件格式进行转换,下面详细介绍。

①打开 MapGIS 系统主菜单,在"图像处理"菜单中选中"图像分析"按钮,按下后进入图像处理系统(见图 10-9)。

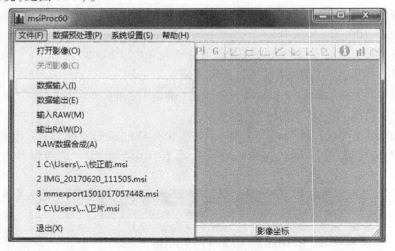

图 10-9　图像处理系统

②打开图像处理系统菜单栏中的"文件"菜单,在下拉菜单中单击"数据输入"命令,系统弹出"数据转换"对话框(见图 10-10)。

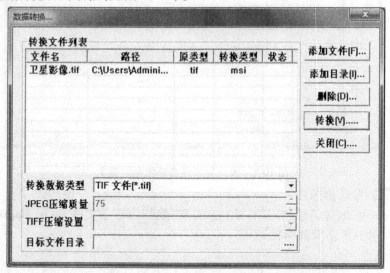

图 10-10　"数据转换"对话框

③在对话框中,首先在"转换数据类型"下拉菜单中选择影像文件格式(如 TIF 文件、JPEG 文件),然后在按下"添加文件"按钮,确定扫描的影像文件存储路径,查找到需要转换的格式文件后,用鼠标双击该文件完成添加,选择目标文件存放路径,最后按"转换"按钮。

④系统在完成"转化图像""数据计算"进程后弹出操作完成提示,用户直接按"确定"按钮,即可完成 MSI 文件格式的转换(见图 10-11)。

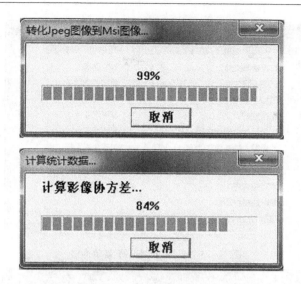

图 10-11　MSI 格式文件转换过程图

注意：如果在"文件"下拉菜单中单击"数据输出"，也可以将格式 MSI 文件转换成其他格式文件（GRD 文件、RBM 文件、TIF 文件、JPEG 文件）。

3）卫星影像校正

①在 MapGIS 图像分析系统菜单栏中单击"文件"，在下拉菜单中单击"打开影像"命令，打开待校正的非标准分幅的栅格 MSI 影像文件（见图 10-12）。

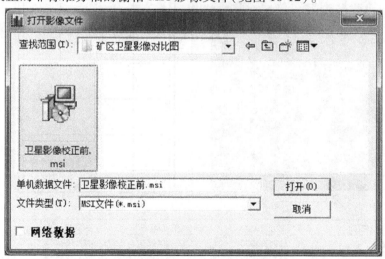

图 10-12　"打开影像文件"对话框

②单击菜单栏中"镶嵌融合"的下拉菜单"打开参照文件"，在右侧展开的下一级菜单中单击"参照点文件"或"参照线文件"菜单（见图 10-13），选择点或线文件，系统弹出影像配准参考窗口（见图 10-14）。

③单击"镶嵌融合"菜单下的"删除所有控制点"命令。

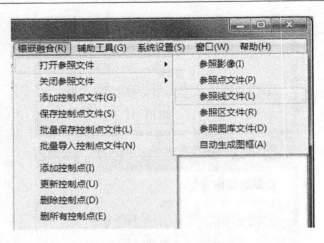

图 10-13　参照文件选择菜单命令

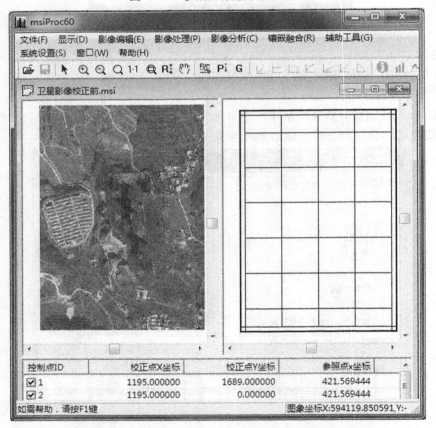

图 10-14　影像配准参考窗口

　　⑤先将系统自动生成的控制点全部删除,再单击"镶嵌融合"菜单下"添加控制点"命令,依次并用鼠标右键弹出的"快捷菜单"中的"指针"按钮选取控制点位置,并按"空格键"确认修改,以添加至少四个控制点。

添加方法如下：

分别单击左边窗口下影像内一点和右边窗口中线文件中相应的点（可通过放大小窗口精确定位），并分别按"空格键"进行确认，系统会弹出提示对话框，按"是"按钮，系统会自动添加下一个控制点（见图 10-15）。

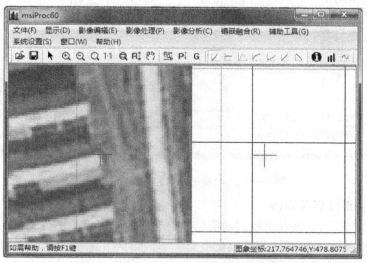

图 10-15　控制点添加窗口

⑥单击"镶嵌融合"下拉菜单中的"校正预览"，并选择"校正点浏览"，原始影像就会套合在右侧窗口下的坐标线上，用户就能通过"窗口放大"浏览到配准结果（见图 10-16）。

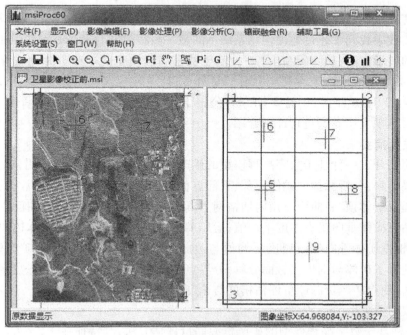

图 10-16　影像配准预览窗口

⑦单击"镶嵌融合"下拉菜单中的"影像精校正"菜单,按系统提示对影像校正结果文件另行保存(见图 10-17)即可。

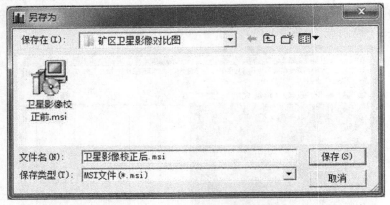

图 10-17 "配准结果文件另存"对话框

10.1.4 矿产资源破坏量评估

通过上述方法,可以制作出不同时间结点上矿区的矿产卫片图件,利用一段时期内两个时间结点上的矿产卫片图件中涉及矿产资源非法露天开采活动的图斑变化情况,以此圈定该时段内矿产资源非法开采范围,再结合现场矿体厚度或开采高度等测量成果数据,就可以开展矿产资源破坏技术鉴定中的资源破坏量的评估工作了。

10.2 数字高程模型评估技术

为了解决矿产资源破坏价值鉴定中关于露天采坑的矿产资源破坏储量估算工作,编者在工作实践中找到了通过地理信息系统下的数字高程模型与地质专家知识相结合估算矿体厚度的科学方法,从而研制出"一种基于数字高程模型的矿产资源储量评估方法及应用"。本方法已经向国家专利局申请了发明专利(专利号:201610870160.0),国家专利局于 2017 年 2 月 1 日在 33 卷 5 期专利公报上给予公布(网址:http://epub.sipo.gov.cn),下面对该项发明专利进行详细介绍。

10.2.1 发明摘要

本发明公开了一种基于数字高程模型的矿产资源储量评估方法及应用,包括:收集矿体勘查成果资料;分析并提取矿体上部、下部界面及端部界线分界点空间数据;基于数字高程模型提取矿体顶、底曲面三角内插格网点高程数据;根据矿体顶、底曲面三角格网点高程数据估算矿体垂向铅直厚度平均值;运用 GIS 空间分析系统估算矿体边曲线水平投影区面积;根据矿体垂向铅直厚度平均值与边曲线水平投影区面积评估矿产资源储量。本发明还提供了矿体与围岩接触面分解、分界点空间数据提取及矿体形态数字高程模型建立的方法,使得矿产资源储量评估精度与速度明显提高。

10.2.2 权利要求书

(1)一种基于数字高程模型的矿产资源储量评估方法,其特征在于,该方法提供了一种矿体与围岩接触面科学分解与模型数据组合的方法,将形态复杂的矿体接触面分解为上部、下部界面及端部界线,并对界面、界线上分界点空间数据配置、组合,从而构建矿体顶、底曲面及边曲线模型数据,以此建立矿体形态数字高程模型数据库。

(2)一种基于数字高程模型的矿产资源储量评估方法,其特征在于,该方法包括以下步骤:

1)收集矿体勘查成果资料;

2)分析并提取矿体上部、下部界面及端部界线分界点空间数据;

3)基于数字高程模型提取矿体顶、底曲面三角内插格网点高程数据;

4)根据矿体顶、底曲面三角格网点高程数据估算矿体垂向铅直厚度平均值;

5)运用 GIS 空间分析系统估算矿体边曲线水平投影区面积;

6)根据矿体垂向铅直厚度平均值与边曲线水平投影区面积评估矿产资源储量。

(3)根据权利要求(2)所述的一种基于数字高程模型的矿产资源储量评估方法,其特征在于:所述的步骤2)分析并提取矿体上部、下部界面及端部界线分界点空间数据,具体包括:

1)地质专家根据专业知识与实践经验确定矿体与围岩接触面的分界部位,提取矿体分界点空间数据;

2)地质专家对矿体分界点空间数据库分类组合,并制图判定其空间离散性;

3)当分界点离散性无法满足矿产资源储量评估精度要求时,地质专家系统分析并提取矿体上部、下部界面及端部界线上加密分界点空间数据;

4)利用矿体基本分界点与加密分界点空间数据建立矿体形态数字高程模型数据库。

(4)根据权利要求(2)所述的一种基于数字高程模型的矿产资源储量评估方法,其特征在于:所述的步骤3)中基于数字高程模型提取矿体顶、底曲面三角内插格网点高程数据,具体包括:

1)利用 DEM 分析系统分别建立矿体顶、底曲面三角剖分初始模型;

2)利用 DEM 分析系统分别建立矿体顶、底曲面三角格网数字高程模型;

3)输出矿体顶、底曲面数字高程模型中的三角格网点高程数据。

(5)根据权利要求(2)所述的一种基于数字高程模型的矿产资源储量评估方法,其特征在于:所述的步骤4)中根据矿体顶、底曲面三角格网点高程数据估算矿体垂向铅直厚度平均值,具体包括:

1)根据矿体顶、底曲面三角内插格网点高程数据,运用微积分理论方法分别估算出矿体上部、下部界面的平均高程值($H_{顶} = 1/m \times \sum H_i$ 、 $H_{底} = 1/n \times \sum H_i$);

2)根据矿体上部、下部界面的平均高程差,估算出矿体在垂向铅直厚度平均值($L = H_{顶} - H_{底}$)。

(6)权利要求第(1)~(5)项所述的一种基于数字高程模型的矿产资源储量评估方法,其特征在于:任意一项方法在矿产资源储量评估中的应用。

10.2.3 专利说明书

1.技术领域

本发明涉及矿产勘查技术领域中资源储量评估方法,尤其涉及一种基于数字高程模型与专家知识经验相结合,充分发挥计算机应用技术优势的矿产资源储量评估方法及应用。

2. 背景技术

更为精确的矿产资源储量评估方法对于成矿远景预测、资源储量估算、资源储量动态检测及采矿工程量验收、非法采矿造成资源储量破坏价值评估等地质工作的开展及成效具有重要意义。然而,由于矿体往往呈隐伏状态深埋地下,已知矿体形态信息十分有限,以目前常用离散数据构建的简单几何形态直接进行矿产资源储量评估往往与矿体实际资源储量悬殊较大,因此,需要利用现代先进技术对矿产资源储量评估方法进行科学改进。

数字高程模型(Digital Elevation Model,简称 DEM),是通过有限的高程数据实现对地形曲面数字化模拟(即地形表面形态的数字化表达),是用一组有序数值阵列形式表示地面高程的一种实体地面模型。数字高程模型为矿体数字形态建模与资源储量评估提供了数学方法与研究方向。

由于含矿地质体是在地球长期演化的动力地质作用下,多以层状、似层状形态产出,根据一般矿体上部、下部界面及端部界线空间数据特征,运用现代科技成果中数字高程模型进行矿产资源储量评估是可以实现的。目前,通过对提取到的矿体形态空间数据分析、研究,建立矿体形态的数字模型,从而对矿体的资源储量进行科学评估,已经成为数字地质学重要研究方向。

目前,现有技术中还没有应用数字高程模型结合专家知识进行矿产资源储量评估。

3. 发明内容

发明提供了一种基于数字高程模型的矿产资源储量评估方法及应用。

为实现上述目的,本发明采取的技术方案为:

本发明提供了一种基于数字高程模型的矿产资源储量评估方法中矿体与围岩接触面科学分解与模型数据组合的方法,将形态复杂的矿体与围岩分界点空间数据提取出来,组合并建立矿体形态数字高程模型数据库,为计算机数字建模提供了可能。

本发明提供的一种基于数字高程模型的矿产资源储量评估方法,该方法采用以下操作步骤。

(1)收集矿体勘查成果资料,包括地质调查、物化探、槽探井探、钻探坑探、采掘工程等勘查手段获取的地质成果资料。

(2)分析并提取矿体上部、下部界面及端部界线分界点空间数据,包括矿体与围岩分界点空间数据提取、分类、组合,分界点空间数据制图、离散性判定,矿体形态数字高程模型数据库建立。

(3)基于数字高程模型提取矿体顶、底曲面三角内插格网点高程数据,包括建立矿体的顶、底曲面空间数据三角剖分网模型建立及格网化处理,矿体顶、底曲面模型三角内插格网点高程数据提取。

(4)根据矿体顶、底曲面三角格网点高程数据估算矿体垂向铅直厚度平均值,包括矿体上部界面和下部界面高程数据均值的估算,进而估算出矿体垂向铅直厚度平均值。

(5)运用 GIS 空间分析系统估算矿体边曲线水平投影区面积,包括矿体边曲线模型数据投影制图、图形处理与面积测算。

（6）根据矿体垂向铅直厚度平均值与边曲线水平投影区面积评估矿产资源储量，包括将估算出的矿体边曲线水平投影区面积值与矿体垂向铅直厚度平均值相乘，再结合矿石体重、品位数据评估出矿体的矿产资源储量。

本发明还提供了上述矿产资源储量评估方法在矿山动用资源储量评估中的应用。

本发明基于数字高程模型，能够充分提取勘查成果资料中反映矿体形态的空间数据信息，通过数据高程建模将离散空间数据进行三角格网化处理，有效地利用这些空间数据信息，从而实现矿产资源储量评估结果更为准确，与目前采用的矿产资源储量评估方法相比，本发明提供的评估方法精度与速度明显提高。

4.具体实施方式

一般在矿产资源储量评估时，是根据各种勘查手段获取的矿体局部厚度，按工程部位划分的范围来估算各块段的体积，然后累加出矿体总体积，由于该方法是利用有限的离散数据将矿体简单几何模型化，无法反映出矿体形态的起伏变化，另外一方面是该方法全部在平面投影图上进行，误差大且费时费力。鉴于现有技术中的不足，本发明提供一种基于数字高程模型的矿产资源储量评估方法及应用，可通过地质专家系统分析地质勘查成果资料、矿体形态图件资料，根据提取到的矿体分界点空间数据建立矿体形态数字高程模型，运用微积分理论方法，化整为零估算出矿体每个三角内插格网点高程，然后统观矿体形态，估算出矿体垂向铅直厚度平均值，进而评估出矿体资源储量，与现有方法比较估算速度与精度都提高了。

本发明在提供一种基于数字高程模型的矿产资源储量评估方法中，首先提供了一种矿体与围岩接触面分解及模型数据组合的方法，如图 10-18 所示，该方法包括：将矿体与围岩接触面分解为上部、下部界面及端部界线，由上部界面上提取到的分界点空间数据与端部界线上提取到的分界点空间数据组合成矿体顶曲面模型数据，由下部界面上提取到的分界点空间数据与端部界线上提取到的分界点空间数据组合成矿体底曲面模型数据，由端部界线上提取到的矿体分界点空间数据组合成矿体边曲线模型数据，并以此建立矿体形态数字高程模型数据库。

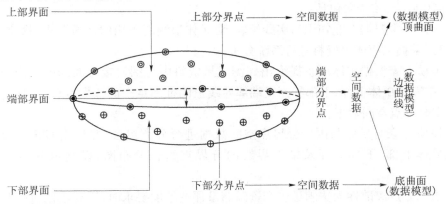

图 10-18　矿体与围岩接触面分解及模型数据组合示意图

本发明提供的一种基于数字高程模型的矿产资源储量评估方法,如图 10-19 所示,该方法包括:

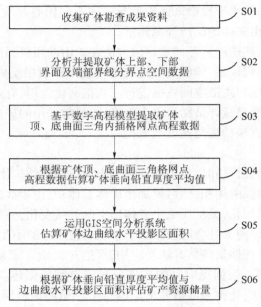

图 10-19　矿产资源储量评估方法流程图

S1:收集矿体勘查成果资料;

S2:分析并提取矿体上部、下部界面及端部界线分界点空间数据;

S3:基于数字高程模型提取矿体顶、底曲面三角内插格网点高程数据;

S4:根据矿体顶、底曲面三角格网点高程数据估算矿体垂向铅直厚度平均值;

S5:运用 GIS 空间分析系统估算矿体边曲线水平投影区面积;

S6:根据矿体垂向铅直厚度平均值与边曲线水平投影区面积评估矿产资源储量。

(1)所述的步骤 S2 中,分析并提取矿体上部、下部界面及端部界线分界点空间数据,如图 10-20 所示,该步骤包括:

1)地质专家根据专业知识与实践经验,对矿体探测所采用的地质调查、物化探工作、探矿工程、采掘工程成果资料进行系统分析;

2)地质专家根据矿体形态提取出探测成果资料中与围岩接触面的工程测控点空间数据,并推算出矿体上部、下部界面及端部界线上的推测点空间数据,组成矿体与围岩分界的基本分界点空间数据;

3)地质专家对矿体与围岩分界点空间数据进行分类组合,并运用 GIS 编辑系统分别绘制矿体上部、下部界面及端部界线的分界点组合分布图,以判定分界点空间离散性;

4)当分界点离散性无法满足矿产资源储量评估精度要求时,需要绘制进一步反映矿体形态的综合性图件,通过地质专家系统分析,提取矿体上部、下部界面及端部界线的加密分界点空间数据;

5）利用矿体基本分界点与加密分界点空间数据建立矿体形态数字高程模型数据库。

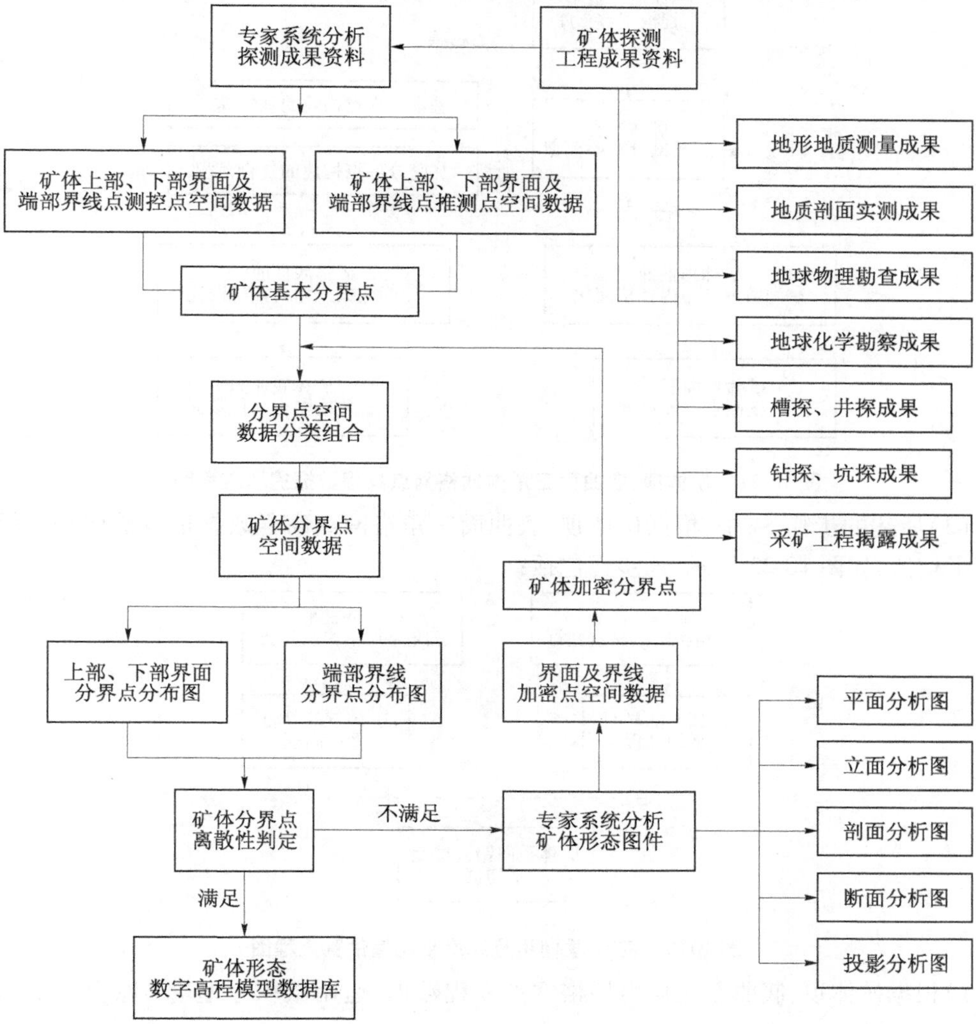

图 10-20 矿体分界点空间数据提取流程图

（2）所述的步骤 S3 中，基于数字高程模型提取矿体顶、底曲面三角内插格网点高程数据，如图 10-21 所示，该步骤包括：

1）利用 DEM 分析系统对矿体形态模型数据建立矿体顶、底曲面三角剖分初始模型，包括利用矿体基本分界点空间数据构建的基础模型、利用矿体基本分界点与加密分界点空间数据共同构建复合模型；

2）利用 DEM 分析系统分别对建立的矿体顶、底曲面初始模型进行三角剖分网生成、整理、内插网格化处理，从而建立矿体形态空间数据三角格网模型；

3）分别将矿体顶、底曲面模型中的三角格网点高程数据输出为明码数据文件或属性图元文件。

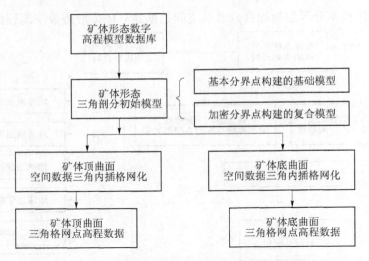

图 10-21 矿体顶、底曲面三角内插格网点高程数据提取流程图

（3）所述的步骤 S4 中，根据矿体顶、底曲面三角格网点高程数据估算矿体垂向铅直厚度平均值，如图 10-22 所示，该步骤包括：

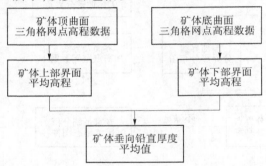

图 10-22 矿体垂向铅直厚度平均值估算流程图

1）根据矿体顶、底曲面三角内插格网点高程数据，运用微积分理论方法分别对估算出矿体上部、下部界面的高程平均值（$H_{顶} = 1/m \times \sum H_i$、$H_{底} = 1/n \times \sum H_i$）；

2）根据矿体上部、下部界面的平均高程差，估算出矿体垂向铅直厚度平均值（$L = H_{顶} - H_{底}$）。

（4）所述的步骤 S5 中，运用 GIS 空间分析系统估算矿体边曲线水平投影区面积，如图 10-23 所示，该步骤包括：

1）运用 GIS 空间分析系统对矿体形态数字高程模型数据库中矿体边曲线模型数据进行投影、制图、连线，并参考矿体顶、底曲面模型格网化处理时采用的网格间距设定线光滑加密距离进行光滑处理，生成封闭的矿体边曲线；

2）运用 GIS 空间分析系统对矿体边曲线水平投影区面积进行估算。

（5）所述的步骤 S6 中，根据矿体垂向铅直厚度平均值与边曲线水平投影区面积评估矿产资源储量，如图 10-23 所示，该步骤包括：

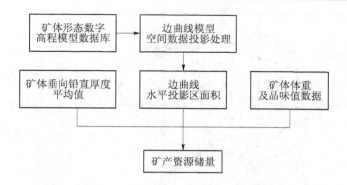

图 10-23　矿体边曲线水平投影区面积估算与资源储量评估流程图

1）用矿体垂向铅直厚度平均值乘以矿体边曲线水平投影区面积,估算出矿体体积;

2）根据矿体体重与品位数据,评估出矿体中矿产资源储量的矿石量及有益组分总量。

10.2.4　应用实例

为了使本发明的目的及优点更加清楚明白,以下结合实施例对本发明进行详细说明。

本发明实施例中提供了一种基于数字高程模型的矿山动用矿体资源储量评估方法的应用,下面详细介绍本方法在河南省驻马店市某石灰岩矿区矿体动用资源储量的评估过程。

1. 资料收集

图 10-24、图 10-25 分别是地质专家所收集到的工作区地形地质图、工作区开采工程平面图,这些图件组成了该开采矿体探测成果资料。

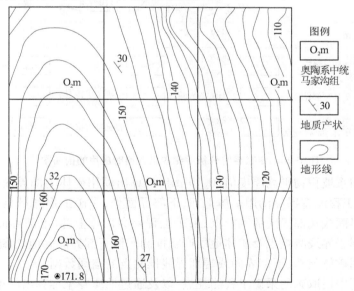

图 10-24　收集到的工作区地形地质图

2. 数据提取

（1）图 10-26 是地质专家对探测成果资料进行系统分析、辅助制图,通过专家的系统分析,认为地形测控点不能直接作为动用矿体上部界面测控点,利用地形测控点高程减去

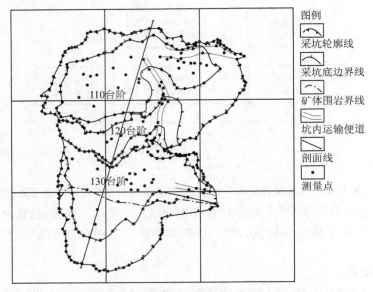

图 10-25 收集到的工作区开采工程平面图

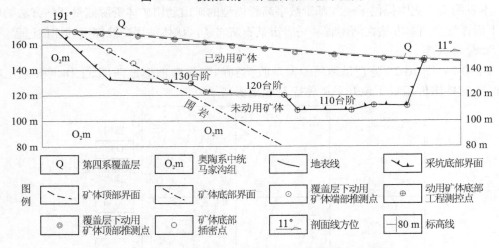

图 10-26 专家系统分析探测成果资料时应用的剖面图

地表覆盖的第四系坡积物平均厚度值(0.75 m),推算出动用矿体上部界面推测点空间数据;认为在采矿工程没有揭穿动用矿体上部、下部界面处,采矿工程测量点可以直接作为动用矿体下部界面或端部界线的测控点;采矿工程揭穿矿体上部、下部界面处,要根据用采坑内矿体与围岩线测控点及矿体地质产状推测矿体下部界面向地表、地下延伸情况,从而推算出动用矿体上部、下部界面或端部界线推测点的空间数据。

将上述分析中提取到的采矿工程测控点、以及通过地质专家推算出的推测点,作为矿体形态基本分界点;将矿体形态基本分界点进行分类与空间组合,分别组建矿体上部、界面及端部界线分界点空间数据。

(2)图 10-27 是运用 GIS 编辑系统将矿体上部、下部界面及端部界线分界点组合空间数据分别组合制图,其中图 10-27(a)为动用矿体上部界面、端部界线上基本分界点分布图;

图 10-27(b)为动用矿体下部界面、端部界线上基本分界点分布图;图 10-27(c)为端部界线上基本分界点分布图。

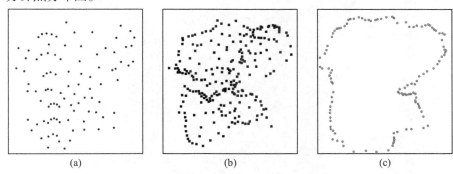

图 10-27 动用矿体界面及界线分界点组合分布图

地质专家对上述基本点分布图进行有离散性判定,认为采矿工程揭穿动用矿体部分,工程测控点与端部推测点间距过大,无法满足进一步估算工作要求。

地质专家继续进行动用矿体形态分析,本次工作绘制了多条地质剖面图,在采矿工程揭穿动用矿体部位测控点与端部推测点之间补充加密分界点,并推算出了这些加密分界点的空间数据。

将前述矿体基本分界点、加密分界点按照部位进行空间数据组合,组成形态信息更为完整的动用矿体形态的模型数据,以此建立动用矿体形态数字高程模型数据库。

3. 数字建模

(1)图 10-28 是利用 DEM 分析系统对动用矿体形态模型数据库建立矿体底曲面三角剖分初始模型,并对矿体形态数据模型进行整理,删除边缘错误连接的三角网。动用矿体形态高程数字模型由基本分界点和加密分界点空间数据共同构建,因此所建立的动用矿体底曲面三角剖分初始模型为复合数字高程模型。

图 10-28 动用矿体底曲面三角剖分初始模型

（2）图 10-29 是利用 DEM 分析系统对上述动用矿体底曲面三角剖分初始模型进行内插格网化处理，从而建立了动用矿体底曲面空间数据三角格网模型。

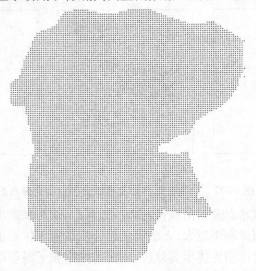

图 10-29　动用矿体底曲面模型数据三角内插格网化点位图

（3）图 10-30 是利用 DEM 分析系统对所建立的动用矿体底曲面空间数据三角格网模型进行立体制图，可以清晰地观察到动用矿体底曲面地形的连续起伏变化情况；利用 DEM 分析系统按照上述动用矿体底曲面三角格网建模方法，建立动用矿体顶曲面空间数据三角格网模型；利用 DEM 分析系统将动用矿体顶、底曲面空间数据三角格网数字高程模型中的高程数据输出为明码文本文件，也可以将动用矿体顶、底曲面空间数据三角格网数字高程模型中的高程数据直接标注制图并输出为挂接属性的图元文件。

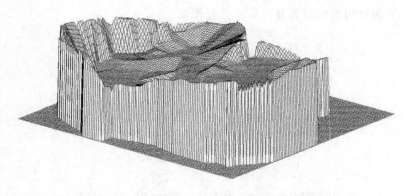

图 10-30　动用矿体底曲面模型数据立体格网图

4. 厚度估算

运用明码数据处理软件或 GIS 空间分析系统，就可以估算出动用矿体上部、下部界面平均高程值分别为 116.45 m 和 142.41 m，从而估算出的动用矿体垂向铅直厚度平均值为 142.41 − 116.45 = 25.96（m）。

5．面积估算

根据前述由基本分界点、加分界点组合的动用矿体形态数字高程模型数据库中的边曲线模型数据，运用 GIS 编辑系统进行水平投影制图，并用点连接线并光滑处理成封闭的矿体边曲线图元，并运用 GIS 空间分析系统估算出其面积为 36 417 m^2。

6．资源储量评估

根据上述估算出的动用矿体垂向铅直厚度平均值及水平投影面积，结合矿体中矿石的体重值为 2.57 t/m^3，评估出矿体中已动用矿产资源储量矿石量为 36 417 m^2 × 25.96 m × 2.60 t/m^2 = 2 458 002 t。

利用现有技术中常用的评估方法，对工作区动用矿体体积估算结果进行了统计汇总，如表 10-2 所示。

表 10-2　工作区动用矿体体积估算结果

台阶编号（m）	底面均高（m）	顶面均高（m）	覆盖层均厚（m）	块体垂厚（m）
130	129.95	155.36	0.75	24.66
120	120.42	145.14	0.75	23.97
110	108.97	138.15	0.75	28.43
采坑底面积（m^2）	采坑顶面积（m^2）	顶底面积差比率（%）	体重（t/m^3）	矿石量（t）
14 889	16 884	11.8	2.6	1 018 579
2 840	3 615	21.4	2.6	201 144
13 358	15 918	16.1	2.6	1 082 012
合计	36 417	14.6	2.6	2 301 735

通过统计结果可知，利用目前常用的方法评估出工作区矿体已动用矿产资源储量矿石量为 2 301 735 t，相比本发明方法的矿产资源储量评估结果减少了 2 458 002 − 2 301 735 = 156 267（t），差比率为 156 267 ÷ 2 458 002 = 6.35%，这是由于目前常用的矿产资源储量评估方法无法模拟出矿体分界点间连续起伏形态变化造成的，可见本发明在矿山动用矿体资源储量评估中的优势所在，估算结果更为准确、可靠。

应当指出，上述实施例仅例示性说明本发明的基本原理与操作方法，使本领域的技术人员更全面地理解本发明，但其并不是用来限定本发明，任何本领域技术人员在不脱离本发明的精神和范围内，都可以做出可能的变动和修改，因此本发明的保护范围应当以本发明权利要求所界定的范围为准。

10.3　三维激光扫描评估技术

为了解决矿产资源破坏价值鉴定中关于地下采场的矿产资源破坏储量估算工作，编者在工作实践中找到了通过三维激光扫描技术的数字模型与数理统计学数字处理方法相结合估算矿体体积的科学方法，从而研制出"一种基于三维激光扫描技术的矿产资源储量评估方法"。本方法已经向国家专利局申请了发明专利（专利号：201710346153.5），国家专利局于 2017 年 8 月 29 日在 33 卷 3501 期专利公报上给予公布(网址:http://epub. sipo.gov.cn),下面对该项发明专利进行详细介绍。

10.3.1 发明摘要

本发明公开了一种基于三维激光扫描技术的矿产资源消耗量评估方法,包括:前期准备工作;采区范围空间点云数据采集与数据预处理;通过采区范围空间点云数据修正建立动用矿体形态数据模型;通过动用矿体形态数据模型空间分割建立区块形态数据模型;建立数字曲面模型估算区块截面对应的模拟点云数据分布量;通过区块形态模型拆解估算区块范围空间体积;矿体动用范围矿产资源消耗量评估。本发明还提供了一种高密度连续均匀分布数据点空间范围极限估算方法与空间点云数据模拟分布二次曲面拟合法,使矿产资源消耗量评估效率与精度明显提高。

10.3.2 权利要求书

(1)一种基于三维激光扫描技术的矿产资源消耗量评估方法,其特征在于,该方法提供了一种高密度连续均匀分布数据点空间范围极限估算方法,该方法包括下面内容:

1)高密度连续均匀分布数据点特征:三维激光扫描测量技术发展实现了空间范围高密度连续均匀分布数据点模型建立,高密度连续均匀分布数据点空间数据模型重要特征一是相邻的空间数据点与中心点连线长度 T_i 近似相等,二是相邻连线间夹角 θ_i 接近均值。

2)不规则平面范围:由不规则曲线上高密度连续均匀分布数据点围成的平面空间范围,用平面范围中心点与曲线上相邻两个空间数据点把不规则平面范围分成若干个三角形,通过连续求和估算出不规则平面范围的面积为 $S_{不规则面} = \sum \left[(T_i T_{i+1} \sin\theta_i) \div 2 \right]$,利用极限方法推导出不规则面面积估算公式。

$$S_{不规则面} = \frac{\pi}{n} \sum T_i^2$$

3)不规则立体范围:由不规则曲面上高密度连续均匀分布数据点围成的立体空间范围,用立体范围中心点与曲面上相邻三个空间数据点把不规则立体范围分成若干个三角锥体,同理,利用极限方法推导出不规则体表面积及体积估算公式。

$$S_{不规则体} = \frac{4\pi}{n} \sum T_i^2$$

$$V_{不规则体} = \frac{4\pi}{3n} \sum T_i^3$$

式中 T_i——不规则面或不规则体中心点到空间范围上任意数据点的连线长度。

(2)一种基于三维激光扫描技术的矿产资源消耗量评估方法,其特征在于,该方法包括以下步骤:

1)前期准备工作;

2)采区范围空间点云数据采集与数据预处理;

3)通过采区范围空间点云数据修正建立动用矿体形态数据模型;

4)通过动用矿体形态数据模型空间分割建立区块形态数据模型;

5)建立数字曲面模型估算区块截面对应的模拟点云数据分布量;

6）通过区块形态模型拆解估算区块范围空间体积；

7）矿体动用范围矿产资源消耗量评估。

（3）根据权利要求（2）所述的一种基于三维激光扫描技术的矿产资源消耗量评估方法，其特征在于，所述的步骤4）通过动用矿体形态数据模型空间分割建立区块形态数据模型，具体包括：

1）不规则体实体化处理：由于矿体的矿化不均匀性、开采工程地质条件差异性等因素的影响，利用矿体动用范围空间点云数据建立的动用矿体形态数据模型多呈不规则内空体，为了实现不规则内空体体积估算，需要把不规则母体分离成若干个凸形子体，即子体中心点到子体界面任意空间点的连线都是唯一的。

2）数据模型空间分割：通过设计矿产资源消耗量估算区划方案，确定动用矿体形态数据模型分割部位，根据分割截面空间特征数据点三维坐标数据解算出矿体动用范围点云数据空间分割切面方程 $a_j x + b_j y + c_j z + d_j = 0$，利用各切面方程空间位置关系进行空间点云数据过滤，获得若干个空间点云数据分布区域，以此建立动用矿体形态数据模型中的区块形态数据模型。

（4）根据权利要求（2）所述的一种基于三维激光扫描技术的矿产资源消耗量评估方法，其特征在于，所述的步骤5）建立数字曲面模型估算区块截面对应的模拟点云数据分布量，具体包括：

1）处理方法：区块范围空间点云数据分布既不连续也不均匀，需要采用二次曲面拟合法对区块上的空间点云数据分布进行高密度连续性、均匀性模拟处理，估算出在相应曲率下与区块外表面实际空间点云数据分布等密度条件下各截面对应的模拟点云数据分布量 m_j。

2）数据分组：在对区块上各截面空间点云数据分布进行模拟处理时，首先需要利用区块分割切面距离公式将区块范围空间点云数据分成区块外表面空间点云数据组（x_i、y_i、z_i）和各截面轮廓线空间点云数据组（x_{jk}、y_{jk}、z_{jk}），并统计出区块外表面空间点云数据分布量 n 及各截面轮廓线空间点云数据分布量 f_j。

3）建立球缺数字曲面模型：为实现区块截面对应模拟数据点连续性分布的曲率拟合，需要建立与区块各截面对应的标准球缺数字曲面模型，通过对区块中心点 O 到截面距离 l_j 与截面面积 s_j 这两个关联着区块、截面形态数据信息的应用，实现截面对应的标准球缺模型与区块形态数据模型的曲率拟合，解算出球缺模型参数半径 R_j、球冠面积 S_j，区块各截面对应的标准球缺半径、球冠面积计算公式。

$$R_j = \sqrt{l_j^2 + \frac{s_j}{\pi}}$$
$$S_j = 2\pi R_j (R_j - l_j)$$

4）建立球体数字曲面模型：为了实现区块截面对应模拟数据点均匀分布的密度拟合，需要用区块外表面数据点、截面对应模拟数据点等密度分布时与区块中心点距离平均值 R 为半径建立球体数字曲面模型，在设定区块上各截面对应标准球缺的球冠模拟数据点分布量为 m_j 时，可推导出所建立的球体数字曲面模型需要满足半径长度、球面积大小、点云数据均匀分布的密度拟合条件公式。

$$R = \frac{\sum R_i + \sum m_j R_j}{n + \sum m_j}$$

$$\frac{\sum S_j}{\sum m_j} = \frac{4\pi r R^2 - \sum S_j}{n}$$

$$\frac{m_j}{S_j} = \frac{\sum S_j}{\sum m_j}$$

据这三个条件方程式,解算出区块各截面对应的模拟点云数据分布总量 $\sum m_j$。

(5)根据权利要求(2)所述的一种基于三维激光扫描技术的矿产资源消耗量评估方法,其特征在于,所述的步骤6)通过区块形态模型拆解估算区块范围空间体积,具体包括:

1)区块形态拆解:利用空间分割切面方程过滤后形成的空间点云数据组所建立的区块空间范围,用区块中心点与各截面轮廓线构建的曲面,可以将区块空间范围分解成若干个与截面对应的锥体与一个挖缺体。

2)锥体体积:运用锥体体积公式对区块各截面对应锥体体积估算。

$$V_k = \frac{s_j l_j}{3}$$

3)挖缺体体积估算:由于采用了三维激光扫描技术,可根据区块表面上高密度连续均匀分布的实际点云数据分布量与模拟点云数据分布总量,利用点云数据分布量空间占比关系采用曲面模型均分法进行区块挖缺体的体积估算。

$$V_w = \frac{4\pi n \sum R_i^3}{3(n + \sum m_j)}$$

4)锥体与挖缺体间隙体积估算:同样采用曲面模型均分法对锥体与挖缺体间隙进行体积估算。

$$V_g = \frac{4\pi f_j \sum R_i^3}{3(n + \sum m_j)}$$

5)区块范围空间体积估算:区块范围空间体积等于挖缺体、各锥体及其间隙体积总和。

$$V_q = V_w + \sum V_k + \sum V_g$$

(6)权利要求第(1)~(5)项所述的一种基于三维激光扫描技术的矿产资源消耗量评估方法,其特征在于:任意一项方法在不规则面、不规则体空间范围评估中的应用。

10.3.3 专利说明书

1.技术领域

本发明涉及矿产开采技术领域中资源储量评估方法,尤其涉及一种基于三维激光扫描技术与地质技术相结合,充分发挥三维激光扫描技术优势的矿产资源消耗量评估方法。

2. 背景技术

更为精确的矿产资源消耗量评估方法对于矿区深部成矿预测、矿山探采对比研究、资源储量动态检测、采矿工程量验收、矿山"三率"管理,以及非法采矿造成矿产资源储量破坏价值评估等地质工作的开展及成效具有重要意义。然而,由于矿山开采形成的开采区作业条件艰苦、危险,矿体动用范围空间形态异常不规则、岩矿界面凸凹不平,以目前 GPS RTK、全站仪等常规测量仪器采集有限数据构建矿体简单几何形态直观性差、工作效率低下,矿产资源消耗量评估结果往往与实际消耗量悬殊大,因此,需要借助现代先进测量技术对矿产资源消耗量评估方法进行科学改进。

三维激光扫描技术(3D laser scanning technology),又称实景复制技术,是通过高速激光扫描测量方法,大面积、高分辨率地获取测量对象表面点云数据,可以快速、大量地采集空间密集点空间三维坐标、反射率和纹理等信息,为线、面、体等各种图件数据采集、三维模型建立提供了一种全新的技术手段。由于三维激光扫描作业的快速性、非接触性,测量数据的高密度、高精度,成果资料的数字化、自动化等特性,为矿山开采中动用矿体形态数字模型建立及矿产资源消耗量评估提供了技术手段与研究方向。

由于矿产资源开采中动用矿体形态不规则,根据矿山开采形成的露天采坑或地下采空区,运用现代科技成果中三维激光扫描技术进行采区范围扫描测量,再结合矿山地质技术对采集的空间点云数据科学处理,为更为准确的矿产资源消耗量评估提供了可能。目前,通过空间数据采集、分析处理、数字建模、体积估算,实现矿产资源储量科学评估,已经成为数学地质重要研究方向。

综上所述,对于矿产资源消耗量评估工作,需要借助三维激光扫描技术发明新的矿体动用范围测算方法,以提高矿产资源消耗量评估的效率和精度。

3. 发明内容

本发明的目的是提供一种基于三维激光扫描技术的矿产资源消耗量评估方法。

为实现上述目的,本发明采取的技术方法为:本发明提供了一种基于三维激光扫描技术的矿产资源消耗量评估方法中高密度连续均匀分布数据点空间范围极限估算方法、采区范围空间点云数据修正原则及方法,动用矿体形态点云数据空间分割方法,矿体区块范围空间点云数据的二次曲面拟合方法,实现了不连续点云数据空间范围极限估算方法,将形态复杂的矿体动用范围空间点云数据模型化、密集化、连续化,为矿产资源消耗量高效率、高精度评估目的的实现提供了可能。

本发明在提供一种基于三维激光扫描技术的矿产资源消耗量评估方法中,首先提供了一种高密度连续均匀分布数据点空间范围极限估算方法,该方法是利用高密度连续均匀分布数据点构建的空间范围中心点与空间范围上相邻两数据点连线长度近似相等、相邻连线间夹角接近均值的特征,推导出不规则曲线上高密度连续均匀分布数据点围成空间范围的平面面积估算公式和立体体积估算公式。

$$S_{\text{不规则面}} = \frac{\pi}{n} \sum T_i^2$$

$$V_{\text{不规则体}} = \frac{4\pi}{3n} \sum T_i^3$$

式中　T_i——不规则面或不规则体中心点到空间范围上任意数据点的连线长度。

本发明提供的一种基于三维激光扫描技术的矿产资源消耗量评估方法,该方法采用以下操作步骤。

(1)前期准备工作:包括收集矿产勘查阶段地质资料及矿山开采阶段日常管理技术资料、组织专业人员作业现场实地考察、制定作业技术方案等。

(2)采区范围空间点云数据采集与数据预处理:通过外业操作完成采区范围数据扫描任务,通过内业整理完成数据预处理,保存采区范围原始空间点云数据。

(3)通过采区范围空间点云数据修正建立动用矿体形态数据模型:根据矿山开采中采区贫化、损失、堆渣情况,对采区范围原始空间点云数据进行技术调整,还原矿体实际动用范围,建立动用矿体形态数据模型。

(4)通过动用矿体形态数据模型空间分割建立区块形态数据模型:根据动用矿体形态及矿石类型质量品位分布特征,对修正后的矿体动用范围空间点云数据建立的动用矿体形态数据模型进行实体化处理,确定矿产资源消耗量估算中矿体动用形态的区块划分方案,利用分割切面方程空间位置关系,将矿体动用范围空间点云数据过滤成若干个空间点云数据分布区域,以此建立区块形态数据模型。

(5)建立数字曲面模型估算区块截面对应的模拟点云数据分布量:区块形态数据模型中截面空间点云数据分布既不连续、也不均匀,无法采用高密度连续均匀分布数据点的空间范围极限估算方法,为此需要采用二次曲面拟合法对截面空间点云数据模拟分布进行曲率拟合与密度拟合,通过模拟截面对应的点云数据分布量实现区块形态数据模型点云数据高密度分布的连续性、均匀性;首先用区块截面轮廓线空间点云数据组(x_{jk}、y_{jk}、z_{jk})、区块中心点 O 坐标数据估算出各截面面积 s_j、各截面到区块中心点的距离 l_j,以此建立标准的球缺数字曲面模型,估算出区块各截面对应球缺模型半径 R_j、球冠面积 S_j;然后根据各截面对应球缺模型中的球冠面积与区块外表面积 S_b(不包括截面面积)建立半径为 R 的标准球体数字曲面模型,再利用各截面对应的球缺模型半径、球冠面积及模拟点云数据分布量 m_j、区块外表面空间点云数据组(x_i、y_i、z_i)到中心点距离的长度 R_i、外表面积、点云数据分布量 n 的关系,估算出区块形态上截面对应的高密度连续均匀分布模拟点云数据总量 $\sum m_j$。

(6)通过区块形态模型拆解估算区块范围空间体积:根据区块中心点与各截面轮廓线围成的曲面,把整个区块形态拆解成若干个与截面对应的锥体和一个挖缺体,结合区块截面面积和区块中心点到各截面的距离,估算出区块上各锥体体积 V_j;再采用曲面模型均分原理估算出区块上挖缺体体积 V_w、各锥体与挖缺体间隙体积 V_g,从而估算出动用矿体中区块范围空间体积 $V_q = V_w + \sum V_j + \sum V_g$。

(7)矿体动用范围矿产资源消耗量评估:根据动用矿体形态中区块范围空间体积及其矿石体重、质量品位数据,估算矿山开采时各区块消耗矿产资源矿石量及有益组分量,然后通过采区数理统计评估出矿体开采中动用范围矿产资源的矿石及有益组分消耗总量。

本发明优点是:通过三维激光扫描技术,能够全面采集到矿山开采区范围高密度连续均匀分布的空间点云数据;通过空间点云数据术修正、空间分割、数据过滤、二次曲面拟合等技术方法,建立点云数据模拟分布数字曲面模型;通过对区块各截面对应的模拟点云数据分布量估算,实现了采用高密度连续均匀分布数据点空间范围极限估算方法对不连续不均匀分布空间点云数据构建的区块范围空间体积进行估算,使矿山开采中动用矿体的矿产资源消耗量评估结果更为准确,与目前常规测量仪器测算法相比,本发明提供的评估方法精度与效率明显提高。

4. 具体实施方式

一般在矿产资源消耗量评估时,是根据勘查开采阶段获取的矿体动用范围中各区块平均厚度,再用常规仪器测量法获取的有限的空间数据投影面积来估算区块范围空间体积、矿石量及有益组分量,然后统计出矿体动用范围矿产资源消耗总量。由于该方法对矿体动用范围的空间信息的采集是有限的、不连续的、不均匀的,无法全面反映开采阶段矿体揭露空间范围;另外,该评估方法主要是在剖面图、平面投影图上进行,误差大且费时费力。鉴于现有技术的不足,本发明提供一种基于三维激光扫描技术的矿产资源消耗量评估方法,可通过对矿体勘查开采阶段地质资料收集,采区范围空间数据扫描采集、处理修正,动用矿体形态数据模型空间分割、数字建模,再利用极限方法实现矿体动用范围空间体积的估算,进而对矿山开采中矿产资源消耗量做出评估,与现有方法比较作业效率与估算精度都有明显提高。

(1)本发明在提供一种基于三维激光扫描技术的矿产资源消耗量评估方法中,首先提供了一种高密度连续均匀分布数据点空间范围极限估算方法,实现了对形态不规则的面、体空间范围更为准确的估算,该方法包括以下内容。

1)高密度连续均匀分布数据点特征

三维激光扫描测量技术发展实现了空间范围高密度连续均匀分布数据点采集,由三维激光扫描技术优点可知,直接利用三维激光扫描测量成果资料建立空间范围数字模型具有重要特征:一是相邻的空间范围数据点与中心点连线长度近似相等,二是相邻连线间夹角接近均值。

2)不规则平面范围

由不规则曲线上高密度连续均匀分布数据点围成的平面空间范围,如图 10-31 所示(平面范围中心点 1、曲线上数据点 2、中心点到曲线上数据点连线 3、曲线上相邻两数据点连线 4、中心点与曲线上相邻数据点连线间夹角 5),用平面范围中心点 O 与曲线上相邻两个空间数据点(如 A、B)把不规则平面范围分成若干个三角形,再通过连续求和估算出不规则平面范围的面积为: $S_{不规则面} = \sum \left[(T_i T_{i+1} \sin\theta_i) \div 2 \right]$,再根据高密度连续均匀分布数据点特征可知,当曲线上的数据点高密度连续均匀分布时($n \to +\infty$), $\lim(T_i - T_{i+1}) = 0$、$\lim[(\sin\theta_i) - \theta_i] = 0$、$\lim(\sin\theta_i) = 2\pi \div n$,利用极限方法推导出不规则面面积估算公式。

$$S_{不规则面} = \frac{\pi}{n} \sum T_i^2$$

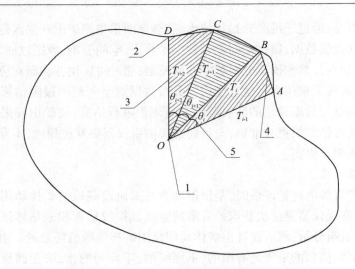

图 10-31　平面范围面积估算图

3）不规则立体范围

同上原理,由不规则曲面上高密度连续均匀分布数据点围成的立体空间范围,用立体范围中心点与曲面上相邻三个空间数据点把不规则立体范围分成若干个三角锥体,利用极限方法可知当立体范围外表曲面数据点高密度连续均匀分布时($n \to +\infty$), $\lim(T_i - T_{i\pm1}) = 0$、$\lim(\sin\theta_i) = \lim[2\sin(\theta_i \div 2)]$、$\lim[(\sin\theta_i) - (\sin\theta_{i\pm1})] = 0$,由此可估算出不规则立体范围表面积为 $S_{\text{不规则体}} = \sum[\sqrt{3}(T_i\sin\theta_i)^2 \div 4]$,体积为 $V_{\text{不规则体}} = \sum\{[\sqrt{3}(T_i\sin\theta_i)^2 \div 4] \times T_i \div 3\}$。

再由不规则立体范围的特例情况下呈标准圆球体时($T_i = T$、$\theta_i = \theta$),不规则立体范围表面积为 $S_{\text{不规则体}} = \sum[\sqrt{3}(T_i\sin\theta_i)^2 \div 4] = 4\pi T^2$ 可知,在 $n \to +\infty$ 时,$\lim(\theta_i - \theta) = 0$、$\lim(\sin\theta_i)^2 = 16\pi \div \sqrt{3}$,由此可推导出不规则体表面积及体积估算公式。

$$S_{\text{不规则体}} = \frac{4\pi}{n}\sum T_i^2$$

$$V_{\text{不规则体}} = \frac{4\pi}{3n}\sum T_i^3$$

（2）本发明提供的一种基于三维激光扫描技术的矿产资源消耗量评估方法,如图 10-32 所示,该技术方法步骤包括:

S1：前期准备工作;

S2：采区范围空间点云数据采集与数据预处理;

S3：通过采区范围空间点云数据修正建立动用矿体形态数据模型;

S4：通过动用矿体形态数据模型空间分割建立区块形态数据模型;

S5：建立数字曲面模型估算区块截面对应的模拟点云数据分布量;

S6：通过区块形态模型拆解估算区块范围空间体积;

S7：矿体动用范围矿产资源消耗量评估。

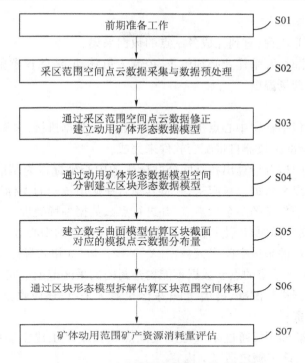

图 10-32 矿产资源消耗量评估流程图

（3）所述的步骤 S1 中,前期准备工作,该步骤包括以下内容。

1）资料收集

收集矿产勘查及矿山开采中矿体品位、厚度、资源储量,采区剥离、采幅、贫化、损失等基础地质资料,还要收集矿山开采中以往采区范围空间测量数据资料。

2）实地考察

了解采区的环境条件、安全条件、开采技术条件、矿体顶底板开采程度,采区范围、作业状态、堆渣情况。

3）制订方案

设计扫描精度、站点布设与标靶布设,绘制扫描计划草图,标注站点与标靶位置、记录采区基本信息,并对架设标靶的控制点进行常规测量。

（4）所述的步骤 S2 中,采区范围空间点云数据采集与数据预处理,该步骤包括以下内容。

1）数据采集

①依据扫描作业方案,将仪器架设在指定位置,将反光标靶也放到设计位置上。

②启动并调整仪器,完成仪器激光的对中与整平;根据采区情况确定扫描范围,按成果数据资料的精度需要对仪器扫描分辨率及点云数据质量进行设置,然后开始第 1 站点扫描作业。

③站点作业完成后关闭仪器,移到第 2 个站点继续上述作业流程。

④完成第 2 站扫描后,将标靶设置到 2、3 站间公共区域,重新扫描标靶才算完成本站

作业。

⑤重复以上作业流程,直到完成各站点的数据采集。

注意:扫描作业时,开采作业必须停止,控制人员移动,清除仪器前方遮挡物;扫描时还应及时测量作业现场温度。

2)数据预处理

①数据预处理包括标靶中心点坐标数据提取,点云数据拼接,去噪、抽稀,坐标转换及特征信息提取等,全部由仪器自带配套软件来完成。

②首先在软件中拟合计算出各站间公共标靶的中心坐标作为基准点,通过这些基准点将各站点采集的点云数据拼接起来,并将其整合在矿山统一的坐标系统中。

③其次要删除采集到的多余噪声点,并进行点云数据抽稀处理。

④第三,变换其坐标原点,使其位于计量板上定位标靶的中心处。

⑤最后将处理过的采区空间点云数据(X_i、Y_i、Z_i)以 txt 格式导出存盘。

注意:如果本次所采集的点云数据不能构建封闭的采区范围空间数据模型,还需要与以往采集的空间数据进行配准、拼接,如开采区是露天采坑,还应收集开采前的原始地形地貌测量成果数据资料。

(5)所述的步骤 S3 中,通过采区范围空间点云数据修正建立动用矿体形态数据模型,如图 10-33 所示,该步骤包括以下内容。

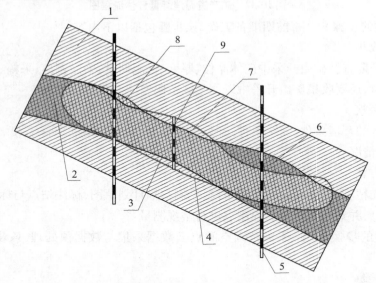

图 10-33 采区范围空间点云数据修正剖面示意图

1)在矿体开采作业中无法按照矿体产出形态完整采出来,会出现因顶底板局部超采造成围岩混入矿石中的贫化现象,也会出现因顶底板局部没有采透、安全矿柱预留等造成矿石无法回收的损失现象,如图 10-33 所示(围岩 1、矿体 2、矿体界线 3、采区范围线 4、钻探取样孔 5、矿体可回收暂时损失部分 6、超采围岩 7、矿体永久损失部分 8、采区跟踪管理取样线 9)。

2）数据修正原则

①对于矿体开采过程中围岩超采部分、矿体顶底部少量残留、矿柱永久占用等矿体不可回收部分，把这部分矿体纳入矿体动用范围处理，对采区范围空间点云数据进行修正。

②对于开采过程中没有采透的矿体、临时性矿柱，其规模、属性仍然能够满足矿山后期回采、残采要求，属于可回收利用的暂时性损失，这部分矿体不纳入矿体动用范围，采区范围空间点云数据不予修正。

③对于采区内存在的矿渣堆积情况，根据前期准备阶段中现场实地考察时渣堆位置、规模、高度等数据记录，结合矿体在该部位的赋存状况，对采区范围空间点云数据进行修正。

3）上述过程可通过地理信息系统实现，将步骤 S2 中导出的 txt 格式数据导入系统，根据收集的矿山以往勘探、开采期矿体取样成果地质资料，按片区单元对采区范围空间点云数据进行修正，还原矿体动用范围的真实状态，从而建立动用矿体形态数据模型。最后将修正的空间点云数据（$X_{i修}$、$Y_{i修}$、$Z_{i修}$）以 txt 格式导出。

（6）所述的步骤 S4 中，通过动用矿体形态数据模型空间分割建立区块形态数据模型，该步骤包括以下内容。

1）实体化处理

①由于矿体的矿化不均匀性、开采工程地质条件差异性、开采技术手段落后等因素的影响，利用矿体动用范围空间点云数据建立的数据模型在形态上表现为参差不齐的不规则内空体，即中心点与范围的界面点连线存在穿出界面的现象。

②为了实现不规则内空体体积估算，需要对其进行实体化处理，把参差不齐的母体分离成若干个凸形子体，即子体中心点到子体界面任意空间点的连线都是唯一的，如图 10-34 所示（动用矿体形态数据模型 1、动用矿体形态范围 2、空间分割切面 3、截面 4、截面轮廓线 5）。

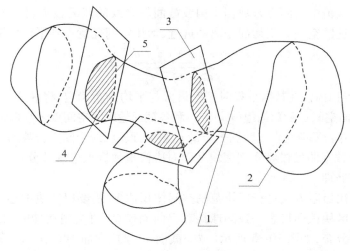

图 10-34　矿体动用范围点云数据空间分割示意图

2）数据模型空间分割

①空间分割

根据矿体动用范围建立的空间形态数据模型，结合矿体中矿石类型及品位质量分布情况，设计矿产资源消耗量估算区划方案，确定动用矿体形态数据模型分割部位，通过现场测定或直接在设计分割截面轮廓线上提取空间特征数据点三维坐标数据，以此解算出矿体动用范围点云数据空间分割切面方程 $a_j x + b_j y + c_j z + d_j = 0$ 的参数 a_j、b_j、c_j、d_j 值。

②数据过滤

利用各切面方程空间位置关系对矿体动用范围空间点云数据进行过滤，获得若干个空间点云数据分布区域，用这些点云数据围成的区域范围建立动用矿体形态数据模型中的区块形态数据模型。

（7）所述的步骤 S5 中，建立数字曲面模型估算区块截面对应的模拟点云数据分布量，该步骤包括以下内容。

1）处理方法

经空间分割、数据过滤后形成的区块范围空间点云数据分布既不连续也不均匀，为此需要采用二次曲面拟合法对区块上的空间点云数据分布进行高密度连续均匀性模拟处理，估算出在相应曲率下与区块外表面实际空间点云数据分布密度条件下各截面对应的模拟点云数据分布量 m_j，以实现采用极限方法进行区块范围空间体积估算时需要满足的空间点云数据条件要求。

2）数据分组

①矿体形态数据模型空间分割后，区块上各截面的空间点云数据仅分布在轮廓线上，而截面内部却没有空间点云数据分布，出现点云数据分布不连续不均匀的现象，如图 10-35 所示（区块中心点 1、外表面上数据点 2、截面 3、截面廓线上数据点 4）。

②为了实现对区块上各截面空间点云数据分布进行高密度连续性均匀性模拟处理，首先需要提取区块范围空间点云数据中构成截面轮廓线的点云数据，依据区块的空间范围数据点距离前述的空间分割切面距离的远近，运用空间任意点到平面的距离公式：

$$l = \frac{\left| a_j x + b_j y + c_j z + d_j \right|}{\sqrt{a_j^2 + b_j^2 + c_j^2}} \leq v$$

v 值根据三维扫描仪在数据采集时精度设置与平均测距确定，将区块范围空间点云数据分成区块外表面空间点云数据组 $(x_i、y_i、z_i)$ 和各截面轮廓线空间点云数据组 $(x_{jk}、y_{jk}、z_{jk})$。

③统计区块外表面空间点云数据分布量 n，各截面轮廓线空间点云数据分布量 f_j。

3）建立球缺数字曲面模型实现区块截面对应模拟数据点连续性分布的曲率拟合

①区块形态处理

为了能够采用极限方法进行区块范围空间体积估算，需要以区块中心与截面为基础，建立球缺截面与区块截面形态一致的球缺数字曲面模型，可实现在球冠曲面上进行模拟点云数据的连续分布，如图 10-35 所示（球缺截面 5、球缺截面中心点 6、球冠 7、球冠模拟数据点 8），各截面对应的球缺模型与区块模型完全是可拼接的，拼接后的区块在形态上具备了连续性。

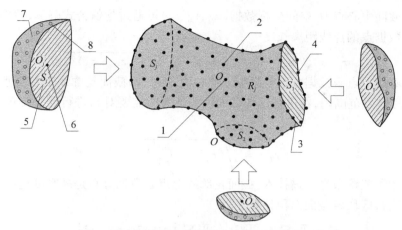

图 10-35　区块形态处理及点云数据分布模拟图

②标准化处理

由于区块上截面形状的不规则性,所建立的球缺模型在数理统计中无法与其他截面及区块外表面模型统一对比研究,为了实现建立的截面对应球缺模型与区块模型拼接后的曲面模型具有统一性,需要对上述球缺模型进行标准化处理,通过对区块及截面形态数据信息应用实现区块截面对应模拟数据点连续性分布时标准球缺模型与区块形态数据模型的曲率拟合。应用区块中心点 O 到截面距离 l_j、截面面积 s_j 作为球缺参数解算出球缺半径 R_j,以实现各截面对应曲率标准球缺模型的建立,如图 10-36 所示(标准球缺 1、与区块截面积相等的球缺截面 2、区块中心点到截面距离线 3、区块中心点 4、球缺半径 5、球缺截面半径 6)。

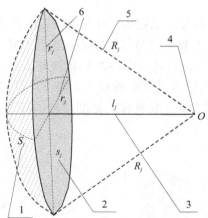

图 10-36　截面对应标准球缺模型图

③数据计算

区块中心点 O 的空间数据坐标 $(x_0、y_0、z_0)$ 可通过均值公式解算,中心点到各截面的距离长度

$$l_j = \frac{|a_j x_0 + b_j y_0 + c_j z_0 + d_j|}{\sqrt{a_j^2 + b_j^2 + c_j^2}}$$

区块各截面中心点 O_j 空间坐标数据 $(x_{j0}、y_{j0}、z_{j0})$ 可通过均值公式解算,此中心点到截面轮廓线上数据点的连线距离长度

$$r_{jk} = \sqrt{(x_{j0} - x_{jk})^2 + (y_{j0} - y_{jk})^2 + (z_{j0} - z_{jk})^2}$$

截面轮廓线上点云数据分组是根据 v 值拟合而来,即截面轮廓线上数据点实际分散在切面以外距离 v 范围内,在进行区块截面面积估算时需要对 r_{jk} 进行调平修正,修正后的连线长度

$$r_{jk修} = \sqrt{(r_{jk})^2 - (\frac{v}{2})^2}$$

由于采用了三维激光扫描技术,截面轮廓线上点云数据分布是高密度连续性的,可采用极限方法进行区块各截面面积估算

$$s_j = \frac{\pi}{f_j} \sum (r_{jk修})^2 = \frac{\pi}{f_j} \sum \left[(r_{jk})^2 - (\frac{v}{2})^2 \right]$$

根据球缺截面积与区块截面面积 s_j 相等,可解算出标准球缺截面半径 $r_j = \sqrt{\dfrac{s_j}{\pi}}$,再结合区块中心点到截面的距离 l_j,再以下列公式解算出区块各截面对应的标准球缺半径、球冠面积。

$$R_j = \sqrt{l_j^2 + \frac{s_j}{\pi}}$$
$$S_j = 2\pi R_j(R_j - l_j)$$

4)建立球体数字曲面模型实现区块截面对应模拟数据点均匀分布的密度拟合

①建立球体模型

为了实现区块截面对应模拟数据点均匀分布的密度拟合,需要用区块外表面数据点、截面对应模拟数据点在等密度分布时与区块中心点连线长度平均值建立半径为 R 的球体数字曲面模型,如图 10-37 所示(区块中心点 1、区块外表面 2、区块截面 3、标准球体模型中心点 4、球体模型半径 5、球体截面 6、球冠 7、球缺 8),设定区块上各截面对应标准球缺的球冠模拟数据点分布量为 m_j,截面对应标准球缺的球冠模拟数据点分布总量即为 $\sum m_j$。

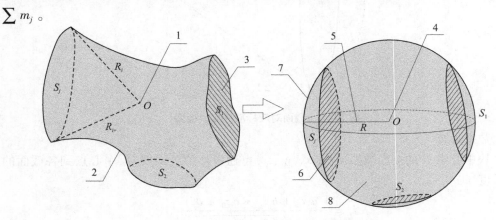

图 10-37　区块对应标准球体模型图

②数据计算

根据区块中心点 O 与区块外表面上各个空间数据点的连线距离长度 $R_i = \sqrt{(x_0 - x_i)^2 + (y_0 - y_i)^2 + (z_0 - z_i)^2}$，可推导出建立的球体数字曲面模型半径长度需要满足的条件公式。

$$R = \frac{\sum R_i + \sum m_j R_j}{n + \sum m_j}$$

为了实现截面对应模拟数据点与区块外表面实际数据点的均匀分布的密度拟合，球体数字模型需要满足球体面积等于区块外表面积、各截面对应标准球缺的球冠面积之和，以及点云数据在球面上等密度分布的条件公式。

$$\frac{\sum m_j}{\sum S_j} = \frac{n}{4\pi r R^2 - \sum S_j}$$

为了实现区块各截面对应模拟数据点的密度拟合，各截面对应标准球缺的球冠模拟数据点需要满足密度相等的条件公式。

$$\frac{m_j}{S_j} = \frac{\sum S_j}{\sum m_j}$$

根据以上三个条件方程式，结合区块外表面实际空间点云数据分布量 n，区块各截面对应的标准球缺半径 R_j、球冠面积 S_j，可解算出区块各截面对应的模拟点云数据分布总量 $\sum m_j$。

（8）所述的步骤 S6 中，通过区块形态模型拆解估算区块范围空间体积，该步骤包括以下内容。

1）区块形态拆解

利用空间分割切面方程过滤后形成的空间点云数据组所建立的区块空间范围，用区块中心点 O 与各截面轮廓线构建的曲面，可以将区块空间范围分解成若干个与截面对应的锥体与一个挖缺体，如图 10-38 所示（区块中心点 1、区块外表面 2、拆解前区块截面 3、锥体底面 4、锥体侧面 5、挖缺体 6）。

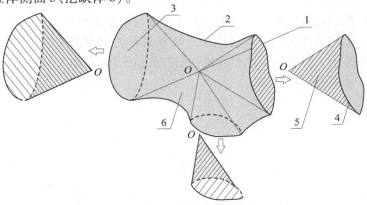

图 10-38　区块形态模型拆解示意图

2）锥体体积估算

区块拆解后与各截面对应的锥体体积，可根据前面求得的区块各截面面积 s_j、区块中心点到该截面的距离 l_j，运用锥体体积公式对区块各截面对应锥体体积估算。

$$V_k = \frac{s_j l_j}{3}$$

3）挖缺体体积估算

由于采用了三维激光扫描技术，可根据区块外表面上高密度连续性均匀分布的空间点云数据分布量 n，结合二次曲面拟合法对区块各截面模拟处理后估算的对应点云数据分布总量 $\sum m_j$，利用点云数据分布量空间占比关系对挖缺体进行体积进行估算，采用曲面模型均分法进行区块挖缺体的体积估算。

$$V_w = \frac{4\pi n \sum R_i^3}{3(n + \sum m_j)}$$

4）锥体与挖缺体间隙体积估算

由于截面轮廓线上数据点在空间数据分组时采用的是距离拟合法，在截面面积估算时又采用了调平修正，导致区块截面轮廓线上有 f_j 个点云数据信息没有参与到区块范围空间体积估算中，同样采用曲面模型均分法对各锥体与挖缺体间隙进行体积估算。

$$V_g = \frac{4\pi f_j \sum R_i^3}{3(n + \sum m_j)}$$

5）区块范围空间体积估算

区块范围空间体积等于挖缺体、各锥体及其间隙体积总和。

$$V_q = V_w + \sum V_k + \sum V_g$$

（9）所述的步骤 S7 中，矿体动用范围矿产资源消耗量评估，该步骤包括以下内容。

1）根据动用矿体形态及矿体中矿石类型质量分布情况划分的区块范围空间体积，结合区块范围内矿石体重与质量品位数据，评估出矿体开采中区块范围所消耗矿产资源矿石量及有益组分量。

2）重复以上步骤，估算出矿山开采中矿体动用范围内各区块所消耗矿产资源矿石量及有益组分量，然后通过数理统计评估出矿山企业开采中矿产资源的消耗总量。

应当指出，上述具体实施方式是用来更好地解释说明本发明，并不是用来限定本发明，任何本领域技术人员在不脱离本发明的精神和范围内，对本发明做出的任何修改和变动，都会落入本发明的保护范围。

第 11 章　流体矿产鉴定方法探讨

由于流体矿产资源形态的不固定性,开采方式、贮存销售的特殊性,涉及流体矿产的非法采矿案件破坏价值的鉴定工作无法采用常规的采空区地质调查法、矿产品地质调查法进行技术评估。通过对流体矿产资源开展研究,对非法采矿造成流体矿产资源破坏价值技术鉴定方法进行探讨。

11.1　流体矿产

11.1.1　流体矿产及类型

流体矿产是指在自然状态下呈现液体或气体形态的矿产资源。流体矿产包括能源矿产(部分)、水气矿产和地下卤水非金属矿产。

1. 能源矿产

能源矿产中的流体矿产有石油、天然气、煤层气、地热(水)等。

2. 水气矿产

地下水、天然矿泉水、硫化氢气、二氧化碳、氦气、氡气6种水气矿产均属流体矿产。

3. 非金属矿产

非金属矿产中仅有地下卤水盐矿归属流体矿产。

11.1.2　流体矿产性质

流体矿产主要呈气、液态赋存于地下,在自然状态下具有流动性、循环性、隐蔽性,不能直观贮销特殊性。

1. 形态流动性

流体矿产主要呈气态或液态赋存于地下,在自然状态下具有流动性。

2. 开采循环性

流体矿产自然溢出地表或经钻探、抽采后,由于地压等因素,外围的流体矿产通过流动方式补充过来,使地下钻井可以源源不断地抽采到流体矿产资源。

3. 采(空)区隐蔽性

由于流体矿产形态流动性,矿产勘查、开采均采用钻井工程技术手段,再加上开采循环性等因素,致使该类型矿产开采往往没有形成采(空)区,即使地下形成了采(空)区,当前工程技术手段条件下,也是难以对采(空)区形态空间范围进行精确测量。

4. 矿产品贮销特殊性

涉及流体矿产的非法采矿案件中,由于水气矿产的难以贮存、能源矿产加工技术的高要求,非法开采涉案责任方(个人或企业)很少进行矿产品库存,基本上是随采随销,且销售渠道具有多向性。

11.2　价值鉴定方法讨论

由于流体矿产资源的形态流动性、开采循环性、采(空)区隐蔽性、贮存销售的特殊性,涉及流体矿产的非法采矿案件价值技术鉴定工作无法采用地质调查法进行技术鉴定,因此通过流体矿产特性研究、非法采矿案情分析,初步建议国土资源部门与公安、工商、税务、电力等部门联合行动,采用矿产品的销售价值调查法、涉案责任方的设备产能调查法进行流体矿产资源破坏价值技术鉴定。

11.2.1 销售价值调查法

1.销售价值调查法

销售价值调查法就是根据国土资源等主管部门与公安、司法机关针对流体矿产非法采矿案件进行查处过程中所确定的,由涉案责任方在非法采矿期间获取矿产品的销售收益作为非法采矿案件的销赃数额,从而进行矿产资源破坏价值认定的技术鉴定方法。

2.案件价值评估过程

(1)案件资料收集

收集国土资源等主管部门或公安、司法机关制作的案件卷宗,包括询问笔录、现场勘验笔录及草图、现场(开采人员、设备设施)视听资料证据资料、生产与销售凭据(或矿产品抽采、销售数量统计表)、委托雇佣关系证明等。

(2)综合对比研究

利用案件卷宗中的询问笔录、现场勘验笔录、现场(开采人员、设备设施)视听资料、雇佣人员证明材料等证据,大致了解抽采流体矿产违法活动持续时限、开采规模、产品流向,以及销售淡旺状况、生产断续原因。

通过资料对比研究,对矿产品的销售收益凭据进行科学研判,以确定销售价值与案件事实是否合理。科学研判工作,一方面要进行整体销售收益的综合研判,另一方面还要进行阶段销售收益的分步研判。

(3)销赃数额确定

当销售价值与案件事实基本合理时,对阶段销售价值进行统计、汇总,计算出整个案件中矿产品非法销售价值总量,以此作为涉案销赃数额。

(4)案值认定

根据相关法律、法规及司法解释,可以将涉案流体矿产品的销赃数额认定为非法采矿案件造成矿产资源破坏的价值。

11.2.2 设备产能调查法

如果采用销售价值调查法确定的非法开采流体矿产销赃数额明显不合理,与基本事实不符的,需要采用设备产能调查法进行评估。

1.设备产能调查法

设备产能调查法就是根据国土资源等主管部门与公安、司法机关针对流体矿产非法采矿案件查处过程中查封的开采设施、设备,结合工商、税务、电力、人力资源等管理部门税费征缴信息,由此确定非法采矿生产时限、生产规模及设备运行效率,估算非法采矿获取矿产品的数量,从而进行矿产资源破坏价值认定的技术鉴定方法。

2.案件价值评估过程

(1)案件资料收集

一方面收集国土资源、水利等主管部门或公安、司法机关制作的案件卷宗,包括询问笔录、现场勘验笔录及草图、现场(开采人员、设备设施)视听资料、生产与销售凭据(或矿产品抽采、销售数量统计表)、委托雇佣关系证明等。

另一方面通过补充调查,在案件办理部门配合下收集工商、税务、电力、人力资源等管理部门针对非法采矿活动进行的管理手续、税费征缴情况等信息资料。

(2)生产规模确定

根据国土资源等主管部门或公安、司法机关查封的非法开采设施、设备,鉴定机构通过现场调查、研究,核算出流体矿产非法抽采的生产规模(按月、日或时为计量单位)。

(3)生产时限确定

根据国土资源等主管部门或公安、司法机关提供的案件卷宗,通过对询问笔录、现场设备状况、雇佣劳动关系证明等方面信息的对比、分析,确定流体矿产非法采矿活动的持续时限。

(4)设备运行效率确定

根据流体矿产非法采矿案件卷宗中的生产、销售凭据所反映的部分矿产品数量,结合工商、税务、电力、人力资源部门调查资料中反映流体矿产抽采非法活动的持(断)续程度,核算出非法采矿年度正常生产月数、月度正常生产天数,一天内正常生产时数,从而推断出流体矿产非法采矿活动中的设备实际运行效率。

(5)矿产品价值确定

利用流体矿产非法采矿活动的生产规模、生产时限、设备运行效率,估算出非法采矿获取流体矿产品的数量,结合矿产品价格认证结果,确定非法开采的流体矿产品价值。

(6)案值认定

根据相关法律、法规及司法解释,可以将涉案流体矿产品的价值认定为非法采矿案件造成矿产资源破坏的价值。

第 12 章　直接估算法应用案例

　　本技术是在河南省各地区市、县非法采矿、破坏性采矿造成矿产资源破坏价值技术鉴定实践工作基础上,通过经验总结、系统分析、综合研究、科学创新等科研手段,以指导生产、服务政府为导向,以严谨的科学态度详细介绍矿产资源破坏价值鉴定工作的理论与方法。下面以河南省平顶山市某企业超期越界非法开采铝土矿案件为例,对矿产资源破坏价值鉴定中采用矿产资源直接估算法进行详细介绍。

12.1　序言

　　矿产资源是自然资源的重要组成部分,是人类社会发展的重要物质基础。随着我国经济的持续快速增长,矿产资源在国民经济中的地位和作用越来越重要。矿产资源的开发、利用和保护在一个国家的建设发展中具有重大战略意义。众所周知,矿产资源的开发利用是把双刃剑,它既会对社会经济发展产生正面效应,又会对生态环境保护产生负面效应。更为严重的是,由于利益的驱使,有的企业和个人甚至以牺牲资源环境、财产生命为代价,进行非法采矿,造成矿产资源破坏、生态环境恶化、国家财产和人民生命安全损失的严重后果。

12.1.1　目的与任务

　　2015 年 9 月 22 日,平顶山市国土资源局向河南省国土资源厅行文请示对平顶山市某工贸有限公司未经发证机关批准,擅自于 2011 年 7 月至 2014 年 12 月期间在平顶山市宝丰县与鲁山县交界处甘石崖中国铝业股份有限公司采矿权证区块范围内、于 2014 年 12 月之前在采矿权证区块外围矿体延伸区非法开采铝土矿造成矿产资源破坏价值进行鉴定。

1. 目的

　　为了进一步制止、惩处非法采矿、破坏性采矿造成矿产资源严重破坏的违法犯罪行为,维护矿产资源管理秩序,促进依法行政,经河南省国土资源厅批准,平顶山市国土资源局于 2015 年 11 月 13 日委托河南省地质矿产勘查开发局测绘地理信息院对平顶山市某工贸有限公司在宝丰县与鲁山县交界处的甘石崖采矿权证区块范围内及外围矿体延伸区非法开采铝土矿造成矿产资源破坏价值进行鉴定。

2. 任务

　　根据任务要求,河南省地质矿产勘查开发局测绘地理信息院在平顶山市国土资源局组织与配合下,会同相关部门对平顶山市某工贸有限公司在 2014 年 12 月前非法开采行为开展野外地质调查及实地测绘工作,在以往工作成果资料与现场取得实地勘测成果资料基础上,通过资料对比,圈定非法开采铝土矿矿体形态,估算非法开采破坏的铝土矿矿产资源储量,并对造成矿产资源破坏的市场价值进行评估。

12.1.2 案件情况说明

1. 案件基本情况

2015 年 4 月 14 日,河南省国土资源厅根据群众举报向平顶山市国土资源局发出《关于对平顶山市某工贸有限公司非法采矿和违法占地行为进行立案查处的函》,要求对平顶山市某工贸有限公司在宝丰县观音堂林站与鲁山县仓头乡交界处甘石崖非法开采铝土矿行为进行查处。

根据平顶山市国土资源局前期案件调查情况,中国铝业股份有限公司宝丰县某铝土矿位于宝丰县观音堂林站西南部,部分跨入鲁山县县界。该矿原采矿权人为平顶山市某工贸有限公司。该公司于 2003 年 11 月取得该矿采矿许可证,证号:4100000310580。2007 年,按照省政府关于优化配置铝土矿资源的有关精神,平顶山市某工贸有限公司与中国铝业股份有限公司签订了《河南省宝丰县某铝土矿采矿权转让合同》,将该采矿权转让给中国铝业股份有限公司,中国铝业股份有限公司于 2008 年 2 月取得新的采矿许可证,证号为:4100000820056。该矿区分为东西两个矿体,东部矿体(Ⅱ号矿体)位于宝丰县观音堂林站宋沟村与鲁山县仓头乡白窑村交接地带,西部矿体(Ⅰ号矿体)位于宝丰县观音堂林站宋沟村某村民组。2008 年 2 月 19 日,中铝矿业有限公司郑州分公司(以下简称中铝郑州分公司)与平顶山市某工贸有限公司签订《矿区施工合同书》,合同约定矿区开工日期为 2008 年 4 月 1 日,完工日期为 2017 年 4 月。双方就矿区施工及生产事项达成协议,平顶山市某工贸有限公司按照中铝郑州分公司的矿区开采设计等专项工程具体要求组织施工。2010 年 6 月,中国铝业股份有限公司重组中铝矿业有限公司,将宝丰县某铝土矿划归中铝中州矿业有限公司(以下简称中州矿业公司)。2010 年 8 月 28 日,中州矿业公司与平顶山市某工贸有限公司重新签订了《矿区施工合同书》,合同有效期至 2011 年 6 月 30 日。该合同到期后,中州矿业公司未再与平顶山市某工贸有限公司续签《矿区施工合同书》。

2011 年 6 月 30 日上述双方合同到期后,中铝中州矿业有限公司未再与平顶山市某工贸有限公司续签《矿山施工合同》,并于 2011 年 8 月 10 日通知平顶山市某工贸有限公司停止在该矿区的一切施工作业。目前,中州矿业有限公司未授权或委托任何单位、个人在该矿区进行采挖等作业活动,但调查资料中村民笔录和鲁山局国土资源局查处的案件充分说明平顶山市某工贸有限公司于 2014 年 12 月之前,未经发证机关批准在宝丰县观音堂林站宋沟村与鲁山县仓头乡白窑村交接地带甘石崖中国铝业股份有限公司采矿权证区块范围内及外围矿体延伸区长期非法开采铝土矿矿产资源。

平顶山市某工贸有限公司成立于 2001 年 12 月 25 日,经济类型为"有限责任公司",企业注册号:4104210000052825,有效期至 2042 年 12 月 2 日。公司原法人代表为陈清国(身份证号:41042119660715309×),2015 年 1 月 12 日公司法人变更为陈旭兵(陈清国其子,身份证号:41042119871120607×)。

2. 案发地位置及矿业权设置

(1)交通位置

本次开展鉴定工作的铝土矿涉案非法开采区地理位置为东经 112°44′21″至 112°45′

08″,北纬 33°55′48″至 33°55′58″,非法开采范围面积约为 0.125 km²。涉案非法开采区位于宝丰县大营镇西偏北 14.2 km 处,行政区划隶属于宝丰县观音堂林站宋沟村与鲁山县仓头乡白窑村两地管辖。东南距宝丰县城 29.5 km,东南距平顶山市 44.3 km。与 G55 二广高速、G36 宁洛高速、S88 郑尧高速公路较近,有简易乡村土石道路通达采矿区,详见采矿点交通位置图(图 12-1)。

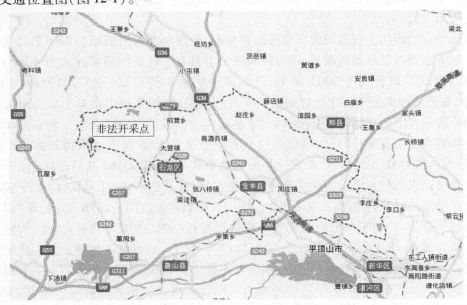

图 12-1　交通位置图

(2)矿业权设置情况

本次要求鉴定的非法开采范围涉及两个采矿权证区块与一处矿业权设置空白区。

1)"中国铝业股份有限公司宝丰县某铝土矿"采矿权证区块

采矿权人为中国铝业股份有限公司,证号:4100000820056,矿区面积为 3.561 8 km²,有效期为 2008 年 2 月至 2018 年 2 月。

该采矿权为整合矿山,在整合前矿业权人为平顶山市某工贸有限公司(也就是本案的开采人),证号:4100000310580,矿区面积为 3.561 8 km²,有效期为 2003 年 11 月25 日至 2009 年 11 月 25 日。因河南省铝土矿资源整合,该矿业权于 2007 年 7 月 3 日协议转让给中国铝业股份有限公司,原矿业权于 2008 年 2 月被河南省国土资源厅提前终止。

2)"平顶山市汇源化学工业公司宝丰里沟铝土矿"采矿权证区块

采矿权人为平顶山市汇源化学工业公司,证号:4100000310528,矿区面积为 0.158 km²,有效期为 2003 年 10 月 13 日至 2011 年 10 月 13 日。该采矿权区块处于"中国铝业股份有限公司宝丰县某铝土矿"采矿权证区块西侧。

3)无矿业权的空白区

本次鉴定涉案非法开采区东部(甘石崖中国铝业股份有限公司采矿权证区块东侧区

域)没有涉及以往登记过的矿业权,属矿业权设置空白区。

本次鉴定涉案非法开采区涉及的两个采矿权区块坐标范围见表 12-1,本涉案非法开采区所涉及的采矿权区块位置关系详见图 12-2。

表 12-1　涉及的采矿权区块坐标范围

某铝土矿矿区			里沟铝土矿矿区		
1	3 760 744.00	38 383 698.00	1	3 757 204.00	38 383 398.00
2	3 760 735.00	38 384 469.00	2	3 757 201.00	38 383 654.00
3	3 756 113.00	38 384 412.00	3	3 756 584.00	38 383 646.00
4	3 756 122.00	38 383 642.00	4	3 756 587.00	38 383 390.00
开采标高	520	440	开采标高	565	480

注:上述坐标系统为 1954 北京坐标系。

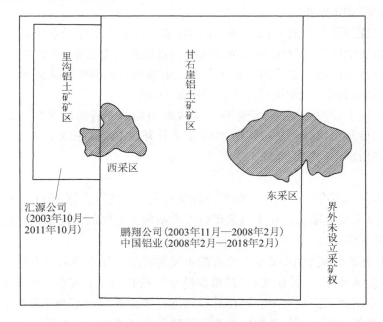

图 12-2　涉及的采矿权区块位置关系图

3. 以往开采情况

(1)合法开采阶段

1)某铝土矿矿区

在河南省铝土矿整合前,平顶山市某工贸有限公司于 2003 年 11 月 25 日获得了采矿权,组建了河南省宝丰县某铝土矿,以露天开采方式进行铝土矿开采,在 2003 年 11 月 25 日至 2008 年 2 月采矿权证有效期内合法开采铝土矿矿产资源,根据河南省国土资源厅对该矿区批准的开采规模为 3 万 t/年。中铝郑州分公司及中州矿业公司先后与平顶山市某工贸有限公司签订《矿区施工合同书》和《矿山施工合同书》,中铝郑州分公司及中州矿业公司对承揽人交付矿产品,进行收购并给予相应报酬,平顶山市某工贸有限公司没有构成实际接受和控制矿山,期间平顶山市某工贸有限公司开采铝土矿应属于合法采矿。

2)里沟铝土矿矿区

平顶山市汇源化学工业公司在2003年10月13日至2011年10月13日采矿权有效期内合法开采铝土矿矿产资源,根据河南省国土资源厅对该矿区批准的开采规模为3万t/年,在有效期内批准利用的矿产资源储量为44.84万t。

(2)非法开采阶段

根据宝丰县观音堂林站宋沟村村支部书记刘永志证明:2012年以来陈清国一直在开采,开采铝土矿行为时断时续。

宝丰县宋沟村某组村民黄东海、鲁山县仓头乡白窑村村民李怀两人证明:某矿西采区大约2004年春季到2014年底由陈清国陆续开采,东采区煤窑嘴以西由陈清国开采,开采时间2006年6~7月到2014年底煤窑嘴北部和东北部陈清国委托张赠本开采,开采时间是2013年底至2014年底。

鲁山县老虎笼组组长刘杰、张留海,宝丰县宋沟村罗沟组组长李中现,宝丰县宋沟村某组知情人黄青学证明自2008年以来陈清国在鲁山县老虎笼组、宝丰县宋沟村罗沟组和某组地界内一直不间断地盗采国家铝土资源。汇源公司里沟矿与陈清国2014年6月20日签订《占地协议》同意陈清国开采矿区西南部一处资源。

平顶山市国土资源局接省厅交办件后责成鲁山局国土资源局立案查处,群众举报资料反映平顶山市某工贸有限公司曾在2014年7月开始在某东采区非法开采铝土矿行为,有陈清国和张增本询问笔录为证。

(3)综述

平顶山市某工贸有限公司与中国铝业股份有限公司施工合同2011年6月30日到期后,平顶山市某工贸有限公司在未与采矿权人续签施工合同的情况下,仍然在该区域从事铝土矿非法开采活动。

由于该矿区矿体规模小,基本上没有按正规的开采设计和开采方案进行资源开发,纯属土法上马、滥采乱挖,无长远规划的"嫌贫爱富"、掠夺式开采破坏了国家矿产资源。

另外,平顶山市某工贸有限公司在甘石崖进行矿山开采时超越采矿权证划定的区块范围,进入西侧的里沟矿区与东侧的矿业权设置空白区进行非法盗采活动。

3.以往执法过程及处理情况

(1)2003年11月25日至2008年1月,为平顶山市某工贸有限公司在甘石崖的合法开采阶段,据《资源储量核查报告》(2005年5月)反映矿山累计动用铝土矿矿产资源储量为13.11万t,另据甘石崖《年度资源储量动态检测报告》(2008年度),2007年年末矿山累计动用铝土矿矿产资源储量为17.10万t。

(2)2008年2月至2011年6月,定性据甘石崖《年度资源储量动态检测报告》(2008年度,2009年度,2010年度,2011年度),反映矿山在此期间共动用铝土矿矿产资源储量为42.78万t。

(3)2011年7月至2014年12月,平顶山市某工贸有限公司在甘石崖中国铝业股份有限公司采矿权证区块范围内非法开采铝土矿。据甘石崖《年度资源储量动态检测报告》(2011 年度、2012 年度、2013 年度、2014 年度),2011 年 7 月至 2014 年 12 月动用铝土矿资源储量 0.63 万 t,实际采出铝土矿石量 0.583 万 t。至 2014 年年末,平顶山市某工贸有限公司在甘石崖中国铝业股份有限公司采矿权证区块外西侧的里沟老矿区及东侧的矿业权空白区动用铝土矿矿产资源储量未知。

(4)2014 年 11 月 14 日,根据河南省国土资源厅《关于调查核实有关非法采矿问题的函》,要求对鲁山县仓头乡白窑村红艺岭与宝丰县某村交界处非法盗采铝矾土矿进行调查核实。平顶山市国土资源局指定鲁山县国土资源局组织调查处理,鲁山县国土资源局按上级要求,于 11 月 23 日责令平顶山市某工贸有限公司停止违法行为。经调查证实,该公司 2014 年 7 月开始组织施工,违法行为属实,鲁山县国土资源局于 12 月 16 日作出行政处罚决定,违法当事人 12 月 17 日将 3.0 万元罚款交清并结案。

(5)2015 年 6 月 4 日,根据河南省国土资源厅《关于对平顶山市某工贸有限公司非法采矿和违法占地行为进行立案查处的函》,平顶山市国土资源局成立了"中国铝业股份有限公司某铝土矿问题调查组"。

(6)2015 年 8 月 6 日,平顶山市国土资源局向河南省国土资源厅行文请示"中国铝业股份有限公司与平顶山市某工贸有限公司私自签订《矿山施工合同书》的定性问题",河南省国土资源厅向平顶山市国土资源局明确回复"以实施违法行为之日算起"。

4.开采销售量及矿产品流向

根据前期调查结果,平顶山市某工贸有限公司在甘石崖中国铝业股份有限公司采矿权证区块范围内及外围矿体延伸区非法开采铝土矿时限为 2011 年 7 月至 2014 年 12 月,非法开采方式为利用挖掘机进行露天开采。

(1)非法开采量

根据《年度资源储量动态检测报告》(2011 年度至 2014 年度),2011 年 7 月至 2014 年 12 月平顶山市某工贸有限公司在甘石崖中国铝业股份有限公司采矿权证区块范围内非法动用铝土矿矿产资源矿石量为 0.63 万 t,实际采出铝土矿矿石 0.583 万 t。

根据陈清国的询问笔录(平顶山市国土资源局询问)反映的情况,平顶山市某工贸有限公司自 2008 年 4 月至 2011 年 6 月在甘石崖中国铝业股份有限公司采矿权证区块范围内及外围矿体延伸区开采铝土矿石量大约 60 万 t,而根据《年度资源储量动态检测报告》中 2008 年度至 2011 年度矿山开采储量为 38.95 万 t,仍有 21.05 万 t 矿石来源没有说明出处。

由于《某铝土矿区年度资源储量动态检测报告》没有反映平顶山市某工贸有限公司在甘石崖中国铝业股份有限公司采矿权证区块外围西侧的里沟老矿区、东侧的矿业权设置空白区铝土矿资源动用情况,因此在鉴定工作开展前尚未掌握这一部分非法开采的矿石量。

(2)销售量

根据中国铝业股份有限公司向平顶山市国土资源局提供的部分供矿结算账目资料,

反映平顶山市某工贸有限公司在 2008 年 4 月至 2010 年 12 月期间的 14 个月内向中铝郑州分公司销售矿石量为 32.824 4 万 t,结算款项金额为 2 375.245 6 万元。

平顶山市某工贸有限公司在 2011 年 7 月至 2014 年 12 月期间的其他生产月中,矿山非法开采的矿产品销售渠道与销售量国土资源管理部门目前尚未掌握。

12.1.3 自然地理及社会经济

工作区地属暖温带,为半湿润大陆性季风气候,四季分明,以春旱多风,夏热多雨,秋温气爽,冬寒少雪为特征。

工作区年平均气温 14.5 ℃,降水量 769.6 mm,日照 2 183.7 h,无霜期 215 d,年平均水资源总量为 2.23 亿 m^3。

境区地处豫西山地与黄淮平原两大地貌过渡地带,气候属于北亚热带向暖温带过渡地带,土壤类型属南方黄红土壤向北方褐土过渡地带,植被是由华北落阔叶林向华中常绿阔叶林过渡地带,适合多种生物繁衍生息。故境内生物资源比较丰富,种类繁多。

宝丰县位于河南省中部,北汝河流域,全县辖 1 个街道、8 个镇、4 个乡和 312 个行政村,面积 722 km^2,总人口 64.7 万(2013 年),先后荣获全省农村经济结构调整先进县、优化经济环境工作先进县、全市招商引资先进县、计划生育先进县、省级卫生县城、党建工作先进县、信访工作先进县等荣誉称号。2008 年又一次性通过了国家级卫生县城、省级文明城市的考核验收。

区内以农业种植为主,兼有烟叶、湖桑比较稳定传统经济产业。区域矿产丰富,现已查明的有原煤、铝钒土、紫砂石、石英石、石灰石、石膏、耐火黏土、硫矿区、硅石、磷矿石、铁矿石等 20 余种。

12.1.4 非法采矿卫星监测情况

本次工作的鉴定区近期卫星监测情况详见图 12-3 ~ 图 12-5。

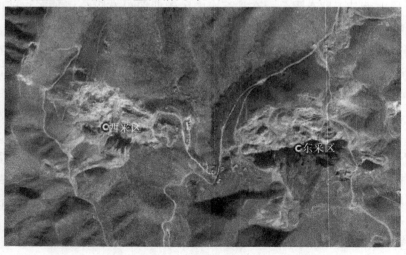

图 12-3　涉案的甘石崖卫星照片(平面)

图 12-4　甘石崖西采区卫星照片（俯视）

图 12-5　甘石崖东采区卫星照片（俯视）

说明：卫星照片拍摄时间可能较早，以现场实地测绘成果为准。

12.2　开采区地质概况

12.2.1　以往地质工作情况

1. 区域地质工作阶段

20 世纪 70 年代，河南省有色金属地质矿产局第二地质大队开展鲁（山）宝（丰）铝黏土矿找矿时，曾对本区开展过 1∶50 000 的区域矿产调查工作。

2. 矿产勘查工作阶段

(1) 甘石崖铝土矿矿区

该区于 2002 年 6 月 27 日办理了矿产资源勘查许可证,勘查许可证号:4100000101136,探矿权人为平顶山市某工贸有限公司。

2002 年 6 月至 12 月,河南省有色金属地质矿产局第二地质大队对该区开展了地质勘查工作,编制了《河南省宝丰县甘石崖铝土矿详查报告》,这一阶段求获铝土矿 C + D 级资源储量 (122b) + (333) 类 20.07 万 t。其中 C 级资源储量 (122b) 类 12.13 万 t,D 级资源储量 (333) 类 7.94 万 t。全矿区铝土矿均为优质铝土矿 Al_2O_3 含量平均为 67.02%,铝硅比 (A/S) 为 9.1。

该详查报告经河南省矿产资源储量评审中心评审通过,并于 2003 年 5 月 23 日获得河南省国土资源厅资源储量认定书 (豫国土资储认定〔2003〕072 号)。

(2) 里沟铝土矿矿区

该区于 2002 年 7 月 5 日办理了矿产资源勘查许可证,勘查许可证号:4100000220194,探矿权人为平顶山市汇源化学工业公司。

2002 年 7 月至 10 月,河南省地质矿产勘查开发局区域地质调查队对该区开展了地质勘查工作,编制了《河南省宝丰县里沟 – 鲁山县铝土矿普查报告》,全矿区求获铝土矿 D 级资源储量 (333) 类 47.33 万 t。全矿区铝土矿均为优质铝土矿 Al_2O_3 含量平均为 62.81%,铝硅比 (A/S) 为 10.65。

该详查报告经河南省矿产资源储量评审中心评审通过,并于 2002 年 12 月 16 日获得河南省国土资源厅资源储量认定书 (豫国土资储认定〔2002〕282 号)。

(3) 资源储量核查工作阶段

2005 年 3 月至 5 月,河南省有色金属地质矿产局第二地质大队对甘石崖铝土矿矿区开展了储量核查工作,编制了《河南省宝丰县甘石崖铝土矿资源储量核查报告》,这一阶段在核查区内共求得 (111b) 类资源储量 13.11 万 t,(122b) 类资源储量为 99.69 万 t,(333) 类资源量为 4.70 万 t,合计为 117.50 万 t。除去已开采储量 13.11 万 t,全区保有资源储量 104.39 万 t。全区平均铝硅比为 6.5,Al_2O_3 含量平均为 58.18%,SiO_2 含量平均为 10.61%。

该核查报告经河南省矿产资源储量评审中心评审通过,并于 2005 年 7 月 18 日获得河南省国土资源厅资源储量认定书 (豫国土资储认定〔2005〕098 号)。

12.2.2 矿区地质及矿产特征

1. 矿区地质

矿区位于中朝准地台南缘,嵩箕中台隆中部,汝阳—平顶山穹断束的中部,次一级构造为湾子街—临汝向斜的南西部,再次一级构造与焦姑山背斜和背孜—岳村背斜之间向东倾伏的甘石崖、乔岭小向斜中。区域上出露地层由老至新为太古宇太华群 (Ar),中元古界熊耳群 (Pt)、震旦系 (Z)、古生界·寒武系 (ϵ)、石炭系 (C)、新生界新近系 (N) 和第四系 (Q)。区域构造表现为褶皱构造,主要有背孜街—瓦屋街背斜,湾子街—临汝向斜,焦姑山和背孜—岳村背斜,区域断层不发育。

2. 矿体特征

本区铝土矿分布于甘石崖村南山坡顶,属上寒武统崮山组白云质灰岩古侵蚀面上的溶斗、洼凼控矿,故矿体规模不大,形态较复杂,物质成分复杂,为石炭纪末期沉积物,以层次多,变化大为特征。区内有两个铝土矿工业矿体,分别编为Ⅰ、Ⅱ号矿体,其矿体特征(表 12-2)简述如下:

表 12-2　矿体特征值统计表

矿体号	规模(m)		平均铅厚(m)	平均品位	铝硅比(A/S)	无矿天窗	夹层	构造	参与统计的工程数
	沿走向	沿倾向							
Ⅰ	400	270	4.85	60.91	6.53	无	无	简单	29
Ⅱ	460	220	4.59	52.3	4.48	无	无	简单	14

(1)Ⅰ号矿体

Ⅰ号矿体处于涉案非法开采区西部,在平面上的分布形态呈鞋底状,无论从横向或纵向其形态呈不规则的半椭圆形,边界较圆滑。厚度变化较大,中部靠东北部厚,南部及西南部明显变薄,从立体上看形似楔形。从纵剖面上看,形似淘砂盆,从横剖面看,像一个大水瓢。矿体产状严格古地貌形态所控制,北部矿体产状倾向南西,倾角 25°~85°;矿体南部倾向北东,倾角 20°~70°。矿体赋存标高 430~525.20 m,矿体最大埋深 13.80 m。

(2)Ⅱ号矿体

Ⅱ号矿体处于涉案非法开采区东部,矿体形如肾状体,周边界线圆滑。北东—南西方向长,北西—南东短,矿体中部厚度大,向四周逐渐变薄。为一较大的扁豆体。矿体产状同样受古地貌形态的制约,矿体西北部倾向东南,倾角 60°~70°,矿体东南部倾向西北,倾角 45°~75°,产状变化较大,中部为一北东—南西之长条状矿体,其赋存标高 481.10~516.30 m,最大埋深 19.80 m。

矿体顶板岩石主要为第四系残破积物及少量黄土、砂黏土,矿体中部有太原组(C_2P_1t)地层覆盖,主要为黏土岩、砂质黏土岩、砂岩或劣质煤。Ⅰ号矿体东北部大部分矿层裸露地表,矿体倾向南西,中心部位盖层明显增厚。Ⅱ号矿体仅于西北部见矿层露头,矿体向东南方向倾斜,向矿体中心部位盖层逐渐增厚,最大覆盖层厚度达 19.80 m。

矿体直接底板为铁质黏土岩,组成矿物以高岭石和伊利石为主,二者含量达 70% 以上。其次有少量的水铝石和赤褐铁矿,占 20%~30%。该层岩石以含铁为特征,结构较松软,以泥质结构为主,外观呈红白相间的弯曲条带。

3. 矿石矿物成分

经岩矿鉴定,铝土矿石的组成矿物主要为一水硬铝石,次为高岭石及少量伊利石。含微量矿物有锆石、独居石和榍石等。

(1)一水硬铝石:为矿区的主要有益组分,含量为 50%~90%,多呈结晶粒状,小柱状集合体存在于铝土矿的晶粒、鲕粒状及胶结物中。水铝石粒径 0.02~0.05 mm,有时被粉尘状、薄膜状的铁质物和有机物质所污染。

(2)高岭石:为矿石的次要组分,含量一般为 5%~30%,与水铝石互为消长关系。矿物呈鳞片状,集合体呈团块状或蠕虫状,存在于晶粒、鲕粒的胶结物中,或分布于水铝石颗粒间隙中,也有少量成为鲕粒、豆粒的核心。高岭石易风化为高岭土,呈白色粉沫,染手,易流失,往往在矿石表面形成细小空洞,白色粉末残留洞壁。

(3)伊利石:含量从微量到10%左右,呈鳞片状,常与高岭石矿物相伴,分布于晶粒、鲕粒状铝土矿的胶结物中。

(4)铁质物:多以褐铁矿或赤铁矿形成无规律地分布于铝土矿中,特别是矿层的底部更为集中,含量2%~20%,多呈星点状、薄膜状或呈蜂窝状产出,局部形成小扁豆体。Fe_2O_3 含量最高达40%以上。

4.矿石结构构造

(1)矿石结构

1)晶粒状结构:由结晶粒状、柱状一水硬铝石组成。粒径0.02~0.05 mm,有少量高岭石分布于一水硬铝石之间,矿石外观呈细砂粒状,此类矿石均为富矿。

2)晶粒、稀鲕状结构:由晶粒状、隐晶状及稀疏鲕粒状一水硬铝石组成,少量高岭石分布其间。鲕粒占10%~20%,呈圆状、扁圆状,常具同心环状构造,鲕径0.5~1.55 mm。

3)碎屑状结构:其最大特点,矿石呈致密块状,内有不规则大小不等的铝土矿碎屑组成,为就近原铝土矿层被风化转移再沉积而成,该类矿石质量欠佳。

(2)矿石构造

1)块状构造:矿石具有均一致密的特征,晶粒状结构的矿石常具此种构造。

2)致密块状构造:水铝石呈晶粒状和鲕状,胶结物为硅质和铁质,硬度较大,断口参差不齐,此类矿石在区内分布普遍。

3)土状构造:矿石表面粗糙,似砂岩状,胶结松散,质量较佳。

4)蜂窝状构造:矿石中所含高岭石,伊利石经风化流失而留下大小不等的空洞,另外含结核状赤铁矿经风化而形成蜂窝状构造。

5.矿石化学成分

(1)Al_2O_3:为矿石中最主要的有益组分,其单样含量变化范围41.44%(ZK006-3,A/S为3.6)~74.55%(QJ6-33,A/S为14.5),平均57.04%,单工程变化范围45.68%~71.77%。Al_2O_3 主要为一水硬铝石,其次为高岭石等黏土矿物。

(2)SiO_2:是矿物中最主要的有害组分,主要来自高岭石和伊利石,单样含量极值为3.80%(QJ23-7)~20.28%(QJ32-2),平均为10.39%,单工程平均多为6%~7%,与Al_2O_3 呈消长关系。

(3)Fe_2O_3:主要来自褐铁矿和赤铁矿,单样含量极值为1.28%~8.40%,少数为高铁铝土矿,Fe_2O_3 达20%以上。

(4)TiO_2:存在于重矿物中,单样极值为2.34%~6.06%,平均为4.75%。

(5)Loss(烧失量):主要为有机物质和少量易挥发物,单样极值为7.80%~14.63%,平均为12.30%。

(6)S:单样极值为0.02%~0.07%,平均为0.05%。

(7)K_2O:单样极值为0.82%~0.95%,平均0.89%。

(8)矿石铝硅比(A/S)品位变化特征。

全矿区 A/S 单样极值为 2.1～19.1,平均为 5.49。单工程极值为 3.1～12.5,多数为 4.5 左右。达到富矿要求工程 15 个,占工程总数的 35%。

铝土矿石中的 Al_2O_3 含量与其他某些组分有着明显的相关性,Al_2O_3 与 SiO_2、Fe_2O_3 呈反消长关系,与 TiO_2 有不太明显的正相关性。矿石中的烧失量和 TiO_2 含量比较平稳。矿石中的 Fe_2O_3 含量在垂直剖面上,由上而下逐渐增高,最高达 45%(赤、褐铁矿小扁豆体),其含量变化很大,因此在本区划分有高铁铝土矿。

6.矿石类型和品级

(1)矿石的自然类型

经过对矿石采取 10 个岩矿鉴定样的观察鉴定,矿石均为一水硬铝石型铝土矿。

根据矿石的结构构造可分为以下两种类型:

1)晶粒状铝土矿:呈灰、灰黄、灰褐色,多由一水硬铝石晶粒构成,呈块状构造,均为富矿石。

2)晶粒—稀鲕状铝土矿:呈灰褐、黄褐色。矿石以晶粒状为主,含稀疏的鲕粒,胶结物有高岭石和铁质物,一般多为中等品位的矿石。

(2)矿石的工业类型

1)低铁型铝土矿:Fe_2O_3 平均含量为 2.83%。

2)高铁型铝土矿:Fe_2O_3 平均含量为 18.25%。

3)低硫型铝土矿:全区 S 的平均含量为 0.05%。

就全区而言,Ⅰ 号矿体矿石为低硫低铁型铝土矿;Ⅱ 号矿体矿石为低硫高铁型铝土矿。

12.2.3　非法开采矿种确定

据野外调查成果及矿产资源开采利用情况,结合《铝土矿、冶镁菱镁矿地质勘查规范》(DZ/T 0202—2002),根据国土资源部《关于进一步规范矿业权出让管理的通知》(国土资发〔2006〕12 号)文中的矿产资源勘查开采分类,以及本矿区以往颁发的采矿权许可证批准的开采矿种,本非法采矿区所开采矿种确定为“铝土矿”,代号为“32009”。

12.3　工作技术线路及方法

12.3.1　鉴定工作依据

1.法律、法规

(1)《中华人民共和国矿产资源法》;

(2)国务院为实施矿产资源法相继出台的一系列配套的行政法规,有《矿产资源法实施细则》《矿产资源勘查区块登记管理办法》《矿产资源开采登记管理办法》《探矿权采矿权转让管理办法》《矿产资源补偿费征收管理规定》《矿产资源监督管理暂行办法》《地质灾害防治条例》等;

(3)《最高人民法院、最高人民检察院关于办理非法采矿、破坏性采矿刑事案件适用法律若干问题的解释》(法释〔2016〕25 号)。

2.政策、规定

(1)《关于非法采矿、破坏性采矿造成矿产资源破坏价值鉴定程序的规定》的通知(国土资发〔2005〕175 号）；

（2）《关于进一步规范矿业权出让管理的通知》（国土资发〔2006〕12 号）；

（3）《国土资源部、最高人民检察院、公安部关于公安行政主管部门移送涉嫌公安犯罪案件的若干意见》（国土资发〔2008〕203 号）；

（4）《关于进一步规范非法采矿、破坏性采矿造成矿产资源破坏价值及非法占用耕地造成耕地毁坏鉴定工作的通知》（豫国土资办发〔2013〕25 号）；

（5）《关于全省非法采矿、破坏性采矿造成矿产资源破坏价值鉴定机构河南省地质测绘总院变更名称的通知》（豫国土资办发〔2014〕41 号）；

3. 标准、规范、规定

（1）《固体矿产地质勘查规范总则》（GB/T 13908—2002）；

（2）《中国区域年代地层表（陆相地层区）》（全国地层委员会，2001 年）；

（3）《地质矿产勘查测量规范》（GB/T 18341—2001）；

（4）《全球定位系统（GPS）测量规范》（GB/T 18314—2009）；

（5）《国家基本比例尺地形图图式　第 1 部分：1∶500　1∶1 000　1∶2 000 地形图图式》（GB/T 20257.1—2007）；

（6）《固体矿产勘查/矿山闭坑地质报告编写规范》（DZ/T 0033—2002D）。

（7）《固体矿产预查规定》（DD 2000—01）；

（8）《铝土矿、冶镁菱镁矿地质勘查规范》（DZ/T 0202—2002）；

（9）《矿产资源工业要求手册》（地质出版社，2010 年）。

（10）《1∶500　1∶1 000　1∶2 000 外业数字测图技术规程》（GB/T 14912—2005）。

4. 其他资料

（1）地方管理部门向省国土资源厅申请鉴定文件；

（2）鉴定项目合同书；

（3）鉴定工作委托书；

（4）非法开采矿石的价格认证结论书（当地物价部门）；

（5）案件情况说明（当地案件立案部门）；

（6）本案的案件卷宗资料；

（7）《河南省宝丰县甘石崖矿区铝土矿资源储量核查报告》（河南省有色金属地质矿产局第二地质大队，2005 年 5 月）；

（8）《平顶山市某工贸有限公司宝丰县甘石崖铝土矿资源开发利用方案》（河南省国土资源科学研究院，2006 年 8 月）；

（9）《甘石崖矿区资源储量动态检测报告》（2008 年度至 2014 年度）。

12.3.2　人员及设备

1. 组织管理

（1）本项目实施单位为河南省地质矿产勘查开发局测绘地理信息院，为圆满完成本项目任务，满足委托方提出的工作任务和要求，院抽调精干人员组成项目组，由项目负责人具体组织实施。

（2）加强领导，健全各项管理制度，认真贯彻执行有关的技术规范，从院 – 项目部 – 作业组实行三级质量管理，建立岗位职责，各负其责。

（3）加强思想政治教育，不断提高职工的思想素质。树立献身地质事业的信心，发扬"三光荣"精神，开创地质工作新局面。

2.人员及分工

根据平顶山市国土资源局要求，我院立即调集地质、测绘、环境、微机制图专业技术人员组建宝丰县甘石崖项目部，并组织地质、测绘专业技术人员组成野外工作小组开展实地勘测作业，保证项目的顺利实施。投入工作的专业技术人员见表 12-3。

表 12-3　本次鉴定的项目人员名单

序号	姓名	学历	专业	职称	职务
1	南怀方	本科	地质	高级工程师	项目经理
2	邱胜强	本科	地质测绘	工程师	技术负责
3	黄　毅	专科	测绘	工程师	技术组长
4	房春锦	本科	测绘	工程师	技术人员
5	马忠胜	专科	矿产地质	高级工程师	技术组长
6	曹　涛	专科	矿产地质	助理工程师	技术人员
7	王延堂	研究生	测绘	工程师	技术人员
8	赵新刚	本科	测绘	工程师	技术人员
9	雷延卿	本科	测绘	助理工程师	技术组长
10	李延冉	本科	测绘	助理工程师	技术人员

3.主要装备

本次工作中投入的仪器设备有天宝 GPS 接收机 1 台套、拓普康免棱镜全站仪 1 台套、三星数码相机 2 部、惠普笔记本电脑 3 台、联想台式电脑 5 台、越野车 1 辆。

投入本次任务中的软件程序有全站仪至微机的传输软件、CASS7.0 绘图软件、Map-GIS6.7 制图软件。

本次鉴定工作所配备的主要装备详见表 12-4。

表 12-4　鉴定工作装备一览表

设备名称	型号	单位	数量
吉普车(12 W)	长城哈弗	辆	1
台式电脑(4 W)	联想 Lenovo	台	5
笔记本电脑(3 W)	惠普 HP	台	3

续表 12-4

设备名称	型号	单位	数量
数码相机(1 W)	三星	部	1
GPS 接收机(6 W)	天宝 R8－3	套	1
全站仪(7 W)	拓普康 ES－602G	套	1
手持测距仪(0.8 W)	OLC－XV800	台	1
对讲机(1 W)	Icom IC－F61	套	2
绘图软件(2 W)	CASS7.0	套	1
扫描仪(0.2 W)	松下 KV－S6055WCN	台	1
大幅面彩色打印机(7 W)	HP－5500	台	1
激光打印机(0.2)	HP－1020	台	1

12.3.3 鉴定日期

2015 年 12 月 8 日至 12 月 29 日,河南省地质矿产勘查开发局测绘地理信息院技术人员在平顶山市国土资源局相关同志带领下一起到非法开采现场,对平顶山市某工贸有限公司在宝丰县观音堂林站宋沟村与鲁山县仓头乡白窑村交接地带甘石崖矿区中国铝业股份有限公司采矿权证区块范围内及外围矿体延伸区非法开采铝土矿采矿进行现场调查与实地勘测工作。

2016 年 1 月至 4 月,河南省地质矿产勘查开发局测绘地理信息院技术人员会同平顶山市国土资源局相关同志对案件情况进行梳理,整理案卷材料。同时,河南省地质矿产勘查开发局测绘地理信息院技术人员对现场勘测成果进行校正,编绘相关图件。

2016 年 5 月至 2017 年 4 月,平顶山市国土资源局对该非法开采案件资料补充完善,宝丰县国土资源局协调物价部门进行矿产品价格鉴定;河南省地质矿产勘查开发局测绘地理信息院组织专业技术力量进行成果报告编制阶段,并于 2017 年 4 月中旬接到矿产品价格认定书后,加班加点完成报告编制工作,提交委托方向河南省国土资源厅报送批准。

12.3.4 工作方法

1. 现场参与人员

河南省地质矿产勘查开发局测绘地理信息院工程技术人员在平顶山市国土资源局工作人员带领下一起到非法开采现场,对平顶山市某工贸有限公司非法开采铝土矿矿坑进行实地调查与测量工作。

2. 技术路线

本次鉴定工作采用资料收集与野外调查相结合,先期由平顶山市国土资源局收集并提供平顶山市某工贸有限公司在 2017 年 3 月 20 日前在涉案非法开采区开采铝土矿的案情材料,并向鉴定单位介绍了涉案非法开采区详细情况,然后组织相关单位及人员参与非法开采矿区的野外调查工作。

2015 年 12 月 8 日,河南省地质矿产勘查开发局测绘地理信息院在平顶山市国土资源局提供的案情资料基础上,在平顶山市国土资源局工作人员王斌带领下,由王北东、张保民共同指认非法采矿区及采坑位置,然后由鉴定单位的专业技术人员现场实施野外地质踏勘与采坑形态测量工作。

3. 勘测工作

本次野外勘测工作中,开展了矿产地质、环境地质调查工作与矿山地质测绘工作。

(1)本次工作中进行了地质踏勘,初步了解涉案非法开采区地形地貌、地质特征、矿体特征及分布情况,并对矿石组成结构、组分进行了资料收集工作。

(2)开展了环境地质调查工作,初步了解涉案开采区潜在地质灾害类型,发育程度,以及对因非法开采诱发地质灾害可能性进行评价。

(3)本次测量使用 GPS 接收机进行控制点测量,并利用全站仪对非法矿坑范围、形态进行碎部测量。本次测量的坐标系统采用 1980 西安坐标系,1985 国家高程基准。起算控制点采用河南省地质矿产勘查开发局测绘地理信息院建立的 HNGICS 系统直接获取三维坐标。

(4)在地质勘测过程中,用三星数码相机对采矿坑、设备、遗留矿产品进行拍照取证。

4. 数据处理

使用数据处理软件为本院自主研发的测量软件,即一体化数据处理软件。测量观测数据通过传入传出专用程序将全站仪内存中的观测数据导入计算机内,自动计算出各测点的坐标和高程。

绘图软件采用南方 CASS7.0,在此软件上进行展绘、编辑、数据处理、绘制。

5. 综合研究及报告编制

野外勘测工作结束后,立即转入室内资料整理与报告编制工作阶段。严格按照《固体矿产地质勘查规范总则》(GB/T 13908—2002)、《固体矿产勘查地质资料综合整理、综合研究规定》(DZ/T 0079—93)、《固体矿产勘查/矿山闭坑地质报告编写规范》(DZ/T 0033—2002D),以及河南省国土资源厅《矿产资源破坏价值技术鉴定报告文本纲要》(2016 年 4 月 3 日)要求,进行资料整理与报告编制。

12.3.5 完成的工作量

本次工作前期收集了宝丰县矿业权数据库 2 套,矿区储量报告及矿山开发利用方案报告各 1 份,相应图件 7 张,收集到平顶山市某工贸有限公司在宝丰县观音堂林站甘石崖矿区非法开采铝土矿案件卷宗 1 套。

2015 年 12 月 8 日至 29 日,开展野外勘测工作,进行地质调查面积 0.3 km²、路线观测 2.32 km,进行地质观测点 33 个,完成采坑编录 1 处,采集矿石化学分析样品 8 件,小体重样品 18 件。同时完成控制测量点 11 个,非法采坑碎步测量观测点 1 506 个。现场取证照片拍摄 75 张。

在收集有关资料进行比对研究,并深入现场调查,全面了解非法采点地层岩性、矿产特征及矿体分布和规模。2016 年 1 月 21 日转入资料整理、综合研究、报告编写工作,于 2017 年 4 月底编写并提交了本报告。本次完成的工作量详见表 12-5。

表 12-5　完成工作量统计表

	工作内容		单位	数量	备注
资料收集	文字报告		份	2	
	图件		张	7	
	矿业权数据库		套	2	
	案件卷宗		套	1	
野外勘测	地质调查面积		km²	0.3	
	观测路线		km	2.32	
	地质点		个	33	
	小体重样品采集		件	18	
	基本分析样品采集		件	8	
	测量控制点		个	11	
	采坑碎步测量点		个	1 506	
	拍照片		张	75	利用 16 张
室内综合	数字化制图	工作区交通位置图	幅	1	插图 5 张
		涉及矿业权区块位置关系图	幅	1	
		涉案非法开采区卫星监测照片	幅	3	
		西采区动用资源储量估算平面图	幅	1	附图 2 张
		东采区动用资源储量估算平面图	幅	1	
	报告编制		份	1	

12.3.6　工作质量评述

　　通过选用思想觉悟高、作风正派、技术过硬的骨干力量参加本项目的勘测工作,保证工作的速度和正确性,挑选先进仪器,使用先进的管理经验。严格贯彻 ISO9001 质量管理体系和国家现行测量规范标准作业、落实生产责任制,执行三级检查、两级验收制度。建立了各项规章制度,推行科学规范的管理,充分调动项目部人员的积极性、创造性。加强项目组人员质量意识教育,树立"质量第一"的观念,认真学习有关技术规范、规定,严格按设计书及有关规范、技术要求开展工作,做到速度服务于质量。

　　对地质调查和测量装置按照质量体系的规定进行控制。对有强制性定期校准的有关仪器设备必须进行定期校验,对一般仪器设备也要随时注意其技术状况,发现问题及时处理,确保各种仪器设备保持完好的技术状况,使获取的各项数据准确可靠,为高质量完成项目提供基本保障。各技术小组工作都必须按规定填写各类表格,健全交接手续,搞好与技术管理部门的协作配合,以获取高质量的成果资料。

　　资料整理及综合研究工作按规范要示,随野外调查、地形测量、原始编录工作的进度及时进行。文字、表格、综合图件的编制应符合有关规定、规范要求,做到表格化、规范化、标准化。在资料日常整理、阶段性整理、年度整理和综合研究工作中,提出相应阶段的研究成果,及时指导矿产评价工作。野外工作结束后,进行全面、系统的综合整理、分析研究,经检查、验收合格后按有关规范编制各种成果图件和文字报告。野外编录及室内整理工作做到真实性、及时性、统一性和针对性。

本次勘测工作严格按照院质量管理体系进行质量控制。在实际作业中,按照院内制定的三级检查、两级验收制度进行。所有成果及图件检查率达到 100%。项目成员对自己的勘测成果和检查成果负责,做到"谁检查、谁签字、谁负责"。检查的内容包括作业方法是否合理、技术路线是否为最佳路线,观测记录数据填写是否正确,格式是否符合 ISO9001 标准。对各级质量检查中发现的不符合有关要求的原始资料,作为不合格产品按照质量管理体系的规定进行处理,不合格的资料不能用于报告编写。

综上所述,本次测量仪器先进、方案合理、作业方法正确、检查责任落实到位、计算结果正确无误,项目所取得的原始资料内容基本齐全,记录详细整洁,文图扣合,记录格式合乎规范要求,各图件要素齐全,图面布局合理美观。完全满足本次矿产资源破坏价值鉴定工作的要求。

12.4　开采区基本情况

河南省地质矿产勘查开发局测绘地理信息院技术人员对平顶山市某工贸有限公司在宝丰县与鲁山县交界处非法开采铝土矿采矿点进行实地调查与测量工作。

12.4.1　采矿坑体状态

本次鉴定工作中在涉及甘石崖矿区共有 12 个采矿坑,其中在西采区的 I 号矿体有 4 个,东采区的 II 号矿体有 8 个采矿坑。

在西采区,平顶山市某工贸有限公司在后续整合的中国铝业股份有限公司采矿权证区块范围内进行开采形成了 $I_内^1$、$I_内^2$ 和 $I_内^3$ 3 个采坑,并向西越出中国铝业股份有限公司采矿权证区块边界进入 I 号矿体向西延伸的"平顶山市汇源化学工业公司宝丰里沟铝土矿"矿区(该矿区已于 2011 年 9 月注销),形成了 $I_外^1$ 采矿坑。在东采区,平顶山市某工贸有限公司在后续整合的中国铝业股份有限公司采矿权证区块范围内进行开采形成了 $II_内^1$、$II_内^2$、$II_内^3$ 和 $II_内^4$ 4 个采坑,并向东越出中国铝业股份有限公司采矿权证区块边界进入 II 号矿体向东延伸的矿业权设置空白区,形成了 $II_外^1$、$II_外^2$、$II_外^3$ 和 $II_外^4$ 4 个采矿坑。

12.4.2　开采方式及选矿工艺

该采矿点在东、西两个采区均采用露天开采的开采方式进行采矿活动,据案卷材料反映,矿山开采中所采用的设备主要是挖掘机直接挖取,没有采用爆破工艺、没有使用爆炸材料。

矿石开采后,在开采区进行初步选矿处理,主要采用网筛对不同块度矿石进行筛选分级处理。

12.4.3　开采现场证据

通过现场调查,开采所用的挖掘机械已驶离现场,仅在东西采区遗留有废旧公共汽车改造的工房各一辆,另外在西采区还遗留有选矿所用的网筛两张。在西采区的 $I_内^1$ 和 $I_内^2$ 采坑中遗留有部分未销售的铝土矿矿产品,其他采坑中未见遗留矿产品。

现场设备及未销售的矿产品见图 12-6、图 12-7。

图 12-6　遗留矿产品及选矿设备

图 12-7　遗留的改装工房

12.4.4　潜在安全隐患情况

在野外调查中,发现非法开采形成的采矿坑破坏了原始地形地貌及土地资源。非法采坑在开采过程中形成的不稳定陡立边坡,并伴有地裂缝现象,坡底无警戒标志及防护栏;采坑周边废弃渣土随意堆放,可能诱发滑坡、泥石流等地质灾害,在此提醒相关部门采取有效的防治措施。

12.5　涉案矿体参数确定

12.5.1　工业指标的确定

本次矿产资源储量估算的工业指标,根据《铝土矿地质勘查规范》中对一水硬铝石沉积型铝土矿床的一般工业指标确定。

1. 矿石质量指标

(1)边界品位 Al_2O_3≥40% ,A/S≥2.1;

(2)块段最低工业品位:Al_2O_3≥55% ,A/S≥3.5。

2. 可采技术条件

(1)矿石可采厚度≥0.5 m;

(2)夹石剔除厚度≥0.5 m;

(3)露天剥采比≤15(m^3/m^3)。

12.5.2　矿石品位的确定

根据野外调查成果,甘石崖矿区中国铝业股份有限公司采矿权证区块范围内及外围矿体延伸区非法开采形成的采坑,现基本无矿体残留,在野外调查时采坑中所采集的地质样品分析结果达不到工业要求,无法做为本次鉴定工作中所采矿体矿石品位进行资源储量破坏量及价值评估。

由于甘石崖矿区前期进行过地质勘查工作,并提交有相关地质储量报告及年度资源储量动态监测报告,且甘石崖矿区中国铝业股份有限公司采矿权证区块外围矿体延伸部位的非法采坑所涉案的矿体,分别为甘石崖矿区铝土矿采矿权区块范围内Ⅱ号矿体、Ⅰ号矿体的外延部分。

根据河南省有色金属地质矿产局第二地质大队于 2005 年 5 月编写的《河南省宝丰县甘石崖矿区铝土矿资源储量核查报告》,中国铝业股份有限公司甘石崖铝土矿采矿证范围内的西采区Ⅰ号矿体平均品位为 Al_2O_3 含量 61.94% 、A/S 为 7.6,品位变化系数 23% ,东采区Ⅱ号矿体平均品位为 Al_2O_3 含量 53.64% 、A/S 为 5.2,品位变化系数 13% 。

根据中国铝业股份有限公司提交、经平顶山国土资源局评审、备案的矿山资源储量动态监测报告(2014 年度),甘石崖矿区中国铝业股份有限公司采矿权证区块范围内的西采区Ⅰ号矿体平均品位为 Al_2O_3 含量 60.91% 、A/S 为 6.53,东采区Ⅱ号矿体平均品位为 Al_2O_3 含量 52.3% 、A/S 为 4.48。

由于甘石崖矿区中国铝业股份有限公司采矿权证区块范围外侧矿体延伸区的东、西两处非法采坑所采的Ⅱ号矿体与Ⅰ号矿体品位变化系数小,因此在此对甘石崖矿区中国铝业股份有限公司采矿权证区块范围内、外侧相邻的东、西采区中的非法采坑所采矿石进行价格评估时,可采用甘石崖铝土矿采矿权区块范围内相应矿体的平均品位进行矿产品价格评估。由于矿山资源储量核查报告提交时间较早,最近的矿山资源储量动态监测报告编制于 2014 年年末,因此采用 2014 年度的矿山资源储量动态监测报告中各矿体平均品位作为本次鉴定工作中的非法开采取得矿产品的品位。甘石崖矿区西采区的Ⅰ号矿体平均品位为 AL_2O_3 含量 60.91% 、A/S 为 6.53,东采区Ⅱ号矿体平均品位为 Al_2O_3 含

52.3%、A/S 为 4.48。

12.5.3　矿石体重的确定

矿石体重系矿石单位体积的重量,是估算矿石资源储量的重要参数。本次对样品的采集是按不同矿石类型,不同结构、构造分别采取,并照顾到分布的代表性。本区以前期地质勘查工作中采集过的小体重样 18 个,体积一般为 30 ~ 60 cm³,测试方法是采用封蜡排水法,所测试结果体重值波动不大(一般为 2.6 ~ 2.8 t/mm³),算术平均值为 2.72 t/mm³。本次工作是以此算术平均值来确定甘石崖矿区东西采区的 I 、II 号矿体矿石体重值。

12.5.4　开采回采率的确定

根据河南省国土资源科学研究院于 2006 年 8 月编制的《平顶山市某工贸有限公司宝丰县甘石崖铝土矿资源开发利用方案》,该矿山的露天开采方式采用的矿山损失率为 5% ,矿山回采率为 1 - 5% = 95%。

根据中国铝业股份有限公司甘石崖矿区中国铝业股份有限公司采矿权证区块内《年度资源储量动态检测报告》(2008 年度至 2011 年度),平顶山市某工贸有限公司 4 年中在甘石崖矿区中国铝业股份有限公司采矿权证区块范围内累计动用消耗资源储量为矿石量 43.41 万 t,累计开采出的资源储量为矿石量 39.533 万 t。因此在平顶山市某工贸有限公司在中国铝业股份有限公司甘石崖矿证区内合法开采期间实际回采率为 39.533 ÷ 43.41 = 91.07%。

该非法采矿区中的矿体若是合法开采应严格按照执行正规矿山开发利用方案执行时,矿山实际回采率才能达到 91.07%,参考国土资源部关于锂、锶、重晶石、石灰岩、菱镁矿和硼等矿产资源合理开发利用"三率"最低指标要求(试行)的公告(2016 年第 30 号)中"菱镁矿露天矿山开采回采率不低于 90%"的要求,可以将与菱镁矿具用相同地质、采矿条件的铝土矿露天矿山开采回采率确定在 90% 以上。因此,在本非法开采区的非法开采资源储量估算时,以矿山合法开采的实际回采率进行矿山非法开采中矿产资源破坏量估算应该是合理的。

因此,甘石崖矿区中国铝业股份有限公司采矿权证区块范围内及外围矿体延伸区的矿山开采回采率确定为 91.07%。

12.5.5　矿体含矿率的确定

1. 甘石崖矿区中国铝业股份有限公司采矿权证区块范围内

根据平顶山市国土资源局提供的甘石崖矿区中国铝业股份有限公司采矿权证区块范围内历年的《资源储量动态检测报告》,截至 2014 年 12 月该矿区采矿证区范围内累计动用 I 号矿体与 II 号矿体消耗的铝土矿矿产资源储量为 60.51 万 t,动用的铝土矿矿产资源矿石所占矿体的体积为 219 109 m³(据 2014 年度动检报告资源储量估算表统计得出)。

通过对本次鉴定工作中甘石崖矿区中国铝业股份有限公司采矿权证区块范围内所动用矿体体积的实地测算,截至 2014 年 12 月,在甘石崖矿区中国铝业股份有限公司采矿权证区块范围内累计动用矿体的体积为 230 578 m³,详见表 12-6。因此,甘石崖矿区中国铝业股份有限公司采矿权证区块范围内铝土矿矿体含矿率为 219 109 ÷ 230 578 = 95.03%。

表 12-6 采矿权证区块范围内动用矿体体积估算结果

块段编号	$I_内^1$	$I_内^2$	$I_内^3$	$II_内^1$	$II_内^2$	$II_内^3$	$II_内^4$	合计
水平投影面(m^2)	8 942	2 274	1 227	16 723	18 831	751	782	49 530
平均铅直厚度(m)	4.85	4.85	4.85	4.59	4.59	4.59	4.59	4.66
体积(m^3)	43 369	11 029	5 951	76 759	86 433	3 447	3 589	230 578

2. 甘石崖矿区采矿权证外围矿体延伸区

由于甘石崖矿区中国铝业股份有限公司采矿权证区块外围矿体延伸区铝土矿矿体为甘石崖矿区中国铝业股份有限公司采矿权证区块范围内的 I 号矿体与 II 号矿体外延部分,结合周边铝土矿矿山勘查开采情况,以及涉案非法开采区采矿证内外地质调查成果显示两矿体的成矿时代、背景、机制相同,可采用类比法将甘石崖矿区中国铝业股份有限公司采矿权证区块范围内铝土矿矿体的含矿率数值作为甘石崖矿区中国铝业股份有限公司采矿权证区块外围矿体延伸区铝土矿矿体的含矿系数。因此,甘石崖矿区中国铝业股份有限公司采矿权证区块外围矿体延伸区的铝土矿矿体延伸部分含矿系数也采用95.03%。

12.5.6 矿产资源储量的可信度系数

1. 矿产资源储量可信度系数

根据《〈矿业权评估收益途径评估方法修改方案〉说明》,对于经济基础储量,即探明的(可研)经济基础储量(111b)、探明的(预可研)经济基础储量(121b)、控制的经济基础储量(122b)、(332),全部参与评估计算,不采用可信度系数进行调整。

推断的内蕴经济资源量(333)可参考(预)可行性研究、矿山设计或矿产资源开发利用方案取值。(预)可行性研究、矿山设计或矿产资源开发利用方案中未予设计利用,但资源储量在矿业权有效期(或评估年限)开发范围内的,可信度系数在 0.5~0.8 范围中取值,具体取值应按矿床(总体)地质工作程度、推断的内蕴经济资源量(333)与其周边探明的或控制的资源储量关系、矿种及矿床勘探类型等确定。矿床地质工作程度高的,或(333)资源量的周边有高级资源储量的,或矿床勘探类型简单的,可信度系数取高值;反之,取低值。

无需做更多地质工作即可供开发利用的地表出露矿产(如建筑材料类矿产),估算的资源储量均视为(111b)或(122b),全部参与评估计算。预测的资源量(334)不参与经济合理性评估计算。

2. 甘石崖矿区采矿权证外围矿体延伸区资源储量可信度系数

由于甘石崖矿区中国铝业股份有限公司采矿权证区块外围矿体延伸区铝土矿矿体虽然是甘石崖矿区中国铝业股份有限公司采矿权证区块范围内的西采区 I 号矿体与东采区 II 号矿体外延部分,但是外围区没有进行过专门矿产地质勘查工作,也没有提交过相应的矿产资源储量报告。

本次进行非法开采资源储量破坏价值鉴定工作,在对甘石崖矿区中国铝业股份有限公司采矿权证区块外围矿体延伸区的动用资源储量进行评估时,各矿体的品位、厚度、含矿系数、体重等指标均采用中国铝业股份有限公司采矿权证区块范围内各矿体的指标参数进行推断。另外根据甘石崖矿区中国铝业股份有限公司采矿权证区块外围矿体延伸区实际开采现状情况，再结合平顶山市某工贸有限公司原法定代表人陈清国调查笔录反映出其公司在甘石崖矿区采矿权证外围矿体延伸区大约采出铝土矿矿石量的判断，甘石崖矿区采矿权证外围矿体延伸区资源储量按（333）类型处理，资源储量可信度系数确定为0.7。

12.6 资源储量估算

12.6.1 资源储量估算范围、对象

本次破坏资源储量的鉴定工作中，对甘石崖铝土矿证区及外围矿体延伸区非法开采所涉及的所有采矿坑进行动用资源储量估算，既包括采矿证区内合法开采阶段动用的资源储量估算，也包括后期非法开采阶段的动用的资源储量估算，还包含采矿许可证区外围相邻开采区域所动用的铝土矿资源储量估算。在对所有涉案采坑动用的资源储量的估算，以及证区内合法阶段动用的资源储量估算基础上，再进行涉案非法开采区破坏资源储量的估算。

12.6.2 资源储量估算方法选择及其依据

根据涉案非法开采区内两个矿体的共同特点，同属小型沉积型矿床，除局部呈洼斗形，工业矿层厚度较大外，总体来看矿体产状较平缓，似楔形，大面积呈似层状，边界出露规整，产状倾角平缓，厚度稳定，故采用水平投影地质块段法进行资源储量估算是恰当的。

12.6.3 动用矿体范围圈定的原则

本非法开采矿区的Ⅰ、Ⅱ号矿体为孤立矿体，矿山开采已经形成了多处独立的采矿坑体，通过现场测绘对矿体顶板、底板界线位置及高程进行控制。因此，在本次鉴定工作中的动用资源储量估算以次实地测量各采坑揭露矿体顶板的范围、形态、高程数据为依据，通过圈定所动用铝土矿矿体中各开采矿段范围进行资源储量估算块段的划分。

12.6.4 资源储量类别确定条件

依据《固体矿产地质勘查规范总则》对资源储量分类要求，以矿体揭露工程控制的资源储量可靠程度，相关的可行性评价及所获不同经济意义，划分资源储量类别。

探明的经济基础储量（111b）：指矿体已经采出，并查明了矿床地质特征、矿石质量和开采技术条件，肯定了矿石的可选性。

控制的经济基础储量（122b）：指段高达到控制要求的地段，沿脉坑道有一个，沿脉与采区边界间距的斜距不超过网度1/2，在三维空间上基本圈定了矿体，基本查明了矿床地质特征、矿石质量和开采技术条件，肯定了矿石的可选性。

推断的内蕴经济资源量（333）：指探矿工程间距符合要求，在三维空间上基本圈定了矿体，基本上了解到矿床地质特征、矿石质量和开采技术条件，确定了矿石的可选性。

预测的内蕴经济资源量（334）：指推断的工程间距连线以外的外推部分，资源量只根据有限的数据估算的，其可信度偏低。

由于平顶山市某工贸有限公司在宝丰县与鲁山县交界处甘石崖矿区中国铝业股份有限公司采矿权证区块外围矿体延伸区非法开采的铝土矿中动用资源储量估算时，所采有的矿体品位、厚度、含矿率均按照采矿权证区块内的矿体指标进行推断，因此在采矿坑所

圈定的资源储量类别应为推断的内蕴经济资源量(333)。

12.6.5　体积估算公式选择

1. 计算公式

为合理准确地估算资源储量,根据块体形态及矿体开挖形成的采空区形态特征,选用以下基本公式:

(1)当估算体为层状或似层状,用层状体体积公式计算:

$$V = (\sum L \times S) \div n$$

式中　V——矿产品资源储量,m^3;

　　　S——矿体水平投影面积,m^2;

　　　L——矿体铅垂高度,m。

(2)当估算体对应顶底面的面积差 <40% 时,用棱柱体体积公式计算:

$$V = \frac{L}{2}(S_1 + S_2)$$

式中　V——矿体体积,m^3;

　　　L——顶底面之间的距离(下同),m;

　　　S_1、S_2——顶底面面积(下同),m^2。

(3)当估算体对应顶底面的面积差 >40% 时,用截锥体体积公式计算:

$$V = \frac{L}{3}(S_1 + S_2 + \sqrt{S_1 S_2})$$

(4)当估算体只有一个底面有面积,采坑的顶面尖灭为一线时,用楔形体公式计算。有以下两种情况:

1)若底面的轴长与尖灭线相等时,计算公式为:

$$V = \frac{L}{2}S$$

2)若底面的轴长(a_s)与尖灭线(a_o)不等时,计算公式为:

$$V = \frac{L}{3}S + \frac{L}{6}S \cdot \frac{a_o}{a_s}$$

(5)当估算体中只有一个底面积,若块体的尖灭端为一点时,用角锥体体积公式计算:

$$V = \frac{L}{3}S$$

2. 公式选择

根据野外勘测中查明铝土矿采坑的分布情况,结合野外实测采坑中矿体的形态,确定本次鉴定的非法采矿坑破坏矿产资源矿体块段为似层状矿体,因此采用计算公式中编号为(1),为层状体计算公式。

12.6.6　矿体块段面积与厚度的确定

1. 面积(S)

矿体投影面积根据现场测定各个采矿坑中的矿体范围,由绘图软件在水平投影及储量估算图上直接量取。

2. 厚度（L）

由于涉案非法开采区的矿体产状较平缓且大面积呈似层状，边界出露规整，厚度稳定。因此在本次鉴定工作中，对甘石崖矿区中国铝业股份有限公司采矿权证区块范围内Ⅰ、Ⅱ号矿体的厚度值，以及采矿权证外围矿体延伸区所采Ⅰ、Ⅱ号矿体的的厚度值分别采用矿体平均值，即Ⅰ号矿体的厚度为4.85 m、Ⅱ号矿体的厚度为4.59 m（见表12-1）。

12.6.7 破坏资源储量估算结果

1. 非法开采动用的矿产资源储量

（1）甘石崖矿区中国铝业股份有限公司采矿权证区块范围内

据平顶山国土资源局向河南省国土资源厅申请鉴定文件及本宗案件情况说明，将平顶山市某工贸有限公司在甘石崖矿区中国铝业股份有限公司采矿权证区块范围内的开采活动定性为非法的时段为2011年7月至2014年12月。

据平顶山市国土资源局与鲁山县国土资源局提供的甘石崖矿区中国铝业股份有限公司采矿权证区块范围内历年的《资源储量动态检测报告》，结合平顶山国土资源局提供的涉案非法开采区《案件情况说明》，平顶山市某工贸有限公司在甘石崖矿区中国铝业股份有限公司采矿权证区块范围内非法开采动用的矿产资源储量为西采区Ⅰ号矿体矿石量5 300 t、东采区Ⅱ号矿体矿石量1 000 t，共计6 300 t。

（2）甘石崖矿区中国铝业股份有限公司采矿权证区块外围矿体延伸区

通过对采坑中矿体的数据分析、形态建模、要素测算、储量估算，本次工作估算出平顶山市某工贸有限公司在甘石崖矿区中国铝业股份有限公司采矿权证区块外围矿体延伸区非法开采所动用的铝土矿矿产资源储量为西采区Ⅰ号矿体矿石量9 890 t、东采区Ⅱ号矿体矿石量105 548 t，共计115 438 t。矿产资源储量估算结果详见表12-7。

表12-7 甘石崖外围矿体延伸区动用矿产资源储量估算结果

矿体编号	Ⅰ号矿体	Ⅱ号矿体				合计
块段编号	Ⅰ$_外^1$	Ⅱ$_外^1$	Ⅱ$_外^2$	Ⅱ$_外^3$	Ⅱ$_外^4$	
水平投影面积（m²）	1 127	2 145	631	2 065	7 868	13 836
平均铅直厚度（m）	4.85	4.59	4.59	4.59	4.59	4.59
体积（m³）	5 466	9 846	2 896	9 478	36 114	63 800
含矿率（%）	95.03	95.03	95.03	95.03	95.03	95.03
可信度系数	0.7	0.7	0.7	0.7	0.7	0.7
体重（t/m³）	2.72	2.72	2.72	2.72	2.72	2.72
矿石量（t）	9 890	17 814	5 240	17 150	65 344	115 438
	9 890	105 548				

（3）甘石崖矿区中国铝业股份有限公司采矿权证区块范围内及外围

由上可见，平顶山市某工贸有限公司历年来在甘石崖矿区中国铝业股份有限公司采矿权证区块范围内及外围矿体延伸区非法开采铝土矿所动用矿产资源储量为西采区Ⅰ号矿体矿石量 9 890 + 5 300 = 15 190(t)、东采区 Ⅱ 号矿体矿石量 105 548 + 1 000 = 106 548
(t),共计 6 300 + 115 438 = 121 738(t)。

2.非法开采破坏的矿产资源储量

根据前面章节中确定的非法区矿山开采回采率指标为 91.07%,平顶山市某工贸有
限公司在甘石崖矿区中国铝业股份有限公司采矿权证区块范围内及外围矿体延伸区非法
开采所动用的铝土矿矿石量折合为矿山开采可利用资源储量为 Ⅰ 号矿体矿石量 15 190 ×
91.07% = 13 833(t)、Ⅱ 号矿体矿石量 106 548 × 91.07% = 97 034(t)。

因此,平顶山市某工贸有限公司在甘石崖矿区中国铝业股份有限公司采矿权证区块
范围内及外围矿体延伸区非法开采铝土矿造成矿产资源破坏矿石量共计 13 833 + 97 034 =
110 867(t)。

12.7 矿产资源破坏价值评估

确定非法开采铝土矿造成矿产资源破坏的价值依据市场价值进行评估,即铝土矿的
销售单价采用地方物价部门认定的该批铝土矿在委托认定时限内的市场销售平均价格,
以此进行非法开采造成的矿产资源破坏价值估算。

12.7.1 基准日及坑口价格

根据平顶山市国土资源局提供的,由宝丰县国土资源局委托、宝丰县价格认证中心出
具的《关于对铝土矿产品价格认定结论书》(宝价认〔2007〕033 号)来确定平顶山市某工
贸有限公司在非法开采活动期取得矿产品的坑口价格。

1.认定标的物

平顶山市某工贸有限公司在甘石崖矿区非法开采铝土矿矿产资源所取得的矿产品。

(1)Ⅰ 号矿体铝土矿品位:Al_2O_3 含量 60.91%、A/S 为 6.53;

(2)Ⅱ 号矿体铝土矿品位:Al_2O_3 含量 52.3%、A/S 为 4.48。

2.价格认定基准日

本次价格认定所确定的价格基准日为 2015 年 6 月 4 日(本案件的立案时间)。

3.矿产品坑口价格

认定标的物在价格认定基准日销售的坑口平均市场价格认定为:

(1)Ⅰ 号矿体铝土矿矿产品为 147 元/t;

(2)Ⅱ 号矿体铝土矿矿产品为 70 元/t。

12.7.2 破坏价值评估

根据非法开采造成破坏矿产资源储量估算结果,结合由平顶山市国土资源局提供的
《价格认定结论书》文件(附件 8)所认定的矿产品单价评估出非法开采破坏的矿产资源
价值。

1.计算公式

$$W = PR$$

R:破坏的矿产资源储量(t),又称矿山开采可利用的矿产资源储量,包括已采出的矿
石量(已销售、未销售、丢弃的贫矿或次级矿)与不合理开采造成无法开采利用的矿石损
失量;

P：矿产品价格（元/t），由物价部门确定的行政区域内同期同类矿产品市场平均价格；

W：矿产资源破坏价值（元）。

2. 价值估算结果

Ⅰ号矿体破坏的矿产资源价值：13 833 t×147 元/t＝2 033 451 元、Ⅱ号矿体破坏的矿产资源价值：97 034 t×70 元/t＝6 792 380 元。

因此，平顶山市某工贸有限公司在甘石崖矿区中国铝业股份有限公司采矿权证区块范围内及外围矿体延伸区非法开采铝土矿破坏的矿产资源价值共计 2 033 451 元＋6 792 380 元＝8 825 831 元（大写：捌佰捌拾贰万伍仟捌佰叁拾壹圆整）。

12.8　技术鉴定结论

12.8.1　鉴定结果

（1）本次鉴定工作组织严密、野外调查到位、采用仪器先进、估算方法科学严谨、质量措施到位、工作成果可靠。

（2）通过野外调查、测量观测、数据处理、电脑制图、综合研究、科学估算，得出本次技术鉴定结果：平顶山市某工贸有限公司在甘石崖矿区中国铝业股份有限公司采矿权证区块范围内及外围矿体延伸区非法开采铝土矿造成矿产资源破坏矿石量为 110 867 t，评估矿产资源破坏价值为人民币 8 825 831 元（大写：捌佰捌拾贰万伍仟捌佰叁拾壹圆整）。

12.8.2　补充说明

（1）本次鉴定工作是按照平顶山市国土资源局工作人员对平顶山市某工贸有限公司在甘石崖矿区中国铝业股份有限公司采矿权证区块范围内及外围矿体延伸区所指认的铝土矿采坑进行现状勘测，估算出非法开采造成的铝土矿矿产资源破坏量，并进行资源破坏价值的评估。

（2）报告中的勘测成果、数据、附件、图纸只对本次鉴定任务负责，不得在任何刊物或网络上公布，不得用于与本次鉴定无关的其他事项。否则，造成的不良后果本单位不予负责。

（3）本次工作是在平顶山市国土资源局及相关部门共同协作下公开进行，监督机制完备、过程透明、结论公正，如对鉴定有异议请在报告提交 30 日内意见反馈到鉴定机构或河南省国土资源厅。

（4）本案向河南省国土资源厅申请鉴定时间为 2015 年 9 月 22 日，项目鉴定委托时间为 2015 年 11 月 13 日、现场勘测时间为 2015 年 12 月 8 日至 29 日，矿石价格认证提供时间为 2017 年 4 月 7 日，案件情况说明提供时间为 2017 年 4 月 14 日，案件卷宗等资料提供时间为 2017 年 4 月 14 日，鉴定机构向河南省国土资源厅申请鉴定报告批复时间为 2017 年 4 月 26 日，特此说明。

第 13 章　组合估算法应用案例

本案例以《非法采矿、破坏性采矿造成矿产资源破坏价值鉴定技术》为基础,目的是以科研成果推广应用作为政府履行矿产资源监管职能服务于社会。下面以河南省西峡县在某过期采矿权区块范围内及外围非法开采钾长石案件为例,以采空区、矿产品地质调查为手段,采用矿产资源破坏量估算中的组合估算方法开展非法采矿案值评估。

13.1　序言

矿产资源是自然资源的重要组成部分,是人类社会发展的重要物质基础。随着我国经济的持续快速增长,矿产资源在国民经济中的地位和作用越来越重要。矿产资源的开发、利用和保护在一个国家的建设发展中具有重大战略意义。众所周知,矿产资源的开发利用是把双刃剑,它既会对社会经济发展产生正面效应,又会对生态环境保护产生负面效应。更为严重的是,由于利益的驱使,有的企业和个人甚至以牺牲资源环境、财产生命为代价,进行非法采矿,造成矿产资源破坏、生态环境恶化、国家财产和人民生命安全损失的严重后果。

13.1.1　目的与任务

2017 年 9 月 7 日,西峡县国土资源局向河南省国土资源厅行文请示对聂某等人非法开采长石(钾长石)造成矿产资源破坏价值进行鉴定。

1. 目的

为了进一步制止、惩处非法采矿、破坏性采矿造成矿产资源严重破坏的违法犯罪行为,维护矿产资源管理秩序,促进依法行政,经河南省国土资源厅批准,西峡县国土资源局2017 年 9 月 12 日委托河南省地质矿产勘查开发局测绘地理信息院对聂某等人于 2017 年3 月 27 日至 7 月 17 日在河南省西峡县丁河镇秧地村拳菜沟和黄水沟非法开采长石(钾长石)所造成矿产资源破坏价值进行鉴定。

2. 任务

根据任务要求,河南省地质矿产勘查开发局测绘地理信息院在西峡县国土资源局组织与配合下,会同相关部门对非法开采区开展野外地质调查及实地测绘工作,在取得实地勘测成果资料基础上,根据案件中已销售记录及尚未销售矿产品堆积体,结合开采现场实测的成果资料圈定非法开采形成的露天采坑及井下采场形态,估算非法开采长石(钾长石)破坏的资源储量,并对矿产资源的市场价值进行评估。

13.1.2　案件调查情况

1. 案件基本情况

根据西峡县国土资源局提供的案件情况显示:根据群众举报及日常动态巡查,发现当事人聂某等人未取得采矿许可证,分别于 2017 年的 3 月 27 日至 4 月 18 日、4 月初至 7 月

17 日期间,擅自在西峡县丁河镇秧地村拳菜沟、黄水沟非法开采长石(钾长石)矿产资源。西峡县国土资源局根据案件调查情况,对聂某等人非法开采长石(钾长石)矿产资源的行为立案查处。

2017 年 9 月 7 日,西峡县国土资源局根据前期案件调查情况,向河南省国土资源厅(西国土资文〔2017〕35 号)行文请示,申请对聂某等人在河南省西峡县丁河镇秧地村拳菜沟和黄水沟非法开采长石(钾长石)进行矿产资源破坏价值鉴定。

2. 违法主体基本情况

非法采矿主要组织人员聂某,男,汉族,1969 年 12 月出生,河南西峡县人,身份证号:41292319691225313×,中国共产党员。户籍所在地为西峡县重阳镇八庙下街村三组 50 号,现在住址为西峡县城关镇人民东路。

3. 交通位置及矿业权设置

(1)交通位置

本次开展鉴定工作的长石非法开采区地理位置为东经 111°16′29.32″,北纬 323°31′07.88″,非法开采形成的露天采坑面积约为 0.005 4 km²,地下采场面积约为 0.001 2 km²。非法开采区位于河南省西峡县西北 44 km 处,行政区划隶属于河南省西峡县丁河镇秧地行政村管辖。东距驻南阳市区 161 km。附近与 G59 呼北高速、G55 二广高速、G40 沪陕高速、G209 呼北国道、G311 徐峡国道、G312 沪霍国道、S331 省道较近,有简易乡村公路通达开采区,详见非法开采区交通位置图(图 13-1)。

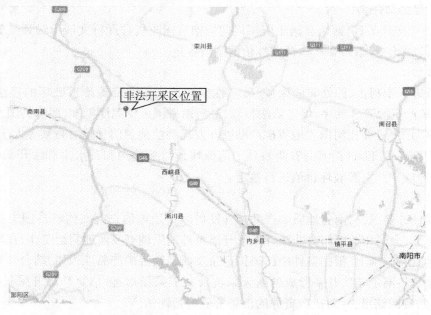

图 13-1　交通位置图

(2)矿业权设置情况

涉案非法开采区所采范围涉及以往颁证的矿业权区块范围 1 个,证号为:

411323031000×;采矿权人为:刘天志;矿山名称:西峡县陈阳乡秧地村黄水沟长石矿;开采矿种:长石;开采方式:平硐开拓;生产规模:小型;矿区面积:0.124 km²;有效期限:2003年9月至2006年7月,矿区范围坐标见表13-1。

表 13-1　涉及的采矿权区块坐标范围

拐点号	X	Y	拐点号	X	Y
A	3710460	19525230	C	3710150	19525630
B	3710460	19525630	D	3710150	19525230
开采标高	860 - 660		1954 西安坐标系		

4. 以往执法情况及处理过程

西峡县国土资源局提供的案件情况显示:西峡县国土资源局于2017年4月12日对聂某等人无证采矿一案(露采+硐采)立案查处,经查2017年3月27日至2017年4月18日期间采出矿产品钾长石矿石350 t,以每吨24元的价格全部销售,违法所得8 400元,于2017年5月3日作出行政处罚:责令停止开采;没收违法所得8 400元;处以6万元罚款。当事人于2017年8月22日交5万元罚款。当事人因涉嫌犯罪,已被刑事拘留。西峡县国土资源局于2017年7月15日对聂某等人无证采矿一案(露采+硐采)立案查处,经查2017年4月初至2017年7月17日期间采出矿产品钾长石矿石300 t,以每吨120元的价格全部销售,违法所得36 000元,行政处罚程序还没走完,当事人因涉嫌犯罪,已被刑事拘留。

5. 开采销售量及矿产品流向

西峡县国土资源局提供的案件情况显示:西峡县国土资源局立案查处和掌握了当事人聂某在丁河镇秧地村下河东组拳菜沟非法露天开采钾长石矿,时限为2017年3月27日至4月18日,非法开采方式为利用挖掘机进行露天开采。

当事人聂某在丁河镇秧地村下河东组黄水沟非法地下开采钾长石矿,时限为2017年4月初至7月17日,非法开采方式为利用凿岩机打孔进行炮采。

(1)非法开采量

根据对违法当事人聂某的询问笔录,当事人2017年3月27日至2017年4月18日,非法开采钾长石矿石大约350 t(露天开采);2017年4月初至2017年7月17日,非法开采钾长石矿石大约300 t。

2017年以前,本采区断断续续有人进行过非法开采活动,西峡县国土资源局已对此违法行为作出行政处罚。

(2)销售量

根据西峡县国土资源局对聂某等人的询问笔录,当事人2017年3月27日至2017年4月18日,非法开采钾长石矿石大约350 t,以每吨24元的价格全部销售,违法所得8 400

元(露天开采);2017 年 4 月初至 2017 年 7 月 17 日,非法开采钾长石矿石大约 300 t,以每吨 120 元的价格全部销售,违法所得 36 000 元(坑采)。

另据西峡县人民检察院检察建议书、公安机关初步调查及公安机关提供的违法当事人销售账单显示:聂某等人自 2017 年 4 月份以来,在采矿区非法开采钾长石,已出售矿石数量 939.6 t,违法所得 30 余万元,还有部分矿石尚未销售。

(3)未销售矿石存放位置及数量

本采区未销售矿石现分别存放于西峡县丁河镇秧地村秧地村民组地界大约 200 t(矿石已挑选过)、西峡县丁河镇秧地村苇园村民组地界大约 800 t(矿山临时租用场地)。

6. 其他情况说明

西峡县国土资源局提供的案件情况显示:2017 年以前,该采矿点断续有人开采,西峡县国土资源局局已对此违法行为作出行政处罚。由于违法当事人为逃避打击,频繁更换矿主,采取游击战术,利用星期天、法定节假日甚至夜晚进行非法开采,执法人员到达采矿现场违法当事人已撤离采矿现场,很难抓到现行,增加了执法难度,即使抓到现行,违法当事人极不配合调查工作,仅凭西峡县国土资源局现有的技术力量及行政执法手段,很难查清实际开采数量。根据违法当事人的询问笔录供述,违法开采时间短,开采数量少,西峡县国土资源局做出的行政处罚开采数量与实际开采数量相差较大。2017 年违法当事人涉嫌其他犯罪被公安机关刑事拘留,在公安机关所供述的开采时间、开采数量、所提供的销售帐单(公安机关提供的当事人笔录显示)及开采出来未销售的矿产品,违法当事人的违法所得已达到《矿产资源法》《最高人民法院、最高人民检察院关于办理非法采矿、破坏性采矿刑事案件适用法律若干问题的解释》规定的非法采矿罪数额,所以西峡县国土资源局对 2017 年非法开采数量进行鉴定。

13.1.3 自然地理及社会经济

本工作区属伏牛山深山区,处于西峡、嵩县、内乡三县交界处的西峡一侧。工作区北侧的杨岭山峰标高 1 501 m,南北两侧谷底标高 1 044 m,高差 457 m。山坡较陡,多在 30°以上,局部达 50°以上。西侧的沟谷溪流向南经西峡、淅川入丹江口水库。

工作区气候属北亚热带大陆性气候,冬寒夏热,四季分明。年最低气温 −12.8 ℃,最高气温 41.2 ℃,平均气温 14.6 ℃,年平均降水量 1 168 mm,多集中于 7 ~ 9 月,无霜期224 天。区内无大的河流、水库和湖泊。

工作区内粮食作物以小麦、水稻、玉米、红薯为主,经济作物有花生、棉花、芝麻、油菜等。矿产资源较为丰富,有金、银、铜、铁、铅、锌、石油、天然碱、钾长石、云母、大理石等。工业不发达,主要以矿业开发为主,目前开发矿产主要有金、铅、锌、铁及大理石、花岗石等。当地劳动力剩余,经济落后,群众致富愿望强烈,在本区进行硫铁矿产开发具有较好的外部环境条件。

13.1.4 非法采矿卫星监测情况

本次工作的鉴定区近期卫星监测情况详见图 13-2 ~ 图 13-4。

图 13-2 非法开采区卫星照片（平面）

图 13-3 非法开采区采坑及采硐卫星照片（俯视）

图 13-4 非法开采区贮矿场卫星照片（俯视）

说明：卫星照片拍摄时间在前，可能与现场有出入，以现场实测结果为准。

13.2　开采区地质概况

13.2.1　以往地质工作情况

1. 区域地质工作阶段

新中国成立后,该区曾有多家地勘单位在不同时期开展过不同比例尺的区域地质调查工作,详见表13-2。

表 13-2　区域地质调查工作情况统计表

序号	项目名称及成果	工作单位
1	栾川幅 I－49－22　1/20 万地质图说明书	地质部西北地质局
2	栾川幅 I－49－22　1/20 万地质测量报告	河南省地质局秦岭队
3	栾川幅 I－49－22　1/20 万区域地质调查报告:放射性测量部分	河南省地质局秦岭地质队
4	栾川幅 I－49－22　1/20 万区域水文地质普查报告	河南省局水文地质管理处
5	栾川幅 I－49－22　1/20 万区域地球化学调查报告:水系沉积物地球化学测量	河南省地矿厅区域地质调查队
6	河南省栾川幅 1:20 万区域化探 32 项元素补测与成图成果报告	河南省岩石矿物测试中心
7	豫西南地区栾川幅 1-49-22 内乡幅 1-49-28 均县幅 1-49-34　1/20 万综合性地质水文地质测量报告	地质部郑州地质学校
8	丁河幅 I－49－91－D　1/5 万区域地质图说明书	河南地矿厅区调队
9	河南省西峡县陈阳坪工区 1/1 万分散流成矿地质背景调查工作报告	河南省有色地勘局五队
10	米坪幅 I－49－91－B　1/5 万区域地质图说明书	河南地矿厅区调队
11	河南米坪—龙王庙地区矿产远景调查	河南省地质调查院
12	丁河幅 I－49－91－D　1/5 万区域地质图说明书	河南省地矿厅区调队
13	河南省"秦岭地轴"东段西坪至桑坪剖面观察	湖北省地质科学研究所
14	河南省西峡县西坪地区 1972 年度物、化探成果报告	河南省地质局物探队
15	河南省西峡县西坪地区土壤地球化学测量工作报告	河南省地矿局第四地调队
16	西坪幅 I－49－91－C　1/5 万区域地质图说明书	河南省地矿厅区调队
17	河南省西峡县桑坪—二郎坪地区矿带化探普查 1/5 万	河南省地矿厅第四地质调查队

2. 矿产勘查工作阶段

在非法开采区周边的矿产主要分布地已进行过不同程度的地质矿产勘查工作,但各种矿产的地质勘查评价程度高低不一。在已发现的 9 种矿产中,进行过详细勘查或勘探工作的矿种有 2 种,分别为白云母和铅锌矿,另外有煤矿、橄榄岩、金红石、绿柱石、红柱石、长石非金属矿产,其他金属矿产金、铁、镍矿也作过矿点普查或预查及试采工作,详见

表 13-3。

同时也为重大基础建设工程、农业发展、抗洪减灾等做了大量的基础地质、工程地质、物化遥感等工作。

表 13-3 矿产勘查工作及成果情况统计表

序号	项目名称及成果	工作单位
1	河南省西峡县米坪乡高庄金矿区探矿工程技术报告	河南省地矿厅第五地质探矿队
2	河南省西峡县丁河金矿预查报告	河南省地质矿产勘查开发局第二地质环境调查院
3	河南省嵩县杨寺沟—桑坪矿区铅锌矿普查报告	栾川县鑫川矿业开发有限责任公司
4	河南省嵩县杨寺沟—桑坪铅锌矿核查区资源储量核查报告	河南省地质博物馆
5	河南省西峡县米坪乡白石尖铁矿普查报告	河南省地质局第十二队
6	河南省西峡县西坪乡罗家庄北一带镍矿普查报告	豫西综合地质队
7	河南省西峡县陈阳乡木瓜沟白云母矿区普查勘探地质报告	河南省地质局第十二队
8	河南省西峡县陈阳一带白云母矿普查地质报告	河南省地质局第十二队
9	河南省西峡县陈阳坪地区白云母矿初步普查地质报告	河南地质局第十二队
10	河南省西峡县陈阳坪地区白云母矿详查地质报告	河南省地质局第二十一队
11	河南省西峡县陈阳坪一带白云母矿普查报告	河南省建委建材地质队
12	河南省西峡县桑坪—米坪一带煤矿普查简报	河南地质勘探公司区域地质测量队
13	河南省西峡县桑坪公社小磨沟—吴家沟区段煤系地层地质草测简报	河南省地质局地质七队
14	河南省西峡县西坪乡洋淇沟橄榄岩矿地质普查报告	西峡县地质队
15	河南省西峡县八庙—西坪地质草测及金红石矿调查报告	河南省地质局地质六队
16	河南省西峡县桑坪、朱坪、陈旧坪绿柱石矿点踏勘简报	河南省西峡县地质队
17	河南省西峡县桑坪红柱石物相分析方法实验研究	河南省地矿局第四地质调查队

13.2.2 以往开采情况

由于该非法开采区所采矿石为长石(钾长石),是以石英矿物为主的岩石矿物组成的建材类非金属矿产。由于开采技术简单,矿种主要作为陶瓷、玻璃工业原料得到广泛应用,2000 年至今,开采区及周边断续存在着长石(钾长石)矿产资源开采活动。本非法开采区中的地下硐采曾经为合法开采,西峡县国土资源局于 2003 年 9 月为刘天志颁发过三年期限的采矿许可证。

13.2.3 开采区地质及矿产特征

1. 区域地质及矿产特征

工作区位于北秦岭复杂构造带东段,朱阳关—夏馆断裂带以北,瓦穴子—乔端断裂带以南,老君山斑状二长花岗岩体东端外接触带。区内地层以二郎坪群海相火山岩系为主,构造发育,岩浆活动较为频繁。

(1)地层

本区地层以朱阳关—夏馆断裂为界,其北出露下古生界二郎坪群、上古生界小寨组地层,其南出露下元界秦岭岩群地层。另外有少量第四系。

1)下元古界秦岭岩群(Pt_1)

分布在朱阳关—夏馆断裂以南,为本区主要出露地层,与北部二郎坪群为断层接触,该群自下而上分为郭庄岩组和雁岭沟岩组,为一套中高级变质杂岩,原岩为一套火山—沉积建造,总体呈北西—南东向展布。

①雁岭沟岩组(Pt_1y)

以大套含石墨、橄榄石、透辉石、透闪石、海泡石等变质矿物的镁质大理岩为主,夹少量变质碎屑岩及基性火山岩,岩性和厚度较稳定,变化不大。雁岭沟岩组为碳酸盐岩夹碎屑岩沉积建造,含钙质岩石(大理岩、变粒岩等)的原岩为白云岩、泥灰岩和钙质砂岩,原岩多含有泥质和较高的镁质,亦反映其原始沉积环境相对碎屑岩稳定。

②郭庄岩组(Pt_1g)

总体为一套具中深变质的碎屑岩—碳酸盐岩夹火山岩组合,下部以长英质片麻岩为主,夹少量富铝质及斜长角闪质岩石,上部岩性为碳酸盐岩、钙硅酸盐及富铝岩石(矽线片岩、石榴矽线片麻岩),显示出与上覆雁岭沟组过渡的特征,区域上分布较稳定。郭庄岩组长英质及富铝质片麻岩的原岩绝大部分为副变质的杂砂岩及黏土质岩石,其杂砂岩成分复杂,成熟度低,具近源快速沉积的特点,具活动大陆边缘沉积的特征。

2)中元古界峡河岩群(Pt_2)

①界牌岩组(Pt_2j)

由秦岭区域地质测量大队阎廉泉于1959年命名。白色条带状大理岩、黑云钙质石英片岩、角闪片岩及瘤状堇青石片岩、云母钙质石英片岩。与寨根(岩)组整合接触。出露厚648~3 590 m。本组钙质片岩曾获6组Rb-Sr等时线年龄值为973.03±34.0 Ma;锆石U-Pb年龄值为812 Ma。

②寨根岩组(Pt_2z^1)

主要岩性为石榴二云石英片岩、黑云石英片岩、斜长角闪片岩及薄层大理岩。南部与界牌岩组整合接触,北与秦岭岩群断层接触。出露厚463~576 m。

3)下古生界二郎坪岩群(Pz_1^1)

出露于朱阳关—夏馆断裂以北,为一套变细碧岩—石英角斑岩系,属弧后盆地裂陷槽沉积,构成北秦岭似蛇绿岩套的上部层序。北部与中—新元古界宽坪群断层接触,南部与上古生界小寨组、下元古界秦岭岩群断层接触;自下而上划分为火神庙组、大庙组。

①火神庙组(Pz_1h)

火神庙组主体为一套浅变质的海相细碧—石英角斑岩建造,主要岩性以变细碧岩、变细碧玢岩、枕状细碧岩、变石英角斑岩、角斑岩为主夹中酸性凝灰岩、凝灰质熔岩、硅质岩及大理岩等。

②大庙组（Pz_1d）

主要为一套变质碎屑岩和碳酸盐岩沉积建造，主要岩性以黑云石英片岩、黑云斜长片岩、大理岩为主夹炭硅质板岩、变细碧岩、变石英角斑岩、变质凝灰岩等。

二郎坪群是由两个火山岩—碎屑岩—碳酸盐岩组成的火山—沉积旋回。火神庙组原岩主要为变细碧（玢）岩及少量石英角斑岩、角斑岩、硅质岩和碎屑岩，在有些地段岩石中可见到气孔、杏仁、流动和枕状构造，具典型海底火山强烈喷发（喷溢）活动沉积的特征，硅质岩的出现反映本组可能形成水体较深；大庙组原岩主要为石英砂岩、长石石英砂岩、泥质粉砂岩和灰岩等，岩石分选性较好，横向上稳定，属滨海到浅海沉积。

4）上古生界小寨组（Pz_1x）

主要分布于朱阳关断裂以北，为一套中级变质的典型的深水复理石沉积建造，其形成环境为晚古生代裂谷海盆地。主要岩性为黑云石英片岩、绢云石英片岩、二云石英片岩等，发育红柱石、十字石、石榴子石、堇青石等富铝矿物，上部为斜长角闪片麻岩，下部夹含碳硅质岩、变粒岩和变质砾岩透镜体。变质程度为绿片岩相，变质原岩为基性火山岩、泥质岩等。

5）第四系（Q）

主要为砂质黏土、砂土、砂砾石层以及残坡积物、冲积物。

（2）构造

工作区处于中国南北和东西构造域结合的枢纽地带，大地构造单元属秦岭造山带北秦岭构造带，在长期地史演化过程中，经历多期构造变动，无论其内部组成还是构造变形均十分复杂，发展演化历程独特，并具不均衡、多旋回发展特点，形成独特的构造格局。

区域性朱阳关—夏馆断裂带横穿工作区，北秦岭构造带以朱阳关—夏馆断裂为界，以北划分为小寨—板山坪—鸭河口岩片，以南划分为寨根—马山口地块；小寨—板山坪—鸭河口岩片由二郎坪群及侵入其中的岩体组成，主要经历了两个阶段的构造变形；寨根—马山口地块由秦岭岩群以及侵入其中的岩体组成，变质变形十分复杂，峰期变质程度达高角闪岩相，发育不同规模、不同构造层次、不同机制、不同构造样式的多期次褶皱和韧、脆性构造变形形迹。

主要建造组合有古元古代秦岭岩群陆缘裂谷火山—沉积建造和早古生代二郎坪群陆缘裂谷—岛弧火山—沉积建造；

岩浆活动集中于新元古代（晋宁期）、早古生代（加里东期）、晚古生代（海西期）和中生代白垩纪（燕山期），变质变形十分复杂。

区域性朱阳关—夏馆断裂带是二郎坪群与秦岭群的界限断裂，呈北西西向展布，主断面地表南倾，倾角40°～70°。断裂带由一系列近于平行或分枝复合的断裂束所组成，波及宽度200～1 500 m。断裂带内主要由组合十分复杂的糜棱岩、构造片岩、碎裂岩、构造角砾岩组成。该断裂带是具有活动的长期性和继承性的复杂构造带，可明显地分为韧性断裂带和叠加在韧性断裂基础上的脆性断裂带两部分，早期以伸展机制下的韧性活动为主，之后以逆冲推覆机制下的韧性活动为主，晚期的脆性、脆韧性活动控制了三叠系、白垩系断陷盆地的生成与演化。沿断裂带以中酸－酸性岩浆侵入为主,斑状花岗岩、花岗斑岩及隐爆角砾岩广泛分布,断裂带北侧有岩基、岩株状岩体分布。该带控制着秦岭群内的断裂形成、演化及展布,并经过多期活动,控制了晚元古代,晚古生代的沉积、岩浆活动、变质作用、构造以及有关矿产的分布。

沿断裂带显示一条高达 $250 \sim 1\,500\,\gamma$ 的航磁正异常带,北侧正异常较多,南侧多为负磁性体;在地震测深剖面上向深部的反射面清楚,产状北倾;沿断裂带分布有近代构造角砾,并有地震活动;在布格重力异常图上对应于一扭曲梯级带。研究表明,该断裂可能在中元古代已开始活动,并持续活动到现代。

（3）岩浆岩

区内岩浆岩活动频繁,岩浆岩自晋宁期至燕山期均有出露,以晋宁期、加里东期和燕山期为主,华力西期仅零星出露。

1）晋宁期岩浆岩

本期侵入岩主要分布在中部秦岭群地层中,规模较小,以基性岩为主,同期有酸性岩脉侵入,并受多期区域变质作用叠加,前者岩性主要为斜长角闪岩、含石榴斜长角闪岩、变辉绿岩;后者主要岩性为片麻花岗岩,花岗糜棱岩、糜棱岩化花岗岩。

2）加里东期侵入岩

该期侵入岩以基性岩为主,次为中酸性及超基性岩,主要分布在本区中部和北部,分为早期和晚期:早期呈较规则脉状侵入秦岭群郭庄组地层中,主要岩性为二长花岗岩、闪长岩、辉石闪长岩及片麻壮斜长花岗岩;晚期主要为基性侵入岩,主要岩性为辉长岩、闪长岩、辉石闪长石及片麻状斜长花岗岩;各岩体蚀变强烈。

3）燕山期侵入岩

燕山期侵入岩活动较为强烈,岩体规模不大,多呈岩株状、岩脉状广泛分布。

早期主要岩性为花岗斑岩,分布在朱—夏断裂带以北岭南—骨头崖一带,其次为石英斑岩,仅在本区东磨子沟等地零星出露。

燕山期侵入岩多以碱性岩株、岩脉产出,岩石以富铝为特征,铁镁含量较少,碱总量变化大,岩体与围岩呈侵入接触,围岩蚀变及混染较强,可见黑云母化、硅化、矽卡岩化及黄铁绢英岩化,与区内金矿形成关系极为密切,早期和晚期侵入的花岗斑岩、钾长花岗岩中 As、Pb、Cu、Cr、V、W 丰度均高,个别岩体还富 Sb、Mo、Ag、Au,并已具较好矿化。

（4）区域矿产

区域矿产资源丰富,已探明有开采价值的矿藏 5 类 38 种,开发前景广阔。金属矿有磁铁、铬铁、铜、铅、金、银等;非金属及耐火材料有石墨、红柱石、海泡石等;建筑材料有大理石、花岗岩、石灰石、石英等;化工原料有萤石、重晶石等;还有特种非金属工艺材料水晶、冰洲石、玉石、云母等。最具代表性的是"四石":航天工业必不可少的原材料金红石储量上亿吨,极具开发潜力;红柱石储量居全国之首;镁橄榄石储量 10 亿 t,居亚洲前列;石墨是国内罕见的大型露天富矿。

2. 工作区地质

（1）地层

工作区地层主要为下元古界秦岭群郭庄岩组,主要岩性为含石榴矽线黑云斜长（二长)片麻岩,夹斜长角闪岩及大理岩。下与雁岭沟岩组整合接触;与上覆寨根岩组呈断层接触。出露厚度较大。

（2）构造

工作区内主要以断裂构造发育为主,其中以北北西向断裂构造为主,控制着区域内岩浆活动的分布,北北东向次生断裂构造控制着小型岩体的分布。

（3）岩浆岩

工作区内岩浆岩主要为晋宁期侵入的、呈小规模分布在秦岭群地层中,以基性、超基性岩为主,同期伴有酸性岩脉侵入,并受多期区域变质作用叠加,前者岩性主要为斜长角闪岩、含石榴斜长角闪岩、变辉绿岩;后者主要岩性为片麻花岗岩,二长花岗岩、花岗伟晶岩。

13.2.4　矿床地质特征

1. 矿体特征

矿体分布于下元古界秦岭群郭庄岩组地层中出露的晋宁期侵入的酸性岩浆岩中,主要赋存在花岗伟晶岩岩体中,矿体主要呈脉体、透镜体产出。区内长石（钾长石）矿体出露宽约 200 m,区域断续出露长达千米。长石（钾长石）矿体倾向北北西 330°~340°,倾角 30°~40°,局部 45°,矿体走向近东西向,局部偏北。顶板为基性岩如斜长角闪岩、含石榴斜长角闪岩、变辉绿岩;底板为二长花岗岩、片麻花岗岩,矿体中含有基性岩俘虏体,可见酸性岩成矿期晚于基性岩。

根据矿体赋存情况,结合前人对此类矿床研究成果,可以确认工作区的长石（钾长石）矿床类型为花岗伟晶岩型长石矿床,属岩浆–变质型矿床。其成因一般认为是岩浆活动后期,含有挥发成分的花岗岩岩浆侵入围岩形成;但也有人认为是花岗岩受到热液交代作用而变质形成。

2. 矿石特征

矿石为花岗伟晶岩,主要呈白—肉红色为主,薄层—中厚层产出,性脆,硬度较大。

矿石的矿物成分与花岗岩相似,不同之处是暗色矿物含量较少,而富含带有挥发成分或稀有元素的矿物,如白云母、黄玉、电气石、绿柱石等。

主要矿物有钾长石、石英和斜长石,钾长石呈半自形–他形粒状,粒径 0.2~40 mm,格子状双晶发育,无蚀变;石英呈他形粒状,粒径 0.1~6.0 mm,具波状消光;斜长石呈半自形–他形粒状,粒径 0.2~2.0 mm,聚片双晶发育。

矿物颗粒粗大;主要为块状构造,花岗伟晶结构,有时具有石英和长石穿插形成的文象结构。

3. 矿石的类型及品级

矿石质量较好,化学成分稳定。矿石中 K_2O 含量 9.5%~12.0%, Na_2O 含量 2.0%~2.8%, SiO_2 含量 65%~72%, Al_2O_3 含量 15%~20%。一般 Fe_3O_2 含量 0.65%~0.7%, MgO 含量 0.045%, CaO 含量 0.23%。

根据上述化学组分分析结果, K_2O, Na_2O 含量较高,有害杂质 Fe_3O_2、MgO、CaO 含量较低,可作为陶瓷用钾长石矿产资源进行利用。

13.2.5 非法开采矿种确定

据野外调查成果及矿产资源开发利用情况,结合非金属矿产勘查相应地质规范,根据国土资源部《关于进一步规范矿业权出让管理的通知》(国土资发〔2006〕12 号)文中的矿产资源勘查开采分类,以及周边同类矿山以往颁发采矿许可证中的开采矿种,本处非法开采区所开采矿种确定为"长石",代号为"83290"。

13.3 工作技术路线及方法

13.3.1 鉴定工作依据

1. 法律、法规

(1)《中华人民共和国矿产资源法》;

(2)国务院为实施矿产资源法相继出台的一系列配套的行政法规,有《矿产资源法实施细则》《矿产资源勘查区块登记管理办法》《矿产资源开采登记管理办法》《探矿权采矿权转让管理办法》《矿产资源补偿费征收管理规定》《矿产资源监督管理暂行办法》《地质灾害防治条例》等;

(3)《最高人民法院、最高人民检察院关于办理非法采矿、破坏性采矿刑事案件适用法律若干问题的解释》(法释〔2016〕25 号)。

2. 政策、规定

(1)《关于非法采矿、破坏性采矿造成矿产资源破坏价值鉴定程序的规定的通知》(国土资发〔2005〕175 号);

(2)《关于进一步规范矿业权出让管理的通知》(国土资发〔2006〕12 号);

(3)《国土资源部、最高人民检察院、公安部关于公安行政主管部门移送涉嫌公安犯罪案件的若干意见》(国土资发〔2008〕203 号);

(4)《国土资源部、最高人民法院、最高人民检察院、公安部关于在查处国土资源违法犯罪工作中加强协作配合的若干意见》(国土资发〔2008〕204 号);

(5)《国土资源违法行为查处工作规程》(国土资发〔2014〕117 号);

(6)《关于进一步规范非法采矿、破坏性采矿造成矿产资源破坏价值及非法占用耕地造成耕地毁坏鉴定工作的通知》(豫国土资办发〔2013〕25 号);

(7)《关于全省非法采矿、破坏性采矿造成矿产资源破坏价值鉴定机构河南省地质测绘总院变更名称的通知》(豫国土资办发〔2014〕41 号);

3. 标准、规范、规定

(1)《固体矿产地质勘查规范总则》(GB/T 13908—2002);

(2)《中国区域年代地层表(陆相地层区)》(全国地层委员会,2001 年);

(3)《地质矿产勘查测量规范》(GB/T 18341—2001);

(4)《全球定位系统(GPS)测量规范》(GB/T 18314—2009);

(5)《国家基本比例尺地形图图式 第 1 部分:1:500 1:1 000 1:2 000 地形图图式》(GB/T 20257.1—2007);

(6)《固体矿产勘查地质资料综合整理、综合研究规定》(DZ/T 0079—93);

(7)《固体矿产勘查/矿山闭坑地质报告编写规范》(DZ/T 0033—2017D);

(8)《固体矿产预查规定》(DD 2000—01)；

(9)《矿产资源工业要求手册》(地质出版社,2010 年)；

(10)《1:500　1:1 000　1:2 000 外业数字测图技术规程》(GB/T 14912—2005)。

4.其他资料

(1)地方国土资源管理部门向省国土厅申请鉴定文件；

(2)鉴定项目合同书；

(3)鉴定工作委托书；

(4)非法开采矿石的价格认证结论书(当地物价部门)；

(5)案件情况调查报告(当地国土资源管理部门)；

(6)本案的案件卷宗资料。

13.3.2　人员及设备

1.组织管理

本技术鉴定项目承担单位为河南省地质矿产勘查开发局测绘地理信息院,为圆满完成本项目任务,满足委托方提出的工作任务和要求,院抽调精干人员组成项目组,由项目负责人具体组织实施。加强领导,健全各项管理制度,认真贯彻执行有关的技术规范,从院—项目部—作业组实行三级质量管理,建立岗位职责,各负其责。加强思想政治教育,不断提高职工的思想素质。树立献身地质事业的信心,发扬"三光荣"精神,开创地质工作新局面。

2.人员及分工

根据西峡县国土资源局要求,我院立即调集地质、测绘、环境、微机制图专业技术人员组建项目部,并组织地质、测绘专业技术人员组成野外工作小组开展实地勘测工作,保证项目的顺利实施。投入工作的专业技术人员见表 13-4。

表 13-4　本次鉴定的项目人员名单

序号	姓名	学历	专业	职称	职务
1	南怀方	本科	矿产地质	高级工程师	项目经理
2	邱胜强	本科	地质测绘	工程师	技术负责
3	王延堂	本科	地质测绘	工程师	技术组长
4	曹　涛	专科	矿产地质	工程师	技术人员
5	聂延垒	研究生	测绘	工程师	技术人员
6	屈丽丽	本科	测绘	工程师	技术人员
7	雷延卿	本科	测绘	工程师	技术组长
8	李延冉	本科	测绘	工程师	技术人员

3.主要装备

本次工作中投入的仪器设备有华测 GPS 接收机 1 台套、拓扑康免棱镜全站仪 1 台套、三星数码相机 2 部、惠普笔记本电脑 3 台、联想台式电脑 5 台、越野车 1 辆。

投入本次任务中的软件程序有全站仪至微机的传输软件、CASS7.0 绘图软件、Map-

GIS6.7 制图软件。

本次鉴定工作所配备的主要装备详见表13-5。

表 13-5　鉴定工作装备一览表

设备名称	型号	单位	数量
吉普车(12 W)	长城哈弗	辆	1
台式电脑(4 W)	联想 Lenovo	台	5
笔记本电脑(3 W)	惠普 HP	台	3
数码相机(1 W)	三星	部	1
GPS 接收机(6 W)	华测 i80	套	1
全站仪(5 W)	拓扑康 GRT – 3005LN	套	1
手持测距仪(0.8 W)	OLC – XV800	台	1
对讲机(1 W)	Icom　IC – F61	套	2
绘图软件(2 W)	CASS7.0	套	1
扫描仪(0.2 W)	松下 KV – S6055WCN	台	1
大幅面彩色打印机(7 W)	HP – 5500	台	1
激光打印机(0.2 W)	HP – 1020	台	1

13.3.3　鉴定工作开展

2017 年 9 月 19 日,河南省地质矿产勘查开发局测绘地理信息院技术人员在西峡县国土资源局等相关人员带领下一起到非法开采现场,对聂某等人在河南省西峡县丁河镇秧地村拳菜沟与黄水沟长石(钾长石)非法开采区进行现场调查与测量工作。

河南省地质矿产勘查开发局测绘地理信息院技术人员会同西峡县国土资源局相关同志对案件情况进行梳理,整理相关材料。同时,河南省地质矿产勘查开发局测绘地理信息院技术人员对现场勘测成果进行数据处理,编绘相关图件。

2017 年 9 月下旬,河南省地质矿产勘查开发局测绘地理信息院组织专业技术力量进入鉴定成果报告编制阶段,并于 2017 年 10 月完成报告编制,提交委托方向河南省国土资源厅报送审批。

13.3.4　工作方法

1. 现场参与人员

河南省地质矿产勘查开发局测绘地理信息院工程技术人员在西峡县国土资源局工作人员带领下一起到长石(钾长石)非法开采现场,对聂某等人非法开采长石(钾长石)矿坑进行实地调查与测量工作。

2. 技术路线

本次鉴定工作采用资料收集与野外调查相结合,先期由西峡县国土资源局收集并提供聂某等人非法开采区开采长石(钾长石)的基本案情,并向鉴定单位介绍了非法开采区详细情况,然后组织相关单位参与聂某等人长石(钾长石)非法开采区的野外调查工作。

2017 年 9 月 19 日,河南省地质矿产勘查开发局测绘地理信息院在西峡县国土资源局提供的案情资料基础上,由西峡县国土资源局周飞、刘晓指认的非法采坑、采硐、贮矿场,由鉴定单位专业技术人员现场实施野外地质踏勘、采空区、矿产品堆积体形态测量工作。

3. 勘测工作

本次野外勘测工作中,开展了矿产地质、环境地质调查工作与矿山地质测绘工作。

(1)本次工作中进行了地质踏勘,初步了解非法开采区地形地貌、地质特征、矿体特征及分布情况。

(2)开展了环境地质调查工作,初步了解开采区潜在地质灾害类型,发育程度,以及对因非法开采诱发地质灾害可能性进行评价。

(3)本次测量使用 GPS 接收机进行控制点测量、涉案责任界线点测量,并利用全站仪对非法采空区、矿产品堆积体范围、形态进行碎部测量。本次测量的坐标系统采用 1980 西安坐标系,1985 国家高程基准。起算控制点利用河南省地质矿产勘查开发局测绘地理信息院建立的 HNGICS 系统。

(4)在地质勘测过程中,用三星数码相机对采坑、设备、遗留矿产品进行拍照取证。

4. 数据处理

使用数据处理软件为本院自主研发的测量软件,即一体化数据处理软件。测量观测数据通过传入传出专用程序将全站仪内存中的观测数据导入计算机内,自动计算出各测点的坐标和高程。

绘图软件采用南方 CASS7.0,在此软件上进行展绘、编辑、数据处理、绘图打印。

5. 综合研究及报告编制

野外勘测工作结束后,立即转入室内资料整理与报告编制工作阶段。严格按照《固体矿产地质勘查规范总则》(GB/T 13908—2002)、《固体矿产勘查地质资料综合整理、综合研究规定》(DZ/T 0079—93)、《固体矿产勘查/矿山闭坑地质报告编写规范》(DZ/T 0033—2002D),以及河南省国土资源厅《矿产资源破坏价值技术鉴定报告文本纲要》(2016 年 4 月 3 日)要求,进行资料整理与报告编制。

13.3.5　完成的工作量

本次工作前期收集了矿业权数据库 1 套,相关图件 1 张,矿产地质资料 1 份,收集到聂某等人在西峡县丁河镇非法开采长石(钾长石)案件情况 1 份。

开展的野外勘测工作,进行地质调查面积 0.25 km²、路线观测 0.1 km,进行地质观测点 4 个,地质取样 9 件。同时完成 GPS 控制测量观测点 4 个、碎部测量点 203 个。现场取证照片拍摄 25 张。

在收集有关资料进行比对研究,并深入现场调查,全面了解非法开采区地层岩性、矿产特征及矿体分布和规模。2017 年 9 月下旬转入资料整理、综合研究、报告编写工作,于 2017 年 10 月中旬编写完成并提交了本报告。本次完成的工作量详见表 13-6。

表 13-6　完成工作量统计表

工作内容		单位	数量	备注
资料收集	文字报告	份	1	
	图件	张	1	
	矿业权数据库	套	1	
	案件情况说明	份	1	
野外勘测	地质调查面积	km²	0.25	
	观测路线	km	0.1	
	地质观测点	个	4	
	样品采集	件	9	
	GPS 控制测量点	个	4	
	全站仪碎部测量点	个	203	
	拍照片	张	25	利用 13 张
室内综合	数字化制图	工作区交通位置图	幅	1	插图 4 张
		非法开采区卫星监测照片	幅	3	
		资源储量估算平面图	幅	1	附图 1 张
	报告编制		份	1	

13.3.6　工作质量评述

通过选用思想觉悟高、作风正派、技术过硬的骨干力量参加本项目的勘测工作,保证工作的速度和正确性,挑选先进仪器,使用先进的管理经验。严格贯彻 ISO9001 质量管理体系和国家现行测量规范标准作业、落实生产责任制,执行三级检查、两级验收制度。建立了各项规章制度,推行科学规范的管理,充分调动项目部人员的积极性、创造性。加强项目组人员质量意识教育,树立"质量第一"的观念,认真学习有关技术规范、规定,严格按设计书及有关规范、技术要求开展工作,做到速度服务于质量。

对地质调查和测量装置按照质量体系的规定进行控制。对有强制性定期校准的有关仪器设备必须进行定期校验,对一般仪器设备也要随时注意其技术状况,发现问题及时处理,确保各种仪器设备保持完好的技术状况,使获取的各项数据准确可靠,为高质量完成项目提供基本保障。各技术小组工作都必须按规定填写各类表格,健全交接手续,搞好与技术管理部门的协作配合,以获取高质量的成果资料。

资料整理及综合研究工作按规范要求,随野外调查、地形测量、原始编录工作的进度及时进行。文字、表格、综合图件的编制应符合有关规定、规范要求,做到表格化、规范化、标准化。在资料日整理、阶段性整理、月度整理和综合研究工作中,提出相应阶段的研究成果,及时指导矿产评价工作。野外工作结束后,进行全面、系统的综合整理、分析研究,经检查、验收合格后按有关规范编制各种成果图件和文字报告。野外编录及室内整理工作做到真实、及时、统一和有针对性。

本次勘测工作严格按照院质量管理体系进行质量控制。在实际作业中,按照院内制定的三级检查、两级验收制度进行。所有成果及图件检查率达到 100%。项目成员对自己的勘测成果和检查成果负责,做到"谁检查、谁签字、谁负责"。检查的内容包括:作业方法是否合理、技术路线是否为最佳路线,观测记录数据填写是否正确,格式是否符合 ISO9001 标准。对各级质量检查中发现的不符合有关要求的原始资料,作为不合格产品按照质量管理体系的规定进行处理,不合格的资料不能用于报告编写。

综上所述,本次测量仪器先进、方案合理、作业方法正确、检查责任落实到位、计算结果正确无误,项目所取得的原始资料内容基本齐全,记录详细整洁,文图扣合,记录格式合乎规范要求,各图件要素齐全,图面布局合理美观,完全满足本次矿产资源破坏价值鉴定工作的要求。

13.4　开采区基本情况

河南省地质矿产勘查开发局测绘地理信息院技术人员对聂某等人在西峡县丁河镇非法开采长石(钾长石)开采区进行实地调查与测量工作。

13.4.1　采空区及矿产品堆积体形态

本次鉴定工作中在非法开采区共查明有 2 处涉案采矿点:1 处是露天采坑,主要处于侵蚀面以上,为山坡式露天开采形成的非法采坑;1 处是地下硐采,为平硐开拓三轮车运输,硐内已形成有成规模的地下采场。露天采坑处于矿业权设置空白区,地下采场基本处于以往颁发的采矿权证区范围内,目前开采处于停采状态。

1. 采空区形态

(1)露天采坑形态

露天采坑位于非法开采区北部的拳菜沟,该采坑处于采场地表最低水平以上,为山坡式露天开采,采坑形态呈长圆形,所采矿体空间形态近似楔形体。该台阶开采顶线平均标高为 833.52 m,底面平均标高为 775.82 m;坑底面积为 1 161 m²,开采范围面积为 5 418 m²;周边地形标高为 771.50 m 至 841.39 m,地表覆盖层较薄。

(2)地下采场形态

地下采场形成的空区位于非法开采区南部的黄水沟,基本处于以往颁发的采矿权证区范围内,该地下采空区坑口距离大约为 180 m。地下采场形成的空区形态近似台体形。该采空区底面平均标高为 722.56 m,底部面积 1 248 m²;顶面平均标高为 731.85 m,顶部面积 805 m²。

2. 矿产品堆积体形态

(1)1 号贮矿场

1 号贮矿场处于丁河镇秧地村苇园村民组的河道右岸,由 7 个矿产品堆积体呈台体、锥体形态散乱堆放,堆放体底面积分别为 352 m²、74 m²、201 m²、549 m²、413 m²、1 268 m²、381 m²,均高分别为 1.58 m、1.74 m、1.04 m、1.57 m、3.66 m、1.47 m、1.62 m。

(2)2 号贮矿场

2 号贮矿场处于丁河镇秧地村秧地村民组居民区旁,仅由 1 个矿产品堆积体呈不规则散乱堆放,堆放体底面积约为 152 m²,均高为 1.32 m。

13.4.2 开采方式与采矿方法

该非法开采区采用露天与地下联合开采方式,矿床在浅部的开采活动中采用露天开采方式,在深部的开采活动中采用地下开采方式。据案卷材料反映,矿山开采中所采用的机械设备主要是挖掘机、凿岩机,在地下开采中涉及爆炸物品。

露天开采中采用公路运输开拓的组合台阶法开采,用一台挖掘设备按顺序采掘一组相邻的台阶,仅在采掘台阶上设工作平台(组合台阶加陡工作帮);地下开采中采用空场采矿法巷道开拓、三轮车运输的全面采矿法,工作面沿矿体走向或倾向全面推进,在回采过程中将矿体中的夹石或贫矿留下作为矿柱以维护采空区,这些矿柱作永久损失,不进行回采。

13.4.3 矿石初选方法

矿石开采后,矿石组构成分存在有不符合工业要求的,经筛选或人工手选后所获取的精矿部分,进行分储、外销。

13.4.4 开采现场证据

通过现场调查,在丁河镇秧地村拳菜沟和黄水沟因非法开采形成的露天坡式陡坎、非法开采开拓系统中的地下平硐,详见图 13-5 和图 13-6。开采现场设备大部分已转移,仅存废弃的硐内运输车辆,见图 13-7。目前生产处于停采状态。

图 13-5 非法开采形成的坡式陡坎

图 13-6 非法开采中平硐开拓系统

图 13-7　废弃的地下开采运输设备

13.4.5　潜在安全隐患情况

　　在野外调查中,发现非法开采长石(钾长石)严重破坏了原始地形地貌,在采坑周边形成了一系列不稳定高陡边坡,并伴有地裂缝现象,废弃矿渣随意堆放,可能诱发崩塌地质灾害,提醒相关部门采取防治措施,非法开采区地质灾害隐患点见图 13-8。

图 13-8　地质灾害隐患点

　　另外,非法开采活动使用的爆炸物品往往来源不明、管理不规范,提醒相关部门加强管理,严防三品流失给人民生命财产安全造成危害。

13.5　涉案矿体参数确定

13.5.1　工业指标的确定

　　本次资源储量估算的工业指标,根据《矿产资源工业要求手册》中长石矿床的一般工业指标确定,见表 13-7。

表 13-7　长石矿床勘查开采参考一般工业指标

用途	长石种类与品级		化学成分(%)						
			SiO_2	Al_2O_3	Fe_2O_3	$K_2O + Na_2O$	K_2O	Na_2O	$CaO + MgO$
玻璃	钾长石		≤70	≥18	≤0.2				
	钠长石		63~70	16~20	≤0.3		≤1	≥8	
陶瓷	钾长石	Ⅰ级品		≥17	≤0.2	≥11		<4	<2
		Ⅱ级品		≥17	≤0.5	≥11			<2
	钠长石		63~70	16~20	<0.5	≥11			
搪瓷			18~19	<0.4	12~14				

注:不同用途的长石总体要求含矿率≥40%,矿石块度≥5 cm,可采厚度≥1.0 m。

13.5.2　矿石品位质量的确定

在野外调查过程中进行了化学成分取样工作,根据本次工作中在非法采矿坑(场)中采集到的矿石化学基本分析样品测试结果,该非法采坑中矿石中氧化钾含量为9.71%~11.15%,可采用此品位结果进行矿产品价格评估。

13.5.3　矿石体重的确定

矿石体重系矿石单位体积的重量,是估算矿石资源储量的重要参数。小体重样品的采集是按矿石不同的自然类型,不同结构、构造在地表和深部工程中分别采取,每类取1组3块,并要考虑到样品分布的代表性。小体重样品要求规格为3 cm×6 cm×9 cm,采用封蜡排水法进行测定。

本次工作中由于矿石品种单一,共采集过小体重样6个,体积一般为60~120 cm^3,测试方法是采用封蜡排水法,测试结果体重值波动不大,一般为2.48~2.63 t/m^3,平均值为2.56 t/m^3。

因此,在开采区动用资源储量估算时矿石体重参数采用2.56 t/m^3。

13.5.4　含矿率的确定

1. 矿体内夹石

根据野外调查,发现该非法采坑及采场所揭露的长石(钾长石)矿体内含有夹石,这些夹石主要为石英、云母含量较高的混合花岗岩,夹石在矿体中呈层状产出,分布也很有规律,在矿体开采后常呈碎料,与块状的长石(钾长石)矿石区别明显,夹石在未经开采的矿体中含量情况见图13-9。

2. 矿体含矿率

由于该非法开采区前期进行过矿山开采,取得了大量的矿石资源,并且在现场遗留有未经分选处理、销售的矿产品,因此可根据矿产品中岩矿组构成分来确定长石(钾长石)的矿山开采含矿率,见图13-10。

图 13-9　矿石中夹石碎料含量情况

图 13-10　未经分选的矿石块料组构

　　根据开采区矿山开采用途,参考相关国家标准中对长石(钾长石)矿产资源的要求,依据现场遗留矿石块度组构比例,结合经验数据(类似已建矿山的《地质普查报告》及实际开采情况),除矿体表层强风化带需剥离外,非法开采区可用于作为工业原料的长石(钾长石),经图解分析结合经验值,确定地表露天开采矿体的含矿率为 75% 、硐内地下开采矿体的含矿率为 87% 。

13.5.5　矿山损失率的确定

　　在本次非法采矿鉴定工作中,测算的动用矿体体积是已经采出的矿石形成的采坑实际体积,没有把矿山露天开采预留边坡、矿柱所消耗的矿产资源储量作为动用资源储量进行估算,同时也没有将生产过程中的正常矿石损失量剔除。

　　因此,在本次非法采矿鉴定工作中进行矿产资源破坏量估算时采用矿山开采损失率指标。根据相似矿山的开采损失率经验值,结合开采区矿石残留及堆渣情况,将本非法开采区的合法正常生产时矿山开采损失率确定为 10% 。

13.5.6 覆盖层厚度的确定

在非法采矿鉴定工作中,通过野外实地调查,矿石与风化层界线明显,由地质专业人员现场根据岩性及岩石的结构、构造划分界线,并由测量技术人员利用全站仪进行空间定位测量,最后在资源储量估算中取得风化覆盖层厚度的算术均值为 0.5 m。

图 13-11　矿体覆盖情况

13.5.7 矿石可松系数的确定

矿石可松系数是指岩矿松动后形成矿产品体积与岩矿未松动时原始自然体积的比值,是反应可松程度的系数。矿石可松系数一般通过现场实测确定:即选定能代表该采场(或岩层、中段、区城)岩矿特性的地点,将掌子面修平进行采掘后,测得其原岩体积和可松(通过爆破或机械采掘)体积来进行计算。

本次工作没有进行矿石可松系数现场实际测量,是根据本矿体中矿石的岩矿类型,以及现场岩矿采挖后形成矿产品的块料块度构组比例关系,见图 13-12,并结合《建设工程量清单计价规范》(GB 50500—2003)中的《土壤及岩石分类表》及《土壤及岩石可松系数》来确定本次鉴定工作中的岩矿石采挖后形成矿产品的体积膨胀数据。确定本采区岩矿石的可松系数为 1.40。

图 13-12　岩矿采挖后形成矿产品的块料组构

13.5.8　矿产资源储量的可信度系数

1. 矿产资源储量可信度系数

根据《〈矿业权评估收益途径评估方法修改方案〉说明》,对于经济基础储量,即探明的(可研)经济基础储量(111b)、探明的(预可研)经济基础储量(121b)、控制的经济基础储量(122b)、(332),全部参与评估计算,不采用可信度系数进行调整。

推断的内蕴经济资源量(333)可参考(预)可行性研究、矿山设计或矿产资源开发利用方案取值。(预)可行性研究、矿山设计或矿产资源开发利用方案中未予设计利用,但资源储量在矿业权有效期(或评估年限)开发范围内的,可信度系数在 0.5 ~ 0.8 范围中取值,具体取值应按矿床(总体)地质工作程度、推断的内蕴经济资源量(333)与其周边探明的或控制的资源储量关系、矿种及矿床勘探类型等确定。矿床地质工作程度高的,或(333)资源量的周边有高级资源储量的,或矿床勘探类型简单的,可信度系数取高值;反之,取低值。

无须做更多地质工作即可供开发利用的地表出露矿产(如建筑材料类矿产),估算的资源储量均视为(111b)或(122b),全部参与评估计算。预测的资源量(334)不参与经济合理性评估计算。

2. 开采区资源储量可信度系数

本次进行非法开采资源储量破坏价值鉴定工作,在对丁河镇秧地村地界动用资源储量进行评估时,在对规模较大的拳菜沟露天采坑中的长石(钾长石)矿体开采形态、开采厚度、含矿系数等指标均采用推断方法,该处估算的矿产资源动用量按(333)类型处理,资源储量可信度系数确定为 0.7;在对规模较小的黄水沟地下采场中的长石(钾长石)矿体开采形态、开采厚度、含矿系数等指标均采用实测方法,该处估算的矿产资源动用量按(111b)类型处理,资源储量可信度系数确定为 1.0。

13.6　矿产资源破坏量估算

根据西峡县国土资源局提供的案件情况资料反映,本开采区在 2006 年 7 月前为经过行政许可的合法开采期,以后经历过多次非法开采活动。本次西峡县国土资源局委托要求对聂某等人于 2017 年 3 月 27 日至 7 月 17 日在河南省西峡县丁河镇秧地村拳菜沟和黄水沟非法开采长石(钾长石)造成的矿产资源破坏量进行估算。由于无法对地表露天采坑与地下采场矿房中非法开采造成的矿产资源破坏量进行责任厘清,本次工作通过对聂某等人非法获取矿产品的数量间接估算矿产资源破坏量,并结合非法采区以往开采形成的采坑或采场中非法开采长石(钾长石)的矿石量直接估算矿产资源破坏量,以论证间接法估算结果的合理性。

13.6.1　矿石量直接估算法

1. 资源储量估算范围、对象

本次破坏矿产资源储量的鉴定工作中,对聂某等在河南省西峡县丁河镇秧地村非法开采长石(钾长石)所涉及拳菜沟的露天采坑与黄水沟的地下采场进行资源储量估算,估算出非法开采区以往破坏的长石(钾长石)矿产资源储量。

2.资源储量估算方法选择及其依据

根据非法开采区矿体动用范围形态相对简单,据此特征进行矿产资源储量动用量的估算,本次动用资源储量估算选用简便可靠的块段法,在资源储量估算平面图上,按非法开采形成的采坑及采场矿房划分的块段分别进行估算。

3.采坑体范围圈定的原则

非法开采区所形成的采空区分为地上、地下两部分,地表已经形成了台阶坡式露天采矿坑体、地下采场空区。通过现场测绘对露天采坑周边地形线、坑底范围线、底盘控制点的位置及高程进行控制,对地下采场形成的空区形态、范围进行控制,并对矿体厚度进行测算。因此,在本次鉴定工作中的动用资源储量估算是以实地测量各采坑台阶、采场空区所揭露矿体的范围、形态、高程数据为依据,通过圈定矿体动用的空间范围进行块段划分与资源储量估算。

4.采坑块段面积与厚度

(1)面积

矿体投影面积测量是根据现场测定采矿坑开采台阶的底面揭露的矿体范围、采场开采空区范围的垂直投影范围,由 MapGIS 地理信息系统绘图软件在矿体水平投影及储量估算图上分块段造区后直接量取。

(2)厚度

露天采坑中的矿体厚度为矿体开采形成的台阶与原地形比较的铅直深度减去风化覆盖层厚度,以采坑中各台阶矿体上缘揭露线的实测点高程减去采坑中开采台阶的平台实测高程作为该处矿体厚度。利用采坑中各采矿台阶划分的块段平均厚度为开采台阶形成的坑体所有测量点高程差的平均值。

地下采场中的矿体厚度为矿体开采形成的采场边缘工作面揭露的矿体顶板高程减去底板高程作为该处矿体厚度。利用地下采场中各个空区边缘工作面上所有顶板分界点的高程平均值与底板分界点的高程平均值的差值作为划分的块段平均厚度值。

露天采坑与地下采场揭露的矿体厚度点的个数根据采矿工程所揭露的矿体形态、规模及地形特征等综合研究确定,尽量均匀分布。

5.资源储量类别确定条件

依据《固体矿产地质勘查规范总则》对资源储量分类要求,以矿体揭露工程控制的资源储量可靠程度,相关的可行性评价及所获不同经济意义,划分资源储量类别。

探明的经济基础储量(111b):指矿体已经采出,并查明了矿床地质特征、矿石质量和开采技术条件,肯定了矿石的可选性。

控制的经济基础储量(122b):指段高达到控制要求的地段,沿脉坑道有一个,沿脉与采区边界间距的斜距不超过网度1/2,在三维空间上基本圈定了矿体,基本查明了矿床地质特征、矿石质量和开采技术条件,肯定了矿石的可选性。

推断的内蕴经济资源量(333):指探矿工程间距符合要求,在三维空间上基本圈定了矿体,基本上了解到矿床地质特征、矿石质量和开采技术条件,确定了矿石的可选性。

预测的内蕴经济资源量(334):指推断的工程间距连线以外的外推部分,资源量只根据有限的数据估算的,其可信度偏低。

由于本次工作中所涉及的露天采坑规模较大,利用露天采坑(无顶不封闭)形态及残留矿体厚度、矿石质量进行非法采矿动用资源储量的估算,以此圈定的动用的资源储量类别应为推断的经济资源量(333);地下采场规模较小,利用地下采空区形成的矿房封闭形态及边帮矿体厚度、矿石质量进行非法采矿动用资源储量的估算,以此圈定的动用的资源储量类别应为探明的经济基础储量(111b)。

13.6.2 矿产品间接估算法

矿产品间接估算法又称外围调查估算法,通过对非法采矿活动中的矿产品生产量或经采选后的矿产品贮销量进行证据收集或实地调查,以物证、书证为基础对非法采矿活动中获取矿产品数量进行估算。矿产品间接估算法包括矿产品生产量估算法、矿产品贮销量估算法。

1. 矿产品生产量

利用行政或司法手段,通过询问、收集非法采矿活动的生产规模、生产周期证据,或通过搜查、查封矿山生产台账、劳务支付凭证等,以此估算出非法采矿期间的矿产品生产量。

2. 矿产品贮销量

利用测绘技术与行政、司法手段相结合的办法,首先通过行政、司法调查掌握非法采矿所获矿产品的贮存、销售情况,然后分别对贮存场、销售地的矿产品数量进行测算,最后累加出非法采矿期间的矿产品贮销总量。

(1)矿产品贮存量

对于非法采矿获取的矿产品尚未销售部分,通过行政、司法手段查封或没收矿产品,然后向技术鉴定机构指认该批矿产品贮存现场及存放范围,再由鉴定人员对贮存现场的矿产品堆积体逐一进行体积测算与数量估算。

(2)矿产品销售量

对于非法采矿获取的矿产品已经销售部分,通过行政、司法手段收集非法采矿中矿产品的销售台账、交易单据、财务结算凭据,统计、分析、计算出非法采矿矿产品的销售数量。

3. 矿产资源破坏量的估算

根据非法采矿相关人员的询问笔录、案件现场勘测成果等资料,结合案件实际情况,以矿产品生产量或矿产品贮销量作为非法采矿活动获取的矿产品数量,通过综合分析、与资料整理,利用反演推算方法多角度测算非法采矿采出的原矿数量,作为非法采矿活动中矿产资源的破坏量。

13.6.3 体积估算公式选择

1. 计算公式

为合理准确的估算资源储量,根据划分的块段形态及矿产品堆积体形态特征,选用以下基本公式:

(1)当估算体为层状或似层状,用饼状体体积公式计算:

$$V = \left(\sum L \times S \right) \div n$$

式中　V——矿产品资源储量,m^3;

　　　S——矿体水平投影面积,m^2;

　　　L——矿体铅垂高度,m。

（2）当估算体对应顶底面的面积差＜40％时，用梯形体体积公式计算：

$$V = \frac{L}{2}(S_1 + S_2)$$

式中　V——矿体体积，m^3；

　　　　L——顶底面之间的距离，m；

　　　　S_1、S_2——顶底面面积，m^2。

（3）当估算体对应顶底面的面积差＞40％时，用截锥体体积公式计算：

$$V = \frac{L}{3}(S_1 + S_2 + \sqrt{S_1 S_2})$$

（4）当估算体只有一个底面有面积，采坑的顶面尖灭为一线时，用楔形体公式计算。有以下两种情况：

1）若底面的轴长与尖灭线相等时，计算公式为：

$$V = \frac{L}{2}S$$

2）若底面的轴长（a_s）与尖灭线（a_o）不等时，计算公式为：

$$V = \frac{L}{3}S + \frac{L}{6}S \cdot \frac{a_o}{a_s}$$

（5）当估算体中只有一个底面积，若块体的尖灭端为一点时，用角锥体体积公式计算：

$$V = \frac{L}{3}S$$

2. 公式选择

根据野外勘测中查明长石（钾长石）非法开采区的开采情况，结合野外实测露天采坑及地下采场中采空区揭露的矿体形态，以及矿产品堆积体未销售量、已销售量来确定非法开采区破坏矿产资源矿体形态、矿产品堆积体形态，因此采用计算公式分别为：

$$V = \frac{L}{2}S \quad 和 \quad V = \frac{L}{3}S$$

13.6.4　破坏资源储量估算

1. 直接估算法

（1）开采区动用矿产资源储量

通过对非法开采区形成的采坑、采场的数据分析、形态建模、要素测算、储量估算，本次工作估算出该开采区以往矿山开采活动中动用长石（钾长石）矿产资源矿石量为87 086 t，详见矿产资源储量估算结果（表13-8）。

表13-8　动用矿产资源储量估算结果

块段编号	底面均高（m）	顶面均高（m）	风化层均厚（m）	块体垂厚（m）	采场底面积（m²）
地下采场	722.56	731.85		9.29	1 248
采场顶面积（m²）	顶底差比（％）	体积（m³）	含矿率（％）	体重（t/m³）	矿石量（t）
805	55.0	9 461	87	2.56	21 072

续表 13-8

块段编号	底面均高（m）	顶尖灭线均高（m）	风化层均厚（m）	块体均高（m）	采坑底面积（m²）
露天采坑	775.82	833.52	0.50	57.20	1 161
采坑底面长轴（m）	尖灭线长（m）	体积（m³）	含矿率（%）	体重（t/m³）	矿石量（t）
47	52	34 382	75	2.56	66 014
合计		43 843		2.56	87 086

注：露天开采中所动用的 66 014 t 长石矿石量全部处于矿业权设置空白区，地下开采中所动用的 21 072 t 长石矿石量基本处在以往矿权证区内。

（2）破坏的矿产资源储量

根据前面章节中本开采区矿产资源类型可信度系数、矿山损失率指标的确定，来估算非法开采区合法开采情况下应采出的矿产资源储量。本次估算出本采区长石（钾长石）矿产资源应采出的矿石量为：动用矿石量×资源储量可信度系数×回采率（回采率＝1－损失率）＝60 554 t，详见估算表（表 13-9）。

表 13-9　开采矿产资源量估算结果

块段编号	动用量（t）	损失率（%）	回采率（%）	可信度系数（%）	开采量（t）
露天采坑	66 014	10	90	70	41 589
地下采场	21 072	10	90	100	18 965
总计	72 086				60 554

在本开采区平硐开拓的地下开采活动中，前期存在有证合法开采活动，开采时限为 2003 年 9 月至 2006 年 9 月，开采规模为小型（5 000 t/年），本次非法开采鉴定工作中在对非法开采造成矿产资源破坏量估算时，需要将地下合法采矿阶段中开采的矿产资源储量进行刨除，地下开采活动中实际非法开采矿产资源的矿石量为 18 965 t－5 000 t/年×3 年＝3 965（t）。因此，开采区在开采活动中非法应采出长石（钾长石）矿产资源矿石量为 41 589 t＋3 965 t＝45 554（t）。

因此，本采区在以往的长石（钾长石）非法开采活动中造成矿产资源破坏的矿石量为 45 554 t。

2. 间接估算法

根据公安机关侦查获取的犯罪嫌疑人非法销售矿产品数量证据，以及非法采矿案件查处的国土资源主管部门工作人员指认的尚未销售的矿产品堆积体证据，从而估算聂某等人非法采矿造成矿产资源储量破坏程度。

（1）矿产品获取量

由西峡县国土资源局提供的，西峡县公安局在侦查工作中获取的聂某等人在西峡县丁河镇秧地村拳菜沟和黄水沟非法采矿活动中矿产品销售账单显示，聂某等自 2017 年 5 月 6 日至 6 月 23 日在西峡县丁河镇秧地村非法开采长石（钾长石）矿产资源，已销售的矿产品数量为 939.6 t。

在西峡县国土资源局工作人员指认的 2 处贮矿场,存放聂某等人在开采区非法开采而未销售矿产品。通过对西峡县丁河镇秧地村秧地村民组地界贮矿场 1 个矿产品堆积体、西峡县丁河镇秧地村苇园村民组地界贮矿场 7 个矿产品堆积体测量与估算,估算聂某等人在西峡县丁河镇秧地村拳菜沟和黄水沟非法开采长石(钾长石)尚未销售的矿产品数量为 6 071 t,详见未销售矿产品存贮量估算结果表(表 13-10)。

表 13-10　未销售矿产品存贮量估算结果

块段编号	底面均高(m)	顶面均高(m)	块体均高(m)	矿堆底面积(m²)	矿堆顶面积(m²)
D1-1	612.63	614.21	1.58	352	48
D1-2	611.45	613.19	1.74	74	7
D1-3	611.06	612.10	1.04	201	90
D1-4	611.29	612.86	1.57	549	182
D1-5	611.52	615.18	3.66	413	26
D1-6	611.26	612.73	1.47	1268	429
D1-7	611.46	613.08	1.62	381	34
D2	595.95	597.27	1.32	152	69

顶底差比(%)	体积(m³)	矿石体重(t/m³)	可松系数	矿产品体重(t/m³)	矿产品量(t)
86.4	279	2.56	1.4	1.83	511
90.5	60	2.56	1.4	1.83	110
55.2	148	2.56	1.4	1.83	270
66.8	548	2.56	1.4	1.83	1 003
93.7	662	2.56	1.4	1.83	1 211
66.2	1193	2.56	1.4	1.83	2 183
91.1	286	2.56	1.4	1.83	523
54.6	142	2.56	1.4	1.83	260
合计	1 号贮矿场				5 811
	2 号贮矿场				260
	总计				6 071

综上所述,聂某等人在西峡县丁河镇秧地村拳菜沟和黄水沟非法开采长石(钾长石)矿产资源获取的矿产品数量为:939.6 t + 6 071 t = 7 010.6 t。

(2)矿产资源破坏量

本次鉴定工作估算的矿产资源破坏量不仅包括开采后获取的矿产品量,也包括矿山开采过程中因非法开采而未经矿山开发规划设计而造成非正常消耗的矿产资源损失量。根据前面章节中非法开采中非正常损失率确定的指标,可估算出本案中非法开采活动中破坏的矿产资源储量。

破坏的矿产资源储量 = 获取的矿产品数量 ÷ (1 - 非正常损失率)。因此,聂某等人自 2017 年 3 月至 7 月非法开采长石(钾长石)造成矿产资源破坏的矿石量为 7 228 t(见表 13-11)。

表 13-11　矿产资源破坏量计算表

来源	形成的矿产品(t)		破坏的矿石量(t)	
	已销售	未销售	已销售	未销售
露天采坑(1 号贮矿场)		5 811		5 991
地下采场(2 号贮矿场)	939.6	260	969	268
小计	939.6	6 071	969	6 259
总计	7 010.6		7 228	

13.6.5　破坏资源储量估算结果

通过矿石量直接估算法与矿产品间接估算法,估算出河南省西峡县丁河镇秧地村拳菜沟露天采坑与黄水沟地下采场在以往开采活动中非法开采长石(钾长石)造成矿产资源破坏的矿石量为 45 554 t,其中聂某等人非法开采长石(钾长石)造成矿产资源破坏的矿石量为 7 228 t,其他责任方以往在本区非法开采长石(钾长石)造成矿产资源破坏的矿石量为 45 554 t - 7 228 t = 38 326 t(西峡县国土资源局出具的案情说明中反映以往的断续非法采矿违法活动已经处理)。

综合上述情况,本次鉴定工作中估算出聂某等人自 2017 年 3 月至 7 月在河南省西峡县丁河镇秧地村非法开采长石(钾长石)造成矿产资源破坏的 7 228 t 矿石量,是来源于该处以往非法开采长石(钾长石)造成矿产资源破坏的 45 554 t 的矿石量中的一部分,可见本次估算工作是可靠的。

13.7　矿产资源破坏价值评估

确定非法开采长石(钾长石)造成矿产资源破坏的价值依据市场价值进行评估,即长石(钾长石)的销售单价采用地方物价部门认定的该批长石(钾长石)在委托认定时限内的市场销售平均价格,以此进行非法开采造成的矿产资源破坏价值的估算。

13.7.1　基准日及坑口价格

本次工作是根据西峡县国土资源局提供的由西峡县公安局出具的矿产品销售记录,以及西峡县价格认证中心出具的《价格认定结论书》来确定聂某等人在非法开采活动期所采矿产品的坑口价格。

已销售矿产品坑口平均价格 = 已销售矿产品价值 ÷ 已销售矿产品数量 = 325 810 元 ÷ 939.6 t = 347 元/t(价格基准日为 2017 年 6 月);

未销售矿产品坑口平均价格:1 号贮矿场是 85 元/t、2 号贮矿场是 130 元/t(价格基准日为 2017 年 6 月）。

13.7.2 价值评估

根据聂某等人 2017 年 3 月至 7 月非法开采造成破坏矿产资源储量估算结果，结合由西峡县公安局出具的矿产品销售记录、由西峡县国土资源局提供的《价格认定结论书》文件所确定的矿产品单价评估出非法开采区破坏的矿产资源价值。

1. 计算公式

$$W = P \times R$$

R：破坏的矿产资源储量（t），又称可利用的矿产资源储量，包括已采出的矿石量（已销售、未销售、丢弃的贫矿）与不合理开采造成无法开采利用的矿石损失量；

P：矿产品价格（元/t），由物价部门确定的行政区域内同期同类矿产品市场平均价格；

W：矿产资源破坏价值（元）。

2. 价值估算结果

依据已销售与未销售的矿产品坑口平均价格，结合不同来源矿产品开采所破坏的矿产资源矿石量，从而评估聂某等人自 2017 年 3 月至 7 月在河南省西峡县丁河镇秧地村拳菜沟和黄水沟非法开采长石（钾长石）造成矿产资源破坏价值 = 5 991 t×85 元/t + 268 t ×130 元/t + 969 t×347 元/t = 880 318 元（大写：捌拾捌万零叁佰壹拾捌圆整）。

13.8　技术鉴定结论

13.8.1　鉴定结果

（1）本次鉴定工作组织严密、野外调查到位、采用仪器先进、估算方法科学严谨、质量措施到位、工作成果可靠。

（2）通过野外调查、测量观测、数据处理、电脑制图、综合研究、科学估算，得出本次价值鉴定结果：2017 年 3 月至 7 月，聂某等人在河南省西峡县丁河镇秧地村非法开采长石（钾长石）造成矿产资源破坏矿石量为 7 228 t，评估矿产资源破坏价值为人民币880 318元（大写：捌拾捌万零叁佰壹拾捌圆整）。

13.8.2　补充说明

（1）本次鉴定工作是按照西峡县国土资源局工作人员所指认的聂某等人在河南省西峡县丁河镇秧地村拳菜沟和黄水沟长石（钾长石）非法采坑、非法采场、贮矿场进行现状勘测，是由西峡县国土资源局行政执法人员周飞、刘晓指认非法露天采坑、地下采场、2 处贮矿场的位置及范围，从而确定聂某等人非法开采范围、获得矿产品数量，从而进行资源破坏价值的评估工作。

（2）报告中的勘测成果、数据、附件、图纸只对本次鉴定任务负责，不得在任何刊物或网络上公布，不得用于与本次鉴定无关的其他事项。否则，造成的不良后果本单位不予负责。

（3）本次工作是在西峡县国土资源局及相关部门共同参与下公开进行，监督机制完备、过程透明、结论公正，如对鉴定有异议请在报告提交 30 日内意见反馈到鉴定机构或河南省国土资源厅。

（4）本案向河南省国土资源厅申请鉴定时间为 2017 年 9 月 7 日,项目鉴定委托、现场勘测时间为 2017 年 9 月 12 日、9 月 19 日,案件卷宗材料提供时间为 2017 年 10 月 10 日,案情说明、矿石价格认证提供时间为 2017 年 10 月 20 日,鉴定机构向河南省国土资源厅申请鉴定报告审批时间为 2017 年 10 月 23 日,特此说明。

参考文献

[1]侯万荣,李体刚,等.我国矿产资源综合利用现状及对策[J].采矿技术,2006(3):63-66,133.

[2]丁全利.浅析我国近期矿产资源管理政策[J].中国矿业,2012(5):13-19.

[3]李秋元,郑敏,等.我国矿产资源开发对环境的影响[J].中国矿业,2002(2):48-52.

[4]李国平,宋文飞.区域矿产资源开发模式、生态足迹效率及其驱动因素[J].财经科学,2011(6):101-109.

[5]向华峰.地热水、矿泉水管理之争的了与断[J].水利发展研究,2010(11):38-40.

[6]章毅.国内外矿泉水资源开发与保护[J].江西食品工业,2005(1):55-56.

[7]赵胜堂.借鉴国外经验推进吉林省矿泉水产业发展[J].资源·产业,2003(2):43-44.

[8]艾琳,王刚.行政审批制度改革的理性思考[J].中国行政管理,2014(8):33-36.

[9]张丛林,乔海娟,陈飞,等.新形势下推进中国水利发展转型的若干政策建议[J].水利发展研究,2014,14(8).:23-26

[10]岳光耀.天津市地下热水、矿泉水资源管理现状及其发展趋势[J].海河水利,2004(3):11-12.

[11]李金柱,牛晓英,王正平,等.上海市矿泉水资源开发利用中的管理对策[J].上海地质,2004(4):55-59.

[12]史登峰,曾凌云,等.关于加快落实矿业权设置方案制度的思考[C]//中国地质矿产经济学会学术年会论文集,2011.

[13]付晓雅.《中华人民共和国刑法修正案(九)》专题研究[J].法学杂志,2015,36(11):77-84.

[14]杨临宏.《中华人民共和国行政诉讼法》公布实施20年的成就与反思[J].学术探索,2009(1):57-61.

[15]南怀方.矿业权设置方案编制技术[M].郑州:河南科技出版社,2014.

[16]南怀方.地理信息计算机制图技术[M].郑州:河南人民出版社,2017.

[17]叶天竺.深部找矿预测方法研究[M].北京:地质出版社,2011.

[18]中国科学院可持续发展战略研究组.中国可持续发展战略报告——未来10年的生态文明之路[M].北京:科学出版社,2013.

[19]本书编写组.《中共中央关于全面深化改革若干重大问题的决定》辅导读本[M].北京:人民出版社,2013.

[20]王清华.中国矿业权流转法律制度研究[M].上海:上海交通大学出版社,2012.

[21]罗志琼,刘永,等.地理信息系统原理及应用[R].武汉:中国地质大学,1996.

[22]吴信才,等.MapGIS地理信息系统参考手册[M].北京:电子工业出版社,1997.

[23]源江科技.VC编程技巧280例[M].上海:上海科学普及出版社,2002.

[24]高铭暄,马克昌.刑法学[M].北京:北京大学出版社,高等教育出版社,2000.

[25]陈忠林.刑法散得集[M].北京:法律出版社,2003.

[26]马克昌.犯罪通论[M].武汉:武汉大学出版社,2006.

[27]张智辉.理性地对待犯罪[M].北京:法律出版社,2003.

[28]邵厥年,陶伟屏.矿产资源工业要求手册[M].北京:地质出版社,2014.

[29]仲伟志,呈绍军.矿业权评估指南[M].北京:中国大地出版社,2004.

[30]董萍萍.刑事证据裁判原则研究[D].沈阳:辽宁大学,2014.

[31]河南地质局.河南地质志[E].1987.

[32]中国国土资源经济研究院.矿业权设置方案编制探讨[E].2011.

[33]河南省国土资源研究院.矿业权审批管理及矿业权设置方案编制的有关问题[E].2012.

[34]高长安.《2007年河北省地质环境状况公报》显示:京津以南地下水漏斗多数在扩大[N].科学时报,2008-05-05(A01).

[35]王健康.全国地下水保护行动启动[N].中国水利报,2003-04-10(第一版).

[36]王正端.昆明千眼私挖井滥采地下水[N].中国国土资源报,2006-03-22(001).

[37]梁俊生.多措并举精准监察有效防范煤矿重特大事故[J].陕西煤炭,2018(1):31,61-62.

[38]刘小新,田昆,陈迎辉.榆林地区2006~2016年煤矿事故统计分析与对策[J].陕西煤炭,2018(1):14,63-66.

[39]王双钢.杭州市富阳区国土资源行政复议诉讼情况分析与对策[J].浙江国土资源,2018(1):49-52.

[40]刘翰生.大田县推行相对集中行政处罚权的探索与实践[J].化学工程与装备,2018(1):296-298.

[41]张永强.省国土资源厅公开挂牌督办两起违法采矿案件[J].资源导刊,2018(1):9.

[42]绵杰,吴峤滨.最高人民法院、最高人民检察院《关于办理非法采矿、破坏性采矿刑事案件适用法律若干问题的解释》理解与适用[J].人民检察,2017(4):53-57.

[43]喻海松.《关于办理非法采矿、破坏性采矿刑事案件适用法律若干问题的解释》的理解与适用[J].人民司法(应用),2017(4):17-23.

[44]王斌强,张磊,孙永华等.DTM法在盗采矿产资源价值鉴定中的应用[J].城市地质,2016,11(3):87-90.

[45]申升.非法采矿造成矿产资源破坏的价值如何确定?[N].中国矿业报,2016-06-23(4).

[46]陈愚奇.江西出台非法采矿破坏鉴定规程[N].中国国土资源报,2016-05-12(6).

[47]龙武.非法采矿罪若干问题研究[D].贵阳:贵州大学,2016.

[48]陈愚奇.江西出台非法采矿破坏价值鉴定规程[N].中国矿业报,2016-04-19(4).

[49]周维标.采取破坏性开采方式采矿得追刑责[N].中国矿业报,2015-08-27(4).

[50]王琼杰.非法采矿屡禁不止的背后[J].国土资源,2015(8):30-33.

[51]尹建军.海南严格耕地与矿产资源破坏价值鉴定[N].中国国土资源报,2015-07-13(1).

[52]魏姗,祝芳芳.联合执法让违法采矿者无机可乘[J].资源导刊,2015(6):33.

[53]丁英.如何认定被破坏矿产资源价值?[N].中国国土资源报,2015-05-16(7).

[54]丁英.被破坏矿产资源的价值如何确定[N].人民法院报,2015-03-26(6).

[55]齐培松.福建规范矿产资源破坏价值鉴定[N].中国国土资源报,2014-06-16(2).

[56]董萍萍.刑事证据裁判原则研究[D].沈阳:辽宁大学,2014.

[57]杜英华.矿产资源违法行为的认定和法律责任[N].中国国土资源报,2013-10-09(12).

[58]胡俊.对被破坏的矿产资源价值进行鉴定[N].中国矿业报,2012-10-09(A04).

[59]袁华江.我国矿产刑法规范的若干检讨[J].天津法学,2011,27(1):24-30.

[60]许光辉.河北矿产资源破坏价值鉴定出新规[N].中国矿业报,2010-09-30(B02).

[61]国土资源部执法监察局.矿产资源破坏的价值数额应从何时起算?[N].中国国土资源报,2010-05-20(7).

[62]李凤.浙江制定矿产资源破坏价值鉴定规则[N].中国国土资源报,2010-03-11(5).

[63]姜焕琴.浙江规范矿产资源破坏价值鉴定[N].中国矿业报,2010-02-25(B02).

[64]流畅.私法和公法视野下的"造成矿产资源破坏"[J].西部资源,2008(3):45-46.

[65]谷敏.非法采矿违法行为认定及其破坏的矿产资源价值鉴定研究[D].昆明:昆明理工大学,2008.

[66]郝瑞彬,尹力军,王伟毅.矿产资源价格扭曲:成因、影响及改革建议[J].中国物价,2007(11):8-
　　10,18.

[67]白新亚.矿产资源破坏价值鉴定结论应由省级以上国土资源管理部门出具[N].中国国土资源报,
　　2006-02-16(7).

[68]刘权衡.非法采矿"造成矿产资源破坏"之我见[J].河南国土资源,2005(9):44-45.

[69]李东凯.矿产资源破坏价值鉴定有规可循[N].中国国土资源报,2005-09-07(1).

[70]李英龙.非法采矿破坏的矿产资源价值估算方法初探[C]//中国冶金矿山企业协会,中国金属学会
　　采矿分会,中钢集团马鞍山矿山研究院.2005年全国金属矿山采矿学术研讨与技术交流会论文
　　集.2005.

[71]陈战杰.非法采矿未造成资源破坏的不究刑事责任[N].中国国土资源报,2005-06-09(7).

[72]陈战杰."造成矿产资源破坏"有说法[N].地质勘查导报,2005-05-21(3).

[73]李英龙,董通生.非法采矿破坏的资源价值及其鉴定方法初探[J].中国工程科学,2005(S1):
　　252-255.

[74]韦明尧,周建军.非法开采造成煤矿事故适用法律的思考[N].中国国土资源报,2005-03-24(8).

[75]方维萱,孙肇均,周圣华.新一轮找矿危机矿山资源潜力评价先行[J].有色金属工业,2004(12):
　　20-21.

[76]陆建华,张立明.关于采矿权评估实际工作中几个问题的探讨[J].中国地质矿产经济,2003(5):26-
　　27,48.

[77]王璋保.对我国能源可持续发展战略问题的思考[J].工业加热,2003(2):1-5.

[78]罗德权.关于煤炭资源分类方案的探讨[J].煤炭科学技术,1992(11):51-53.